普通高等教育"十一五"国家级规划教材

普通高等院校计算机类专业规划教材·精品系列

数 据 结 构

（第四版）

刘振鹏　王　苗　赵　红　编著

U0316439

中国铁道出版社

CHINA RAILWAY PUBLISHING HOUSE

内 容 简 介

本书根据教育部高等学校计算机科学与技术教学指导委员会关于"数据结构"课程的指导性大纲编写而成，系统介绍了线性结构、树形结构、图形结构中的数据表示和处理方法，以及查找、排序这两种重要的数据处理技术；阐明了各种数据结构内在的逻辑关系，探讨了它们在计算机中的存储表示，以及定义在这些数据结构上的运算和算法实现，并对算法的效率进行了简明的分析。

本书内容丰富、结构清晰，既注重基本原理，又重视算法实现，全书算法采用 C++ 语言描述，并加以详细的注释，可读性好、实用性强。每章均附有丰富的课后习题，便于学生巩固所学知识。

本书适合作为高等院校计算机、通信工程、电子工程、信息管理等专业的教材，也可供相关证书考试、考研或从事计算机应用与工程工作的科技工作者参考。

图书在版编目（CIP）数据

数据结构 / 刘振鹏，王苗，赵红编著. — 4 版. —
北京 ：中国铁道出版社，2016.2（2018.1重印）
普通高等教育"十一五"国家级规划教材. 普通高等
院校计算机类专业规划教材. 精品系列
ISBN 978-7-113-21417-3

Ⅰ．①数… Ⅱ．①刘… ②王… ③赵… Ⅲ．①数据结
构－高等学校－教材 Ⅳ．①TP311.12

中国版本图书馆 CIP 数据核字（2016）第 012016 号

书　　名：	数据结构（第四版）	
作　　者：	刘振鹏　王　苗　赵　红　编著	
策　　划：	周海燕	读者热线：（010）63550836
责任编辑：	周海燕　彭立辉	
封面设计：	穆　丽	
封面制作：	白　雪	
责任校对：	汤淑梅	
责任印制：	郭向伟	

出版发行：中国铁道出版社（100054，北京市西城区右安门西街 8 号）
网　　址：http://www.tdpress.com/51eds/
印　　刷：三河市华业印务有限公司
版　　次：2003 年 9 月第 1 版　　2007 年 5 月第 2 版　　2010 年 6 月第 3 版
　　　　　2016 年 2 月第 4 版　　　　　　　2018 年 1 月第 2 次印刷
开　　本：787mm×1092mm　1/16　印张：18.25　字数：436 千
书　　号：ISBN 978-7-113-21417-3
定　　价：39.00 元

第四版前言

　　数据结构是计算机及相关专业一门重要的专业基础课程，也是一门必修的核心课程，主要介绍如何合理地组织和表示数据、如何有效地存储和处理数据、如何正确地设计算法，以及对算法的优劣做出分析和评价。

　　在计算机科学的各个领域都要用到不同的数据结构，比如在操作系统中要用到队列；编译系统中要用到栈、散列表、语法树；人工智能中要用到有向图。另外，面向对象程序设计、计算机图形学、软件工程、多媒体技术等领域，都会用到数据结构的知识。

　　数据结构是一门理论与实际紧密联系的课程，旨在分析研究计算机加工的数据对象的特性，以便选择适当的数据结构和存储结构，从而使建立在其上的解决问题的算法达到最优。数据结构课程涉及各种离散结构在计算机上如何存储和处理，其内容丰富、涉及面广，而且还在随各种基于计算机的应用技术的发展，而不断增加新的内容。

　　本书层次分明、结构清晰，理论深度把握得当，侧重应用。在内容的组织方式上，注重从问题求解的角度出发，讨论相关的基本理论、数据和算法抽象、数据结构与算法设计，以及在 C++程序设计语言中的实现。通过学习本书，学生能够较透彻地理解各种常用数据结构的逻辑结构、存储结构及相关算法的实现，全面掌握处理数据的理论和方法；培养学生具备较深入的选用合适的数据结构、编写规范的高质量程序，以及评价算法优劣的能力；使学生接受系统的、科学的分析问题和解决问题的训练，提高运用数据结构解决实际问题的能力，为学习后续的软件课程奠定良好的基础。

　　本书编者结合多年的教学经验，在保持前三版基本框架的基础上进行了修订，完善和优化了数据结构课程的体系内容：简化了稀疏矩阵的十字链表描述，完善了二叉树性质的证明，增加平衡二叉树、各个排序过程举例等；用 C++语言重新定义了主要的数据结构，规范化了全书的算法描述；丰富了习题的题型和内容；给出线性结构、树形结构、图形结构、查找和排序等多个实验题目，难度适宜、应用性强，利于培养学生的理论联系实际的能力。

　　本书由刘振鹏、王苗、赵红编著，其中第 1 章～第 7 章由王苗编写修订，第 8 章～第 10 章由赵红编写修订，最后由刘振鹏统一定稿。本书作者可以提供教材的电子讲义和书中习题的答案，有需要者可在中国铁道出版社网站 http://www. 51eds.com 进行下载。

　　本书在写作和修订过程中，得到了许多专家和同事的大力支持和帮助，他们提出了许多中肯的意见和建议，对本书的编写、修订起到了很大的指导作用，在此表示衷心的感谢。

　　本书编者是长期从事数据结构教学的一线教师，尽管做了很大的努力，但由于编者精力、水平有限，书中难免有疏漏与不足之处，恳请读者批评指正。

编 者
2015 年 11 月

第三版前言

数据结构是计算机科学与技术等电气信息类相关专业的一门重要的基础课程，也是一门必修的核心课程。在计算机科学的各个领域都要用到不同的数据结构，比如在操作系统中要用到队列；编译系统中要用到栈、散列表、语法树；人工智能中要用到有向图，另外，面向对象程序设计、计算机图形学、软件工程、多媒体技术等领域，都会用到很多数据结构。

数据结构课程涉及各种离散结构在计算机上如何存储和处理。其内容丰富、涉及面广，而且还在随各种基于计算机的应用技术的发展，不断增加新的内容。通过讲授本课，学生可以较全面地理解算法和数据结构的概念，掌握各种数据结构和算法的实现方式，比较不同的数据结构和算法的特点。数据结构是一门理论与实际紧密联系的课程，它旨在分析研究计算机加工的数据对象的特性，以便选择适当的数据结构和存储结构，从而使建立在其上的解决问题的算法达到最优，并在此基础上，能编写出结构清晰、正确易读、符合软件工程规范的程序，从而为进一步学习后续专业课程和软件的开发打下坚实的基础。

本书层次分明、结构清晰，把握理论深度，侧重应用，由浅入深。在教材组织方式上，注重从问题求解的角度出发，讨论相关的基本理论、数据和算法抽象、数据结构与算法设计以及在 C++程序设计语言中的实现。作为普通高等教育"十一五"国家级规划教材 2007年版《数据结构》第二版的再版，本书保持了前两版的基本框架，概念清楚、论述充实、面向应用。进一步完善了算法与数据结构的体系内容，强调与考研大纲的一致性；对所有算法进行了详尽的注释和完善，进一步细化完善算法的描述，强调 C++中面向对象思想；改写第二版中不利于读者理解的描述，细化第二版中由读者自行补充的部分，以利于读者理解算法的基本思想。各章均安排有章节提要和课后习题。与本书配套的《数据结构习题解答与实验指导》详细给出了书中习题的解答思路和参考答案，并且结合数据结构课堂和实践教学，设计了 7 项实验内容，与本书一起构成了一个完整的教学系列。

本书的第 1 章～第 3 章由石强编写修订，第 8 章～第 10 章由罗文劼编写修订，第 4 章由金作涛编写修订完成，第 5 章、第 7 章由谷海红编写修订完成，第 6 章由胡子义编写修订完成，最后由刘振鹏统一定稿。

本书在写作和修订过程中，得到了许多专家和众多院校数据结构任课教师的大力支持和帮助，提出了许多中肯的意见和很好的建议，他们的建议和意见弥足珍贵，对本书的编写修订起到了很大的指导作用。对此，作者表示衷心的感谢。

感谢作者的多位同事和学生，他们在本书的资料收集、书稿编写、算法验证和代码调试、插图绘制与内容审核等各个环节提出了很多宝贵的意见，做了很多实质性的工作。

感谢中国铁道出版社的各位编辑和图书推广人员，他们为本书能够以较高的质量完成和在更多院校使用做出了巨大贡献。

编　者

2009 年 12 月

第二版前言

　　数据结构是计算机科学与技术等电子信息类相关专业的一门重要的基础课程。许多高等院校将它作为理科各系主干基础课列入学校的教学计划之中。通过讲授本课，学生可以较全面地理解算法和数据结构的概念，掌握各种数据结构和算法的实现方式，比较不同的数据结构和算法的特点。这是一门理论与实际紧密结合的课程。通过本课程的学习，学生可以学会分析研究计算机加工的数据结构特性，以便在以后的工作实践中，能够针对具体问题选择和设计出适当的逻辑结构、存储结构及相应的算法，并在此基础上，能编写出结构清晰、正确易读、符合软件工程规范的程序，从而为进一步学习后续专业课程和软件的开发打下坚实的基础。

　　本书在内容组织和编排上，力求理论与实际应用紧密结合，而且更加突出运用。本书的主要特点有以下 3 点。

　　（1）内容组织上层次分明、结构清晰。在内容的选取上坚持学以致用、学用结合的原则，集先进性、科学性和实用性于一体，尽可能地将最基础、最适用的软件技术写入教材，省略一些纯理论的推导和烦琐的数学证明。

　　（2）在内容的深浅程度上，把握理论深度、侧重实用、由浅入深的原则，通过大量翔实的例题、算法和每一章的最后给出的练习题，进一步提高学生对数据的抽象能力和程序设计的能力。

　　（3）内容叙述深入浅出，文体规范，文字浅显易懂，相互衔接自然，表述严谨，逻辑性强，以利于学生自学和理解。

　　本书作为 2003 年版《数据结构》的第二版，保持了前一版的基本框架，概念清楚、论述充实、面向应用，进一步完善了算法与数据结构的体系内容，对所有算法进行了详尽的注释和完善，以利于读者理解算法的基本思想。各章均安排有章节提要和课后习题。

　　本书的第 1 章和 10 章由刘振鹏编写修订，第 2 章～第 5 章由张小莉编写修订，第 6 章～第 9 章由郑艳娟编写修订，最后由刘振鹏、张小莉统一定稿。

　　本书在写作和修订过程中，得到了许多专家和众多院校数据结构任课教师的大力支持和帮助，他们提出了许多中肯的意见和很好的建议，对本书的编写修订起到了很大的指导作用。对此，作者表示衷心的感谢。也正是他们的认可和支持，使得本书入选普通高等教育"十一五"国家级规划教材。

　　感谢作者的多位同事和学生，许百成、罗文劼参与了编写大纲的讨论并编写了初稿的部分内容，王苗编写书中习题部分并提供了全部答案，石强、史青宣制作了电子讲义，赵红、苗秀芬等在使用本书的过程中指出了书中的一些不足之处，使得本书更加完善。

　　尽管我们做了很大的努力，但由于编者水平有限，书中难免有不妥之处，恳请读者予以指正。

编　者
2007 年 2 月

第一版前言

数据结构是计算机及相关专业的一门基础课，计算机科学各个领域及有关的应用软件都要用到各种数据结构。在我国计算机科学与技术专业的教学计划中，它是核心课程之一。因此，数据结构知识对所有使用计算机的人都是必需的，它也是学好计算机专业其他课程的基础和保证。作为计算机科学和技术专业的一门重点课程，数据结构的教学深度、广度和对实践性环节的要求正逐步增长，并且随着计算机应用领域的扩大，数据结构课程已逐步对电器信息类和信息管理类的大部分专业的学生开设。本书介绍各种最常用的数据结构，阐明各种数据结构内在的逻辑关系，讨论它们在计算机中的存储表示，以及在这些数据结构上的运算和实现的算法，并对算法的效率进行了简要的分析。

本书在介绍数据结构基本理论的基础上，尽可能多地把近年来数据结构范畴内的新成就奉献给读者。本书是笔者根据多年来教学上的实践和体会，并参考了国内外较新的有关文献编写而成。为使全书结构避免松散，本书既详尽地介绍了各种数据结构的理论，又提出了具体实现的方法。对有关算法的分析，没有繁复的数学推导和证明，而是依照由浅入深和循序渐进的原则编排各章节，力求使全书衔接自然、系统全面。本书共分为 10 章，第 1 章介绍了数据结构的主要内容和基本概念、算法评价标准和评价方法。第 2 章～第 5 章介绍了几种常用的线性结构，包括线性表、栈和队列、串以及数组和广义表。着重讨论这些结构的存储表示、运算算法，并以查找、插入、删除运算为核心，讨论在各种存储结构上进行相关运算的算法效率。第 6 章和第 7 章介绍了具有广泛应用价值的树形结构（二叉树和树）及其重要应用，包括二叉树与树的概念和存储结构、二叉树的性质、二叉树和树的遍历及线索二叉树、树与二叉树的转换、哈夫曼树等。第 8 章介绍了复杂的数据结构——图及其应用，从算法设计的角度（而不是从图论角度）介绍图的存储形式、基本运算算法和几个最优化问题。第 9 章和第 10 章介绍了查找及排序，较全面地介绍了查找和排序的各种常用方法并简单分析了各种算法的时间复杂度和空间复杂度。

本书既注重原理又重视算法的实现，分析了大量的实用算法，均给出用 C++ 语言描述的算法，并加上较详细的注释，以利于读者理解算法的基本思想。每章之后附有习题，以便读者进一步练习并检验学习效果。

本书作者可以提供教材的电子讲义和书中习题的答案，有需要者可与中国铁道出版社计算机图书中心联系。

本书的第 1 章～第 5 章由张小莉编写，第 6 章～第 8 章由刘振鹏编写，第 9、10 章由郝杰编写，最后由刘振鹏、张小莉统一定稿。

本书在写作过程中，得到了许多专家的大力支持，参考了大量的文献资料和国内外优秀的教材，罗文劼、许百成、王苗、石强等老师在讲义的使用过程中提出了许多宝贵的意见，陈兰芳、程瑞芬、崔仙翠等同志参与了本书的编排工作，在此表示诚挚的谢意。

由于时间仓促及编者水平有限，书中难免有疏漏和不妥之处，恳请读者予以指正。

编　者
2003 年 8 月

◀ 目　　录

绪　　论 《《《

重点与难点：

- 数据结构的基本概念、抽象数据类型。
- 数据结构的逻辑结构、存储结构及运算。
- 算法、算法的特性和目标。
- 算法的时间复杂度、空间复杂度及其分析方法。

计算机科学是一门研究数据表示和数据处理的科学。数据是计算机化的信息，它是计算机可以直接处理的最基本和最重要的对象。进行科学计算或数据处理、过程控制、对文件的存储和检索及数据库技术等计算机应用，都是对数据进行加工处理的过程。因此，要设计出一个结构好而且效率高的程序，必须研究数据的特性、数据间的相互关系及其对应的存储表示方法，并利用这些特性和关系设计出相应的算法和程序。

1.1　数据结构的概念

计算机在发展的初期，其应用范围是数值计算，所处理的数据都是整型、实型、布尔型等简单数据，以此为加工、处理对象的程序设计称为数值型程序设计。随着计算技术的发展，计算机逐渐进入到商业、制造业等其他领域，广泛地应用于数据处理和过程控制中。与此相对应，计算机所处理的数据也不再是简单的数值，而是字符串、图形、图像、语音、视频等复杂的数据。这些复杂的数据不仅量大，而且具有一定的结构。例如，一幅图像是一个由简单数值组成的矩阵，一个图形中的几何坐标可以组成表。此外，语言编译过程中所使用的栈、符号表和语法树，操作系统中用到的队列、磁盘目录树等，都是有结构的数据。数据结构所研究的就是这些有结构的数据，因此，数据结构的知识不论对研制系统软件还是开发应用软件都非常重要，它是学习软件知识和提高软件设计水平的重要基础。

数据结构是计算机科学与技术专业的基础课，也是核心课程。所有的计算机系统软件和应用软件都要用到各种类型的数据结构。因此，要想更好地运用计算机来解决实际问题，仅掌握几种计算机程序设计语言是难以应付众多复杂课题的。要想有效地使用计算机并充分发挥计算机的性能，还必须学习和掌握好数据结构的有关知识。打好数据结构这门课程的基础，对于学习计算机专业的其他课程，如操作系统、编译原理、数据库原理、软件工程、人工智能等都是十分有益的。

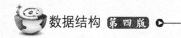

1.1.1 为什么要学习数据结构

在计算机发展的初期,人们使用计算机的目的主要是处理数值计算问题。当使用计算机来解决一个具体问题时,一般需要经过如下几个步骤:首先要从该具体问题抽象出一个适当的数学模型;然后设计或选择一个求解此数学模型的算法;最后编写程序进行调试、测试,从而得到最终的解答。例如,求解梁架结构中应力的数学模型的线性方程组,该方程组可以使用迭代算法来求解。

由于早期所涉及的运算对象是简单的整型、实型或布尔型数据,所以程序设计者的主要精力集中于程序设计的技巧上,而无须重视数据结构。随着计算机应用领域的扩大和软、硬件的发展,非数值计算问题显得越来越重要。据统计,当今处理非数值计算问题占用了 90% 以上的机器时间。这类问题涉及的数据结构更为复杂,数据元素之间的相互关系一般无法用数学方程式来描述。因此,解决这类问题的关键不再是数学分析和计算方法,而是要设计出合适的数据结构才能有效地解决问题。下面所列举的就是属于这一类的具体问题。

【例 1-1】学生信息检索系统。当需要查找某个学生的有关情况时,或者想查询某个专业或年级的学生的有关情况时,只要建立了相关的数据结构,按照某种算法编写相关程序,就可以实现计算机自动检索。为此,可以在学生信息检索系统中建立一张按学号排列的学生信息表和若干张分别按姓名、专业、年级顺序排列的索引表,如表 1-1～表 1-4 所示。由这 4 张表构成的文件便是学生信息检索的数学模型,计算机的主要操作便是按照某个特定要求(如给定姓名)对学生信息文件进行查询。

表 1-1   学生信息表

学　号	姓　名	性　别	专　业	年　级
120101	崔永志	男	计算机科学与技术	2012 级
120205	刘淑芳	女	信息与计算科学	2012 级
130310	李　丽	女	数学与应用数学	2013 级
130212	张志会	男	信息与计算科学	2013 级
140123	贾宝国	男	计算机科学与技术	2014 级
140101	陆文颖	女	计算机科学与技术	2014 级
140332	石胜利	男	数学与应用数学	2014 级
140231	崔文靖	男	信息与计算科学	2014 级
150135	刘淑芳	女	计算机科学与技术	2015 级
150314	史文斌	男	数学与应用数学	2015 级

表 1-2   姓名索引表

姓　名	索引号	姓　名	索引号	姓　名	索引号
崔文靖	8	崔永志	1	李丽	3
刘淑芳	2、9	陆文颖	6	贾宝国	5
石胜利	7	史文斌	10	张志会	4

表 1-3　专业索引表

专　　业	索　引　号
计算机科学与技术	1、5、6、9
信息与计算科学	2、4、8
数学与应用数学	3、7、10

表 1-4　年级索引表

年　　级	索　引　号	年　　级	索　引　号
2012 级	1、2	2013 级	3、4
2014 级	5、6、7、8	2015 级	9、10

　　诸如此类的还有电话自动查号系统、考试查分系统、仓库库存管理系统等。在这类文档管理的数学模型中，计算机处理的对象之间通常存在的是一种简单的线性关系，这类数学模型可称为线性的数据结构。

　　【例 1-2】八皇后问题。在八皇后问题中，处理过程不是根据某种确定的计算法则，而是利用试探和回溯的探索技术求解。为了求得合理布局，在计算机中要存储布局的当前状态。从最初的布局状态开始，一步步地进行试探，每试探一步形成一个新的状态，整个试探过程形成了一棵隐含的状态树，如图 1-1 所示（为了描述方便，将八皇后问题简化为四皇后问题）。回溯法求解过程实质上就是一个遍历状态树的过程。在这个问题中所出现的树也是一种数据结构，它可以应用在许多非数值计算问题中。

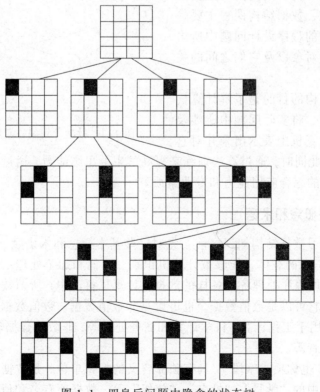

图 1-1　四皇后问题中隐含的状态树

【例1-3】教学计划编排问题。一个教学计划包含许多课程，在这些课程之间，有些必须按规定的先后次序进行，有些则没有次序要求，即有些课程之间有先修和后续的关系，有些课程可以任意安排次序，如表 1-5 所示。这种各个课程之间的次序关系可用一个称为图的数据结构来表示，如图 1-2 所示。有向图中的每个顶点表示一门课程，如果从顶点 C_i 到 C_j 之间存在有向边 $<C_i,C_j>$，则表示课程 i 必须先于课程 j 进行。

表 1-5　计算机专业的课程设置

课 程 编 号	课 程 名 称	先 修 课 程
C_1	计算机导论	无
C_2	数据结构	C_1、C_4
C_3	汇编语言	C_1
C_4	C 程序设计语言	C_1
C_5	计算机图形学	C_2、C_3、C_4
C_6	接口技术	C_3
C_7	数据库原理	C_2、C_9
C_8	编译原理	C_4
C_9	操作系统	C_2

由以上 3 个例子可见，描述这类非数值计算问题的数学模型不再是数学方程，而是诸如表、树、图之类的数据结构。因此可以说，数据结构课程主要是研究非数值计算的程序设计问题中所出现的计算机操作对象以及它们之间的关系和操作的学科。

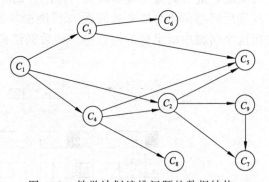

图 1-2　教学计划编排问题的数据结构

学习数据结构的目的是了解计算机处理对象的特性，将实际问题中所涉及的处理对象在计算机中表示出来并对它们进行处理。与此同时，通过算法训练来提高学生的思维能力，通过程序设计的技能训练来提高学生的综合应用能力和专业素质。

1.1.2　相关概念和术语

在系统地学习数据结构知识之前，先对一些基本概念和术语赋予确切的含义。

① 数据：信息的载体，能够被计算机识别、存储和加工处理。它是计算机程序加工的原料；应用程序处理各种各样的数据。计算机科学中，所谓数据就是计算机加工处理的对象，它可以是数值数据，也可以是非数值数据。数值数据是一些整数、实数或复数，主要用于工程计算、科学计算和商务处理等；非数值数据包括字符、文字、图形、图像、语音等。

② 数据项（也称项或字段）：具有独立含义的标识单位，是数据不可分割的最小单位，如表 1-1 中的"学号""姓名""年级"等。数据项有名和值之分，数据项名

是一个数据项的标识，用变量定义，而数据项值是它的一个可能取值，如表 1-1 中的 140332 是数据项"学号"的一个取值。数据项具有一定的类型，依数据项的取值类型而定。

③ 数据元素：数据的基本单位。在不同的条件下，数据元素又可称为元素、结点、顶点、记录等。例如，学生信息检索系统中学生信息表中的一个记录、八皇后问题中状态树的一个状态、教学计划编排问题中的一个顶点等，都被称为一个数据元素。

有时，一个数据元素可由若干个数据项组成。例如，学生信息检索系统中学生信息表的每一个数据元素就是一个学生记录，它包括学生的学号、姓名、性别、专业和年级数据项。这些数据项可以分为两种：一种叫作初等项，如学生的性别、年级等，这些数据项是在数据处理时不能再分割的最小单位；另一种叫作组合项，如学生的成绩，它可以再划分为数学成绩、物理成绩、化学成绩等更小的项。通常，在解决实际应用问题时是把每个学生记录当作一个基本单位进行访问和处理的。

④ 数据对象（或数据元素类）：具有相同性质的数据元素的集合。在某个具体问题中，数据元素都具有相同的性质（元素值不一定相等），属于同一数据对象（数据元素类），数据元素是数据元素类的一个实例。例如，在交通咨询系统的交通网中，所有的顶点是一个数据元素类，顶点 A 和顶点 B 各自代表一个城市，是该数据元素类中的两个实例，其数据元素的值分别为 A 和 B。

⑤ 数据结构：指互相之间存在着一种或多种特定关系的数据元素的集合。在任何问题中，数据元素都不会是孤立的，它们之间都存在着这样或那样的关系，这种数据元素之间的关系称为结构。根据数据元素间关系的不同特性，通常有下列 4 种基本的结构，如图 1-3 所示。

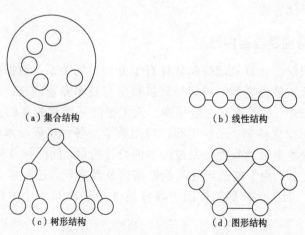

（a）集合结构   （b）线性结构

（c）树形结构   （d）图形结构

图 1-3 4 种基本结构的示意图

- 集合结构：在集合结构中，数据元素间的关系是"属于同一个集合"。集合是元素关系极为松散的一种结构。
- 线性结构：该结构的数据元素之间存在着一对一的关系。
- 树形结构：该结构的数据元素之间存在着一对多的关系。
- 图形结构：该结构的数据元素之间存在着多对多的关系，图形结构也称为网状结构。

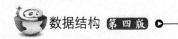

由于集合是数据元素之间关系极为松散的一种结构，因此也可用其他结构来表示它。从上面所介绍的数据结构的概念中可知，一个数据结构包含两个要素：一个是数据元素的集合，另一个是关系的集合。在形式上，数据结构通常可以采用一个二元组来表示。

数据结构的形式定义为一个二元组：

```
Data_Structure=(D,R)
```

其中，D 是数据元素的有限集，R 是 D 上关系的有限集。

数据结构包括数据的逻辑结构和数据的物理结构。数据的逻辑结构可以看作从具体问题抽象出来的数学模型，它与数据的存储无关。研究数据结构的目的是在计算机中实现对它的操作，为此还需要研究如何在计算机中表示一个数据结构。数据结构在计算机中的标识（又称为映像）称为数据的物理结构，或称为存储结构。它所研究的是数据结构在计算机中的实现方法，包括数据结构中元素的表示及元素间关系的表示。

数据的存储结构可采用顺序存储或链式存储的方法。

顺序存储方法是把逻辑上相邻的元素存储在物理位置相邻的存储单元中，由此得到的存储表示称为顺序存储结构。顺序存储结构是一种最基本的存储表示方法，通常借助于程序设计语言中的数组来实现。

链式存储方法对逻辑上相邻的元素不要求其物理位置相邻，元素间的逻辑关系通过附设的指针字段来表示，由此得到的存储表示称为链式存储结构。链式存储结构通常借助于程序设计语言中的指针来实现。

除了通常采用的顺序存储方法和链式存储方法外，有时为了查找方便还采用索引存储方法和散列存储方法。

1.1.3 数据结构课程的内容

数据结构与数学、计算机硬件和软件有十分密切的关系。数据结构是介于数学、计算机硬件和计算机软件之间的一门计算机科学与技术专业的核心课程，是高级程序设计语言、编译原理、操作系统、数据库、人工智能等课程的基础。同时，数据结构技术也广泛应用于信息科学、系统工程、应用数学及各种工程技术领域。

数据结构课程集中讨论软件开发过程中的设计阶段，同时涉及编码和分析阶段的若干基本问题。此外，为了构造出好的数据结构及其实现，还需考虑数据结构及其实现的评价与选择。因此，数据结构的内容包括 3 个层次和 5 个"要素"，如表 1-6 所示。

表 1-6 数据结构课程内容体系

层次 \ 方面	数据表示	数据处理
抽象	逻辑结构	基本运算
实现	存储结构	算法
评价	不同数据结构的比较及算法分析	

　　数据结构的核心技术是分解与抽象。通过对问题的抽象，舍弃数据元素的具体内容，就得到逻辑结构；类似地，通过分解将处理要求划分成各种功能，再通过抽象舍弃实现细节，就得到运算的定义。上述两方面的结合使人们将问题转换为数据结构，这是一个从具体（即具体问题）到抽象（即数据结构）的过程。然后，通过增加对实现细节的考虑，进一步得到存储结构和实现运算，从而完成设计任务，这是一个从抽象（即数据结构）到具体（即具体实现）的过程。熟练地掌握这两个过程是数据结构课程在专业技能培养方面的基本目标。

　　在国外，数据结构作为一门独立的课程是从 1968 年才开始的，但在此之前，其有关内容已放在编译原理及操作系统课程之中。20 世纪 60 年代中期，美国的一些大学开始设立有关课程，但当时的课程名称并不叫数据结构。1968 年，美国唐·欧·克努特（Donald E. Knuth）教授开创了数据结构的最初体系，他所著的《计算机程序设计技巧》（*Art of Computer Programming*，现翻译为《计算机程序设计艺术》）第一卷《基本算法》是第一本较系统地阐述数据的逻辑结构和存储结构及其操作的著作。从 20 世纪 60 年代末到 70 年代初，出现了大型程序，软件也相对独立，结构程序设计成为程序设计方法学的主要内容，人们越来越重视数据结构。从 20 世纪 70 年代中期到 80 年代，各种版本的数据结构著作相继问世。目前，数据结构的发展并未终结，一方面，面向各专业领域中特殊问题的数据结构得到研究和发展，例如，多维图形数据结构等；另一方面，从抽象数据类型和面向对象的观点来讨论数据结构已成为一种新的趋势，越来越受到人们的重视。

1.2　数据类型和抽象数据类型

　　对于一个复杂问题，往往会涉及许多因素。为了使问题得到简化，以便建立相应的数学模型进行深入研究，并进而加以解决，通常采用"抽象"这一思想方法，抽取反映问题本质的东西，舍去其非本质的细节。

　　在计算机软件的发展过程中，"抽象"这一思想方法得到了充分的应用。回顾一下程序设计发展的几个阶段：二进制的机器指令；符号化的汇编语句；高级语言的执行语句；高级语言的过程（或函数）模块；面向对象的软件开发系统。在这些阶段中，后一阶段都是在前一阶段的基础上经过进一步抽象后得以建立起来的。

　　通过一步步抽象，不断地突出"做什么？"，而将"怎么做？"隐藏起来，即将一切用户不必了解的细节封装起来，从而简化了问题。所以，抽象是程序设计最基本的思想方法。

　　下面回顾一下在程序设计语言中出现的各种数据类型。

1.2.1　数据类型

　　数据类型是和数据结构密切相关的一个概念。它最早出现在高级程序设计语言中，用以刻画程序中操作对象的特性。在用高级语言编写的程序中，每个变量、常量或表达式都有一个它所属的确定的数据类型。数据类型显式地或隐含地规定了在程序执行期间变量或表达式所有可能的取值范围，以及在这些值上允许进行的操作。因此，数据类型（Data Type）是一个值的集合和定义在这个值集上的一组操作的总称。

在高级程序设计语言中，数据类型可分为两类：一类是原子类型；另一类则是结构类型。原子类型的值是不可分解的，例如，C++语言中的整型、字符型、浮点型、双精度型等基本类型，分别用关键字 int、char、float、double 标识。而结构类型的值是由若干成分按某种结构组成的，因此是可分解的，并且它的成分可以是非结构的，也可以是结构的。例如，数组的值由若干分量组成，每个分量可以是整数，也可以是数组等。在某种意义上，数据结构可以看成 "一组具有相同结构的值"，而数据类型则可以看成由一种数据结构和定义在其上的一组操作所组成的。

1.2.2　抽象数据类型

抽象数据类型（Abstract Data Type，ADT）是指一个数学模型及定义在该模型上的一组操作。抽象数据类型的定义取决于它的一组逻辑特性，而与其在计算机内部如何表示和实现无关，即不论其内部结构如何变化，只要它的数学特性不变，都不影响其外部的使用。

抽象数据类型和数据类型实质上是一个概念。例如，各种计算机都拥有的整数类型就是一个抽象数据类型，尽管它们在不同处理器上的实现方法可以不同，但由于其数学特性相同，所以在用户看来都是相同的类型。因此，"抽象"的意义在于数据类型的数学抽象特性。

另一方面，抽象数据类型的范畴更广，它不再局限于前述各处理器中已定义并实现的数据类型，还包括用户在设计软件系统时自己定义的数据类型。为了提高软件的重用性，在近代程序设计方法学中，要求在构成软件系统的每个相对独立的模块上，定义一组数据和应用于这些数据上的一组操作，并在模块的内部给出这些数据的表示及其操作的细节，而在模块的外部使用的只是抽象的数据及抽象的操作。这也就是面向对象的程序设计方法。

抽象数据类型的定义可以由一种数据结构和定义在其上的一组操作所组成，而数据结构又包括数据元素及元素间的关系，因此抽象数据类型一般可以由元素、关系及操作 3 种要素来定义。

抽象数据类型实现了封装和信息隐蔽，其特征是使用与实现相分离。也就是说，在设计抽象数据类型时，把类型的定义与其实现分离开。

一个软件系统可看作由数据、操作过程和接口控制所组成。当设计软件时，为便于从宏观上把握全局，要对它们进行抽象，即数据抽象、过程抽象和控制抽象。抽象数据类型不仅包含数学模型，还包含模型上的运算，所以它将数据抽象和过程抽象结合为一体。抽象数据类型确定了一个数学模型，但将构成模型的具体细节加以隐蔽；它定义了一组运算，但又将运算的实现过程隐蔽了起来。

一个抽象数据类型的定义不涉及它的实现细节，在形式上可简可繁，对 ADT 的定义可以包括抽象数据类型名、数据元素之间逻辑关系的定义、每种基本操作的接口（包括操作的名称和该操作的前置条件、输入、输出、功能、后置条件的定义），形式如下：

```
ADT 抽象数据类型名
Data
```

```
        数据元素之间逻辑关系的定义
Operation
    操作1
        前置条件: 执行此操作前数据所必需的状态
        输入: 执行该操作所需要的输入数据
        功能: 该操作将完成的功能
        输出: 执行该操作后产生的输出数据
        后置条件: 执行此操作后数据的状态
    操作2
        ...
    操作n
        ...
EndADT
```

在后续章节涉及具体的数据结构时可以根据此模型定义抽象数据类型。

模板是 C++语言提供的参数多态化的工具,用于增强类和函数的可重用性。使用模板可以为函数或类声明一个一般模式,使得函数的参数、返回值或类中的某些成员取得任意类型。我们将借助 C++的模板来定义抽象数据类型。

一个抽象数据类型的具体实现可以多种多样,而在软件中使用该抽象数据类型的地方则可以把它看作一般的初等类型,不必管它的具体实现方法是什么,对抽象数据类型的定义及有关操作的设计、修改、完善等工作仅局限于相应的模块中。所以,抽象数据类型概念的引入降低了大型软件设计的复杂性,使软件设计中普遍遵循的模块化、信息隐蔽、代码共享等思想得到更充分的体现。

1.3 算法和算法分析

算法与数据结构关系紧密,在算法设计时先要确定相应的数据结构,而在讨论某一种数据结构时也必然会涉及相应的算法。下面就从算法特性、算法描述、算法性能分析与度量三方面对算法进行介绍。

1.3.1 算法特性

算法是对特定问题求解步骤的一种描述,是指令的有限序列。其中每一条指令表示一个或多个操作。一个算法应该具有下列特性:

① 有穷性:一个算法必须在有穷步之后结束,即必须在有限时间内完成。

② 确定性:算法的每一步必须有确切的含义,无二义性。算法的执行对应着的相同的输入仅有唯一路径。

③ 可行性:算法中的每一步都可以通过已经实现的基本运算的有限次执行得以实现。

④ 输入:一个算法具有零个或多个输入,这些输入取自特定的数据对象集合。

⑤ 输出:一个算法具有一个或多个输出,这些输出同输入之间存在某种特定的关系。

算法的含义与程序十分相似,但又有区别。一个程序不一定满足有穷性。例如,操作系统,只要整个系统不遭破坏,它将永远不会停止,即使没有作业需要处理,它仍处于动态等待中。因此，操作系统不是一个算法。另一方面，程序中的指令必须是机器可执行的，而算法中的指令则无此限制。算法代表了对问题的解，而程序则是算法在计算机上特定的实现。一个算法若用程序设计语言来描述，则它就是一个程序。

算法与数据结构是相辅相成的。解决某一特定类型问题的算法可以选定不同的数据结构，而且选择恰当与否直接影响算法的效率。反之，一种数据结构的优劣由各种算法的执行来体现。

要设计一个好的算法通常要考虑以下要求：

① 正确：算法的执行结果应当满足预先规定的功能和性能要求。

② 可读：一个算法应当思路清晰、层次分明、简单明了、易读易懂。

③ 健壮：当输入不合法数据时，应能做适当处理，不致引起严重后果。

④ 高效：有效使用存储空间和有较高的时间效率。

1.3.2 算法描述

算法可以使用各种不同的方法来描述。

最简单的方法是使用自然语言。用自然语言来描述算法的优点是简单且便于人们对算法的阅读；缺点是不够严谨。

可以使用程序流程图、N–S 图等算法描述工具，其特点是描述过程简洁明了。

用以上两种方法描述的算法不能够直接在计算机上执行，若要将它转换成可执行的程序，还有一个编程的问题。

可以直接使用某种程序设计语言来描述算法，不过直接使用程序设计语言并不容易，而且不太直观，常常需要借助于注释才能使人看明白。

为了解决理解与执行之间的矛盾，人们常常使用一种称为伪码语言的描述方法来进行算法描述。伪码语言介于程序设计语言和自然语言之间，它忽略程序设计语言中一些严格的语法规则与描述细节，因此它比程序设计语言更容易描述和被人理解，而比自然语言更接近程序设计语言。它虽然不能直接执行但很容易被转换成程序设计语言。

1.3.3 算法性能分析与度量

求解同一个问题，可以有许多不同的算法，那么如何来评价这些算法的优劣呢？

首先，选用的算法应该是"正确的"。此外，主要考虑如下 3 点：

① 执行算法所耗费的时间。

② 执行算法所耗费的存储空间，其中主要考虑辅助存储空间。

③ 算法应易于理解、易于编码、易于调试等。

当然，读者都希望选用一个所占存储空间小、运行时间短、其他性能也好的算法，但是现实中很难做到十全十美，原因是上述要求有时相互抵触。要节约算法的执行时间往往要以牺牲更多的空间为代价；而为了节省空间又可能要以牺牲更多的时间为代价。因此，只能根据具体情况有所侧重。若该程序使用次数较少，则力求算法简明易懂，易于转换为上机的程序。

当将一个算法转换成程序并在计算机上运行时，其运行所需要的时间取决于下列因素：

① 硬件的速度。

② 书写程序的语言。实现语言的级别越高，其执行效率就越低。

③ 编译程序所生成目标代码的质量。对于代码优化较好的编译程序，其生成的程序质量较高。

④ 问题的规模。例如，求 100 以内的素数与求 1 000 以内的素数，其执行时间必然是不同的。

显然，在各种因素都不能确定的情况下，很难计算出算法的执行时间。也就是说，使用执行算法的绝对时间来衡量算法的效率是不合适的。为此，可以将上述各种与计算机相关的软、硬件因素都确定下来，这样，一个特定算法的运行工作量的大小就只依赖于问题的规模（通常用正整数 n 表示），或者说它是问题规模的函数。

1. 时间复杂度

一个程序的时间复杂度是指程序运行从开始到结束所需要的时间。

一个算法是由控制结构和原操作构成的，其执行时间取决于两者的综合效果。为了便于比较同一问题的不同算法，通常的做法是：从算法中选取一种对于所研究的问题来说是基本运算的原操作，以该原操作重复执行的次数作为算法的时间度量。一般情况下，算法中原操作重复执行的次数是规模 n 的某个函数 $T(n)$。

一个算法执行所耗费的时间，是算法中所有语句执行时间之和，而每条语句的执行时间是该语句执行一次所用时间与该语句重复执行次数的乘积。一个语句重复执行的次数称为语句的频度（Frequency Count）。

算法的时间复杂度 $T(n)$ 表示为

$$T(n) = \sum_{\text{语句}i} (t_i \times c_i)$$

其中，t_i 表示语句 i 执行一次的时间，c_i 表示语句 i 的频度。

假设每条语句执行一次的时间均为一个单位时间，那么算法的时间耗费可简单表示为各语句的频度之和

$$T(n) = \sum_{\text{语句}i} c_i$$

【例 1-4】 下面的程序段用来求两个 n 阶方阵 A 和 B 的乘积 C。

```
for(i=0;i<n;i++)                    // n+1
   for(j=0;j<n;j++){                // n(n+1)
      C[i][j]=0;                    // n²
      for(k=0;k<n;k++)             // n²(n+1)
         C[i][j]+=A[i][k]*B[k][j]; // n³
   }
```

右边列出了各语句的频度，因而算法的时间复杂度 $T(n)$ 为

$T(n) = (n+1) + n(n+1)+n^2+n^2(n+1)+n^3=2n^3+3n^2+2n+1$

可见，$T(n)$ 是矩阵阶数 n 的函数。

许多时候，要精确地计算 $T(n)$ 是困难的，很多算法的时间复杂度难以给出解析形式，或者非常复杂。而且当问题的规模较大时，$T(n)$ 表达式中有些项占主导地位，其他项可忽略不计。例如，在例 1-4 中，当 n 很大时，$T(n)$ 中起主导作用的是高次项"$2n^3$"，显然：

$$\lim_{n \to \infty} \frac{T(n)}{n^3} = \lim_{n \to \infty} \frac{2n^3 + 3n^2 + 2n + 1}{n^3} = 2$$

$T(n)$ 与 n^3 是同数量级的，$T(n)$ 可近似的用 n^3 来表示。

因此，在实际应用中往往放弃复杂的函数来表示确切的时间复杂度，而采用一些简单的函数来近似表示时间性能，这就是时间渐近复杂度。

定义（大 O 记号）：设 $T(n)$ 是问题规模 n 的函数 $g(n)$，如果存在两个正常数 c 和 n_0，使得对所有的 n，有 $n \geq n_0$，且 $T(n) \leq cg(n)$，则记为 $T(n) = O(g(n))$。

例如，一个程序的实际执行时间为 $T(n) = 2.7n^3 + 3.8n^2 + 5.3$，则 $T(n) = O(n^3)$。

使用大 O 记号表示算法的时间复杂度，称为算法的时间渐近复杂度。

当评价一个算法的时间复杂度时，主要标准是算法时间复杂度的数量级，即算法的渐近时间复杂度。例如，设有两个算法 A1 和 A2，求解同一问题，它们的时间复杂度分别是 $T_1(n) = 100n$，$T_2(n) = n^2$，当输入量 $n < 100$ 时，$T_1(n) > T_2(n)$，后者花费的时间较少。但是，随着问题规模 n 的增大，两个算法的时间开销之比 $n^2/100n$ 亦随之增大。也就是说，当问题规模较大时，算法 A1 比算法 A2 要高效得多，它们的渐近时间复杂度 $O(n)$ 和 $O(n^2)$，正是从宏观上评价了这两个算法在时间方面的效率。因此，在进行算法分析时，往往对算法的时间复杂度和渐近时间复杂度不予区分，而经常是将渐近时间复杂度 $T(n) = O(f(n))$ 简称为时间复杂度，其中的 $f(n)$ 一般是算法中频度最大的语句频度。例如，在例 1-4 矩阵乘法的算法中应选取 "C[i][j]+=A[i][k]*B[k][j];" 作为基本操作来近似计算时间复杂度。

常见的时间复杂度有：常数阶 $O(1)$、对数阶 $O(\log_2 n)$、线性阶 $O(n)$、线性对数阶 $O(n\log_2 n)$、平方阶 $O(n^2)$、立方阶 $O(n^3)$、…、k 次方阶 $O(n^k)$、指数阶 $O(2^n)$。常见的时间复杂度按数量级递增排列为：

$$O(1) < O(\log_2 n) < O(n) < O(n\log_2 n) < O(n^2) < O(n^3) < \cdots < O(2^n)$$

有些算法中，时间复杂度不仅与问题规模相关，还与输入数据集的状态有关。对于这类问题，需要从概率的角度出发讨论。也可根据数据集可能的最好或最坏情况，估算算法的最好时间复杂度或最坏时间复杂度；或者在对数据集作某种假定的情况下，讨论算法的平均时间复杂度。例如，冒泡排序。

【例 1-5】冒泡排序。

```
void BublleSort(int a[ ], int n){
  for(i=0; i<n-1&&swap; i++){
    swap=0;
    for(j=0; j<n-i; j++)
      if(a[j]>a[j+1]){
        a[j]⇔a[j+1];
        swap=1; }
  }
}
```

选择交换相邻的两个元素 "a[j]⇔a[j+1];" 作为基本操作。当 a 中序列自小到大有序时，基本操作的执行次数是 0；当 a 中序列自大到小有序时，基本操作的执行次数是 $n(n+1)/2$。而 n 个元素组成的输入集可能有 $n!$ 种排列情况，若各种情况等概率，则冒泡排序的平均时间复杂度 $T(n) = O(n^2)$。

很多情况下输入数据集的分布概率难以确定，常用的方法是讨论算法在最坏情况下的复杂度，即分析算法执行时间的一个上界。因此如不作特别说明，时间复杂度是指最坏情况下的时间复杂度。

2．空间复杂度

一个程序的空间复杂度是指程序运行从开始到结束所需的存储量。

程序的一次运行是针对所求解的问题的某一特定实例而言的。例如，求解排序问题的排序算法的每次执行是对一组特定个数的元素进行排序，对该组元素的排序是排序问题的一个实例。元素个数可视为该实例的特征。

程序运行所需的存储空间包括以下两部分：

① 固定部分：这部分空间与所处理数据的大小和个数无关，或者称与问题实例的特征无关。主要包括程序代码、常量、简单变量、定长成分的结构变量所占的空间。

② 可变部分：这部分空间与算法在某次执行中处理的特定数据的大小和规模有关。例如，100 个数据元素的排序算法与 1 000 个数据元素的排序算法所需的存储空间显然是不同的。

类似于算法的时间复杂度，空间复杂度记为

$$S(n)=O(f(n))$$

其中，n 为问题的规模（或大小）。

当问题的规模较大时，可变部分可能会远大于固定部分，所以一般根据可变部分来讨论算法的渐近空间复杂度。

小 结

数据是指能够被计算机识别、存储和加工处理的信息的载体。数据元素是数据的基本单位，可以由若干个数据项组成。数据项是具有独立含义的最小标识单位。

数据结构是指互相存在着一种或多种关系的数据元素的集合，包括数据的逻辑结构和数据的物理结构。逻辑结构可以看作从具体问题抽象出来的数学模型，它与数据存储无关；数据结构在计算机中的标识称为数据的物理结构，或称存储结构。

算法是对特定问题求解步骤的一种描述，是指令的有限序列。可以使用自然语言、程序流程图、N-S 图和伪码语言等方法进行描述。

衡量算法优劣经常使用到时间复杂度和空间复杂度。

时间复杂度是某个算法的时间耗费，是该算法所求解问题规模 n 的函数。空间复杂度是某个算法的空间耗费。

评价一个算法的时间性能时，主要标准是算法的渐近时间复杂度。渐近时间复杂度是指当问题规模趋向无穷大时，该算法时间复杂度的数量级。

习 题

一、选择题

1. 从逻辑上可以把数据结构分为（ ）两大类。

    A．动态结构、静态结构　　　　　B．顺序结构、链式结构

    C．线性结构、非线性结构　　　　　D．初等结构、构造型结构

2．在下面的程序段中，对 x 的赋值语句的频度为（　　　　）。

```
for(k=1;k<=n;k++)
    for(j=1;j<=n;j++)
        x=x+1;
```

    A．$O(2^n)$　　　　B．$O(n)$　　　　C．$O(n^2)$　　　　D．$O(\log 2^n)$

3．采用顺序存储结构表示数据时，相邻的数据元素的存储地址（　　　　）。

    A．一定连续　　　　　　　　　　B．一定不连续

    C．不一定连续　　　　　　　　　　D．部分连续，部分不连续

4．下面关于算法说法正确的是（　　　　）。

    A．算法的时间复杂度一般与算法的空间复杂度成正比

    B．解决某问题的算法可能有多种，但肯定采用相同的数据结构

    C．算法的可行性是指算法的指令不能有二义性

    D．同一个算法，实现语言的级别越高，执行效率就越低

5．在发生非法操作时，算法能够做出适当处理的特性称为（　　　　）。

    A．正确性　　　　B．健壮性　　　　C．可读性　　　　D．可移植性

二、简答题

1．解释下列术语：数据、数据元素、数据对象、数据结构、存储结构、线性结构、算法、数据类型。

2．说明数据结构的概念与程序设计语言中数据类型概念的区别和联系。

3．讨论顺序存储结构和链式存储结构各自的特点、适用范围，并说明在实际应用中应如何选取数据存储结构。

4．设 n 为正整数，利用大 O 记号将下列程序段的执行时间表示为 n 的函数。

```
（1）i=1;
    k=100;
    while(i<n){
        k=k+1;
        i=i+10;
    }
（2）i=1;
    j=0;
    while(i+j<=n)
        if(i>j)
            j++;
        else
            i++;
（3）x=n;            //n是不小于1的常数
    y=0;
    while(x>=(y+1)*(y+1))
        y++;
（4）x=91;
    y=100;
    while(y>0)
```

```
            if(x>100){
                x-=10;
                y--;
            }
            else
                x++;
（5）for(i=1;i<=n-1;i++){
        k=i;
        for(j=i+1;j<=n;j++)
            if(R[j]>R[j+1])
                    k=j;
        t=R[k];
        R[k]=R[i];
        R[i]=t;
    }
（6）for(i=1;i<=n;i++)
        for(j=1;j<=i;j++)
            for(k=1;k<=j;k++)
                x=x+y;
```

5. 试写一算法，从大到小依次输出顺序读入的 3 个整数 x、y 和 z 的值。

6. 已知 k 阶斐波那契序列的定义为：

$$f(0)=0, f(1)=0, \ldots, f(k-2)=0, f(k-1)=1;$$
$$f(n)=f(n-1)+f(n-2)+\ldots+f(n-k), n=k, k+1, \ldots$$

试编写求 k 阶斐波那契序列的第 m 项值的函数算法，k 和 m 均以参数的形式在参量表中出现。

7. 试编写算法计算 i!×2i 的值并存入数组 a[Arrsize]的第 i 个分量中（i=1,2,...,n）。假设计算机中允许的整数最大值为 Maxint，则当 n>Arrsize 或对某个 k（1≤k≤n）使 k!×2k>Maxint 时，应按出错处理。可有下列 3 种不同的处理方式：

（1）用 ERROR 语句终止执行并报告错误。

（2）用返回值 0 或 1 实现算法以区别正确返回或错误返回。

（3）在参数表中设置一个整型变量以区别正确返回或某种错误返回。

试讨论这 3 种方法各自的优缺点，并以自己认为较好的方式实现。

线 性 表 <<<

重点与难点：

- 线性表的逻辑结构。
- 顺序表的特点、基本运算的实现及时空性能分析。
- 链表的特点、基本运算的实现及时空性能分析。
- 循环链表、双向链表、静态链表。
- 顺序表和链表的优缺点及适应情况。

线性表是一种线性结构，是最简单、最基本，也是最常用的一种线性结构。线性表用途广泛，应用于信息检索、存储管理、模拟技术和通信等领域。

2.1 线性表的逻辑结构

2.1.1 线性表的定义

线性结构的特点是数据元素之间是一种线性关系，数据元素"一个接一个地排列"。

在一个线性表中，数据元素的类型是相同的，或者说线性表是由同一类型的数据元素构成的线性结构。在实际问题中线性表的例子很多，例如，学生信息表是一个线性表，表中数据元素的类型为用户定义的学生类型；一个字符串也是一个线性表，表中数据元素的类型为字符型等。

综上所述，线性表定义如下：

线性表是具有相同数据类型的 n（$n \geq 0$）个数据元素的有限序列，通常记为

$$(a_1, a_2, \cdots, a_{i-1}, a_i, a_{i+1}, \cdots, a_n) \tag{2-1}$$

其中，n 为表长，$n=0$ 时称为空表。

表中相邻元素之间存在着顺序关系。将 a_{i-1} 称为 a_i 的直接前驱，a_{i+1} 称为 a_i 的直接后继。即对于 a_i，当 $i=2, \cdots, n$ 时，有且仅有一个直接前驱 a_{i-1}；当 $i=1, 2, \cdots, n-1$ 时，有且仅有一个直接后继 a_{i+1}；而 a_1 是线性表中第一个元素，它没有前驱；a_n 是最后一个元素，它没有后继。

说明：a_i 为序号为 i 的数据元素（$i=1, 2, \cdots, n$），通常将它的数据类型抽象为 DataType。DataType 根据具体问题而定。例如，在学生信息表中，数据元素是用户自定义的学生类型；在字符串中，数据元素是字符型。

2.1.2 线性表的基本操作

数据结构的运算是定义在逻辑结构层次上的，而运算的具体实现是建立在存储结构层次上的，因此，下面定义的线性表的基本运算作为逻辑结构的一部分，每一个操作的具体实现只有在确定了线性表的存储结构之后才能完成。

线性表上的基本操作有以下几种：

① Init_List(L)：线性表初始化。

操作结果是构造一个空的线性表。

② Length_List(L)：求线性表的长度。

操作结果是返回线性表中所含元素的个数。

③ Get_List(L,i)：取表元。

线性表 L 存在且 $1 \leqslant i \leqslant$ Length_List(L)，操作结果是返回线性表 L 中的第 i 个元素的值或地址。

④ Locate_List(L,x)：按值查找，x 是给定的一个数据元素值。

线性表 L 存在，操作结果是在线性表 L 中查找值为 x 的数据元素，其结果返回在线性表 L 中首次出现的值为 x 的那个元素的序号或地址，称为查找成功；否则，在线性表 L 中未找到值为 x 的数据元素，返回一个特殊值，表示查找失败。

⑤ Insert_List(L,i,x)：插入操作。

线性表 L 存在，插入位置 $1 \leqslant i \leqslant n+1$（n 为插入前的表长），操作结果是在线性表 L 的第 i 个位置上插入一个值为 x 的新元素，这样使原序号为 i，i+1，…，n 的数据元素的序号变为 i+1，i+2，…，n+1，插入后表长=原表长+1。

⑥ Delete_List(L,i)：删除操作。

线性表 L 存在，删除位置 $1 \leqslant i \leqslant n$（n 为删除前的表长），操作结果是在线性表 L 中删除序号为 i 的数据元素，删除后使序号为 i+1，i+2，…，n 的元素变为序号为 i，i+1，…，n-1，删除后表长=原表长-1。

需要说明以下两点：

① 某数据结构上的基本运算，不是它的全部运算，而是一些常用的基本运算，每一个基本运算在实现时也可能根据不同的存储结构派生出一系列相关的运算。例如，线性表的删除运算还会有删除某个特定值的元素；再如插入运算，也可能是将新元素 x 插入到适当的位置上等，不可能也没有必要定义出它的全部运算，读者掌握了某一数据结构上的基本运算后，其他的运算可以通过基本运算来实现，也可以直接实现。

② 在上面各操作中定义的线性表 L 仅仅是一个抽象在逻辑结构层次的线性表，尚未涉及它的存储结构，因此，每个操作在逻辑结构层次上尚不能用具体的某种程序设计语言写出具体的算法，而算法只有在存储结构确立之后才能实现。

2.2 线性表的顺序存储及运算实现

线性表的顺序存储是指在内存中用地址连续的存储空间存放线性表，用存储位置的相邻表示数据元素之间的逻辑关系。

2.2.1 顺序表

在内存中用地址连续的一块存储空间顺序存放线性表的各元素,用这种存储形式表示的线性表称为顺序表。

因为内存中的地址空间是线性的,因此用物理空间上的相邻实现数据元素之间的逻辑相邻关系既简单又自然,如图 2-1 所示。设 a_1 的存储地址为 $\text{Loc}(a_1)$,每个数据元素占 d 个存储地址,则第 i 个数据元素的地址为

$$\text{Loc}(a_i)=\text{Loc}(a_1)+(i-1)\times d \qquad (1\leq i\leq n) \qquad (2\text{-}2)$$

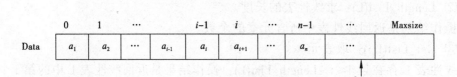

图 2-1 线性表的顺序存储

这就是说,只要知道顺序表首地址和每个数据元素所占存储单元的个数,就可求出第 i 个数据元素的地址,这也是顺序表具有按数据元素的序号随机存取的特点。

在程序设计语言中,一维数组在内存中占用的存储空间就是一组连续的存储区域,因此,用一维数组来表示顺序表的数据存储区域再合适不过。考虑到线性表的运算有插入、删除等,即表长是可变的,因此,数组的容量需设计得足够大,用 data[Maxsize]来表示。其中,Maxsize 是一个根据实际问题定义的足够大的整数,线性表中的数据从 data[0]开始依次顺序存放,但当前线性表中的实际元素个数可能未达到 Maxsize 个,因此,需用一个变量 last 记录当前线性表中最后一个元素在数组中的位置,即 last 起一个指针的作用,始终指向线性表中最后一个元素,因此,表空时 last=-1。这种存储思想的具体描述可以是多样的。例如:

```
#define Maxsize  …            //Maxsize为根据实际问题定义的足够大的整数常量
data [Maxsize];
int last;
```

这样表示的顺序表如图 2-1 所示,表长为 last+1,第 1 个到第 n 个数据元素分别存放在 data[0] ~ data[last]中。虽然这样使用简单方便,但不便于管理。

本书选用 C++语言描述数据的存储及算法的实现,从结构性上考虑,通常将 data 和 last 封装在一起,考虑线性表上的基本操作。可定义顺序表的类模板如下:

```
template<class  DataType, int Maxsize>    //Maxsize为顺序表的空间容量
class SeqList{
    private:
        DataType   data[Maxsize];          //顺序表的存储空间
        int last;                          //最后元素的位置
    public:
        SeqList();                         //初始化一个空的顺序表
        ~SeqList();                        //撤销顺序表
        int Insert SeqList(int i,DataType x); //顺序表的插入
        int Delete SeqList(int i);         //顺序表的删除
        int Location SeqList(DataType x);  //顺序表的查找
        …
};
```

2.2.2 顺序表上基本运算的实现

1. 顺序表的初始化

顺序表的初始化即构造一个空表，这对表是一个加工型的运算。因此，将 L 设为指针参数，首先动态分配存储空间，然后，将表中 last 指针置为-1，表示表中没有数据元素。

【算法 2-1】顺序表的初始化算法。

```
void *SeqList< DataType, Maxsize >::SeqList(){
    last=-1;
}
```

2. 插入运算

线性表的插入是指在表的第 i 个位置上插入一个值为 x 的新元素，插入后使原表长为 n 的表

$$(a_1,a_2,\cdots,a_{i-1},a_i,a_{i+1},\cdots,a_n) \tag{2-3}$$

成为表长为 $n+1$ 的表

$$(a_1,a_2,\cdots,a_{i-1},x,a_i,a_{i+1},\cdots,a_n) \tag{2-4}$$

其中，$1 \leqslant i \leqslant n+1$，插入示意图如图 2-2 所示。

顺序表上完成这一运算的步骤如下：

① 将 $a_i \sim a_n$ 顺序向后移动，为新元素让出位置。

② 将 x 置入空出的第 i 个位置。

③ 修改 last 指针（相当于修改表长），使之仍指向最后一个元素。

【算法 2-2】顺序表的插入算法。

```
int SeqList<DataType,Maxsize>::Insert_SeqList(int i,DataType x){
    int j;
    if(last==Maxsize-1)         //检查是否有剩余空间
        return -1;              //表空间已满，不能插入，返回错误代码-1
    if(i<1||i>L->last+2)        //检查插入位置的正确性
        return 0;               //插入位置参数错，返回错误代码0
    for(j=last;j>=i-1;j--)
        data[j+1]= data[j];     //结点移动
    data[i-1]=x;                //新元素插入
        last++;                 //last 指向新的最后元素
    return 1;                   //插入成功，返回成功代码1
}
```

时间复杂度分析如下：顺序表上的插入运算，时间主要消耗在了数据的移动上，在第 i 个位置上插入 x，从 $a_i \sim a_n$ 都要向后移动一个位置，共需要移动 $n-i+1$ 个元素，而 $1 \leqslant i \leqslant n+1$，即有 $n+1$ 个位置可以插入。设在第 i 个位置上做插入的概率为 p_i，则平均移动数据元素的次数为

$$E_{\text{in}} = \sum_{i=1}^{n+1} p_i(n-i+1) \tag{2-5}$$

设 $p_i = \dfrac{1}{n+1}$，即为等概率情况，则

$$E_{in} = \sum_{i=1}^{n+1} p_i(n-i+1) = \frac{1}{n+1}\sum_{i=1}^{n+1}(n-i+1) = \frac{n}{2} \qquad (2\text{-}6)$$

说明：在顺序表上做插入操作需移动表中一半的数据元素，显然时间复杂度为 $O(n)$。

本算法应注意以下问题：

① 顺序表中数据区域有 Maxsize 个存储单元，所以在向顺序表中做插入时先检查表空间是否满了，在表满的情况下不能再做插入，否则产生溢出错误。

② 要检验插入位置的有效性，这里 $1 \le i \le n+1$，其中 n 为原表长。

③ 注意数据的移动方向。

3. 删除运算

线性表的删除运算是指将表中第 i 个元素从线性表中去掉，删除后使原表长为 n 的线性表

$$(a_1,a_2,\cdots,a_{i-1},a_i,a_{i+1},\cdots,a_n) \qquad (2\text{-}7)$$

成为表长为 n-1 的线性表

$$(a_1,a_2,\cdots,a_{i-1},a_{i+1},\cdots,a_n) \qquad (2\text{-}8)$$

其中，$1 \le i \le n$，删除示意图如图 2-3 所示。

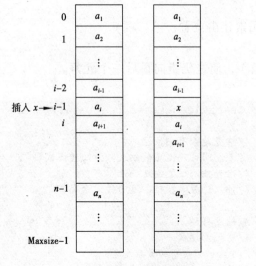

（a）插入前　　（b）插入后　　　　　（a）删除前　　（b）删除后

图 2-2　顺序表中的插入　　　　图 2-3　顺序表中的删除

顺序表中完成这一运算的步骤如下：

① 将 $a_{i+1} \sim a_n$ 顺序向前移动。

② 修改 last 指针（相当于修改表长），使之仍指向最后一个元素。

【算法 2-3】顺序表的删除算法。

```
int *SeqList<DataType, Maxsize>::DeleteSeqList(int i){
    int j;
    if(i<1||i>last+1)              //检查空表及删除位置的合法性
        return 0;                  //不存在第 i 个元素，不能删除，返回错误代码 0
```

```
    for(j=i;j<=last;j++)
        data[j-1]=data[j];          //数据元素向前移动
    last--;                          //last 指向新的最后元素
    return 1;                        //删除成功，返回成功代码1
}
```

时间复杂度分析如下：

与插入运算相同，其时间主要消耗在了移动表中元素上，删除第 i 个元素时，其后面的元素 $a_{i+1} \sim a_n$ 都要向前移动一个位置，共移动了 $n-i$ 个元素，所以平均移动数据元素的次数为

$$E_{de} = \sum_{i=1}^{n} p_i(n-i) \qquad (2-9)$$

在等概率情况下，$p_i = \dfrac{1}{n}$，则

$$E_{de} = \sum_{i=1}^{n} p_i(n-i) = \frac{1}{n}\sum_{i=1}^{n}(n-i) = \frac{n-1}{2} \qquad (2-10)$$

说明：在顺序表上做删除运算大约需要移动表中一半的数据元素，显然该算法的时间复杂度为 $O(n)$。

本算法应注意以下问题：

① 删除第 i 个元素，其中 $1 \leqslant i \leqslant n$，否则第 i 个元素不存在，因此，要检查删除位置的有效性。

② 当表空时不能做删除，因为表空时 L->last 的值为-1，条件（i<1||i>L->last+1）也包括了对表空的检查。

③ 删除 a_i 之后，该数据元素已不存在；如果需要，先取出 a_i，再做删除。

4. 按值查找

线性表中的按值查找是指在线性表中查找与给定值 x 相等的数据元素。在顺序表中完成该运算最简单的方法是：从第一个元素 a_1 开始，依次和 x 比较，直到找到一个与 x 相等的数据元素，则返回它在顺序表中的存储下标或序号（二者选一）；若查遍整个表都没有找到与 x 相等的元素，则返回-1。

【算法 2-4】 顺序表的按值查找算法。

```
int SeqList<DataType, Maxsize>::Location_SeqList(DataType x){
    int i;
    i=0;
    while(i<=last&&data[i]!=x)       //顺序查找数据元素值
        i++;
    if(i>last)                        //直到最后元素没有找到
        return -1;                    //查找不成功，返回错误代码-1
    else
        return i;                     //查找成功，返回数据元素在顺序表中的存储位置
}
```

本算法的主要运算是比较。显然比较的次数与 x 在线性表中的位置有关，也与表长有关。当 $a_1=x$ 时，比较 1 次成功；当 $a_n=x$ 时，比较 n 次成功。平均比较次数为$(n+1)/2$，时间复杂度为 $O(n)$。

2.2.3 顺序表应用举例

【例 2-1】将顺序表$(a_1,a_2,\cdots,a_n)$重新排列为以 a_1 为界的两部分：a_1 前面数据元素的值均比 a_1 小，a_1 后面数据元素的值都比 a_1 大（这里假设数据元素的类型具有可比性，不妨设为整型），操作前后如图 2-4 所示，这一操作称为划分，a_1 也称为基准元素。这里的基准元素是 20。

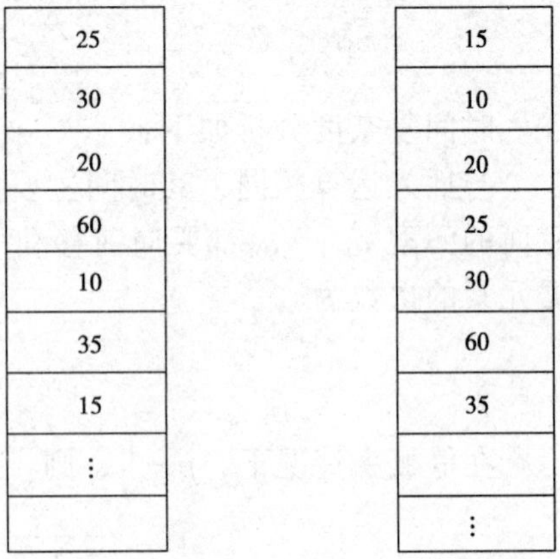

划分的方法有多种，下面介绍的划分算法思路简单，但性能较差。

基本思路如下：

从第 2 个元素开始到最后一个元素，逐一向后扫描。

① 当前数据元素 a_i 比 a_1 大时，表明它已经在 a_1 的后面，不必改变它与 a_1 之间的位置，继续比较下一个。

（a）划分前
25
30
20
60
10
35
15
⋮

（b）划分后
15
10
20
25
30
60
35
⋮

图 2-4 顺序表的划分

② 当前数据元素若比 a_1 小时，说明它应该在 a_1 的前面，此时将它前面的数据元素都依次向后移动一个位置，然后将它置入最前方。

【算法 2-5】顺序表划分算法。

```
void SeqList<DataType, Maxsize>::part(){
    int i,j;
    DataType x,y;
    x=data[0];                          //将基准数据元素置入 x 中
    for(i=1;i<=last;i++)
        if(data[i]<x){                  //当前数据元素小于基准
            y=data[i];
            for(j=i-1;j>=0;j--)         //前面所有数据元素向后移动
                data[j+1]=data[j];
            data[0]=y;                  //将当前元素置入最前面位置
        }
}
```

本算法有两重循环，外循环执行 n-1 次，内循环中移动元素的次数与当前数据的大小有关。当第 i 个元素小于基准数据元素时，要移动它前面的 i-1 个元素，再加上当前数据元素的保存及置入，所以移动 i-1+2 次。在最坏情况下，a_1 后面的结点都小于 a_1。故总的移动次数为

$$\sum_{i=2}^{n}(i-1+2)=\sum_{i=2}^{n}(i+1)=\frac{n(n+3)}{2} \qquad (2\text{-}11)$$

即最坏情况下移动数据的时间复杂度为 $O(n^2)$。

这个算法简单但效率低，在第 10 章的快速排序中将介绍另一种划分算法，它的时间复杂度为 $O(n)$。

【例 2-2】有顺序表 A 和 B，其元素均按从小到大的升序排列，编写一个算法将它们合并成一个顺序表 C，要求 C 的元素也是按从小到大的升序排列。

算法思路：依次扫描顺序表 A 和 B 的元素，比较当前元素的值，将较小值的元素赋给 C，如此重复，直到一个线性表扫描完毕，然后将未完的那个顺序表中余下部分赋给 C 即可。顺序表 C 的容量要能够容纳 A、B 两个顺序表相加的长度。

【算法 2-6】有序表的合并算法。

```
void merge(SeqList A,SeqList B,SeqList *C){
    int i,j,k;                    //i、j和k分别为顺序表A、B和C当前元素指针
    i=0,j=0,k=0;
    while(i<=A.last&&j<=B.last)    //依次扫描比较顺序表A、B中的数据元素
        if(A.data[i]<B.data[j]){
            C->data[k]=A.data[i];
            k++;
            i++;
        }
        else{
            C->data[k]=B.data[j];
            k++;
            j++;
        }
    while(i<=A.last){             //将A表中剩余元素赋给C
        C->data[k]=A.data[i];
        k++;
        i++;
    }
    while(j<=B.last){             //将B表中剩余元素赋给C
        C->data[k]=B.data[j];
        k++;
        j++;
    }
    C->last=k-1;                  //将last指针指向最后一个元素
}
```

算法的时间复杂度是 $O(m+n)$，其中 m 是 A 的表长，n 是 B 的表长。

【例 2-3】比较两个线性表的大小。两个线性表的比较依据下列方法：设 A、B 是两个线性表，均用向量表示，表长分别为 m 和 n。A'和 B'分别为 A 和 B 中除去最大共同前缀后的子表。

例如，A=(x,y,y,z,x,z)，B=(x,y,y,z,y,x,x,z)，两表最大共同前缀为(x,y,y,z)。则 A'=(x,z)，B'=(y,x,x,z)。若 A'=B'=空表，则 A=B；若 A'=空表且 B'≠空表，或两者均不空且 A'首元素小于 B'首元素，则 A<B；否则，A>B。

算法思路：首先找出 A、B 的最大共同前缀，然后求出 A'和 B'，之后再按比较规则进行比较。A>B 函数返回 1；A=B 函数返回 0；A<B 函数返回-1。

【算法 2-7】比较线性表大小算法。

```
int compare(int A[],int B[],int m,int n){
    int i,j,ms,ns;
    int AS[],BS[];                //AS,BS分别代表A',B'
    i=0;
    while(i<=m&&i<=n&&A[i]==B[i])
        i++;                      //找最大共同前缀
```

```
ms=ns=0;
for(j=i;j<m;j++){
    AS[ms]=A[j];
    ms++;
}                               //建立A',ms为A'的长度
for(j=i;j<n;j++){
    BS[ns]=B[j];
    ns++;
}                               //建立B',ns为B'的长度
if(ms==ns&&ms==0)
    return 0;                   //A',B'为空表,A表和B表相等
else
    if(ms==0&&ns>0||ms>0&&ns>0&&AS[0]<BS[0])
        return -1;              //A表小于B表
    else
        return 1;              //A表大于B表
}
```

算法的时间复杂度是 $O(m+n)$。

2.3 线性表的链式存储和运算实现

由于顺序表的存储特点是用物理上的相邻实现了逻辑上的相邻,它要求用连续的存储单元顺序存储线性表中的各元素,因此,对顺序表的插入、删除需要通过移动数据元素来实现,影响了运行效率。本节介绍线性表链式存储结构,它不需要用地址连续的存储单元来实现,因为它不要求逻辑上相邻的两个数据元素物理上也相邻,它是通过"链"建立起数据元素之间的逻辑关系,因此,对线性表的插入、删除不需要移动数据元素。

2.3.1 单链表

链表是通过一组任意的存储单元来存储线性表中数据元素的,那么怎样表示出数据元素之间的线性关系呢? 为建立起数据元素之间的线性关系,对每个数据元素 a_i,除了存放数据元素自身的信息 a_i 之外,还需要和 a_i 一起存放其后继元素 a_{i+1} 所在的存储单元的地址。这两部分信息组成一个结点,结点的结构如图 2-5 所示,每个元素都如此。存放数据元素信息的称为数据域,存放其后继地址的称为指针域。因此,n 个元素的线性表通过每个结点的指针域拉成了一个"链子",称之为链表。因为每个结点中只有一个指向后继的指针,所以称其为单链表。

图 2-5　单链表结点结构

链表的结点定义如下:

```
template<class DataType>
struct LNode{
    DataType data;
    LNode<DataType> *next;
};
```

图 2-6 所示是线性表$(a_1,a_2,a_3,a_4,a_5,a_6,a_7,a_8)$对应的链式存储结构示意图。

当然，必须将第一个结点的地址 160 放到一个指针变量（如 H）中，最后一个结点没有后继，其指针域必需置空，表明此表到此结束，这样就可以从第一个结点的地址开始"顺藤摸瓜"，找到每个结点。

作为线性表的一种存储结构，读者关心的是结点间的逻辑结构，而对每个结点的实际地址并不关心，所以通常单链表用图 2-7 所示的形式而不用图 2-6 所示的形式表示。

通常用"头指针"来标识一个单链表，如单链表 L、单链表 H 等，是指某链表的第一个结点的地址放在了指针变量 L、H 中，头指针为 NULL 则表示一个空表。

地址	数据	指针
110	a_5	200
⋮	⋮	⋮
150	a_2	190
160	a_1	150
⋮	⋮	⋮
190	a_3	210
200	a_6	260
210	a_4	110
⋮	⋮	⋮
240	a_8	NULL
⋮	⋮	⋮
260	a_7	240

H | 160

图 2-6　链式存储结构

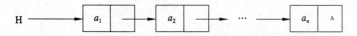

图 2-7　链表示意图

若有定义 LNode *p;，而语句：

```
p=new LNode;
```

即完成了申请一块 LNode 类型的存储单元的操作。如果申请成功，就将其地址赋值给变量 p，如图 2-8 所示。p 所指的结点为 *p，*p 的类型为 LNode 类型，所以该结点的数据域为 (*p).data 或 p->data，指针域为 (*p).next 或 p->next。delete p 则表示释放 p 所指的结点。如果申请失败，返回空指针。

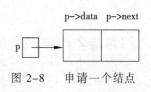

图 2-8　申请一个结点

基于前面定义的 LNode，单链表的类模板定义如下：

```
template<class  DataType>
class LinkList{
    private:
        LNode<DataType> *L;
    public:
        LinkList();                              //初始化空链表
        ~LinkList();                             //撤销链表
        LNode * Creat_LinkList1();               //头插法创建单链表
        LNode * Creat_LinkList2();               //尾插法创建单链表
        int Length_LinkList();                   //求单链表的长度
        LNode *Get_LinkList(int i);              //按序号查找
        LNode *Locate_LinkList(DataType x)       //按值查找
        int Insert_LinkList(int i,DataType x)    //插入元素
        int Del_LinkList(int i)                  //删除元素
        ...
};
```

2.3.2 单链表上基本运算的实现

1. 建立单链表

（1）在链表的头部插入结点建立单链表

链表与顺序表不同，它是一种动态管理的存储结构，链表中的每个结点占用的存储空间不是预先分配的，而是运行时系统根据需求生成的。因此，建立单链表从空表开始，每读入一个数据元素则申请一个结点，然后插在链表的头部。图 2-9 展现了线性表(25,45,18,76,29)的链表的建立过程。因为是在链表的头部插入，读入数据的顺序和线性表中的逻辑顺序是相反的。

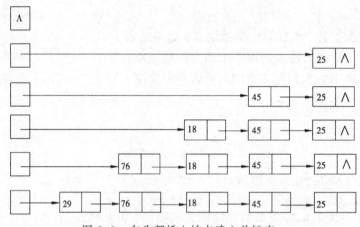

图 2-9　在头部插入结点建立单链表

【算法 2-8】 建立单链表的算法一。

```cpp
#define Flag  …     //Flag 为根据实际情况设置的结束数据输入的标志数据
LNode *LinkList<DataType>::Creat_LinkList1(){
    LNode * L;
    LNode *s;
    int x;          //设数据元素的类型为 int
    L=NULL;         //首先置为空表
    cin>>x;
    while(x!=Flag){
        s=new LNode;
        s->data=x;
        s->next=L;
        L=s;
        cin>>x;
    }
    return L;
}
```

（2）在单链表的尾部插入结点建立单链表

在头部插入建立单链表简单，但读入的数据元素的顺序与生成的链表中元素的顺序是相反的，若希望顺序一致，可以采用尾部插入的方法。因为每次是将新结点插入到链表的尾部，所以需加入一个指针 r，用来始终指向链表中的尾结点，以便能够将新结点插入到链表的尾部。如图 2-10 所示展现了在链表的尾部插入结点建立链表的过程。算法思路如下：初始状态：头指针 H=NULL，尾指针 r=NULL。按线性表中元素的顺序依次读入数据元素。不是结束标志时，申请结点，将新结点插入到 r 所指结点的后面，然后 r 指向新结点（但第一个结点有所不同，读者注意下面算法中的有关部分）。

初始状态：H=NULL，r=NULL。

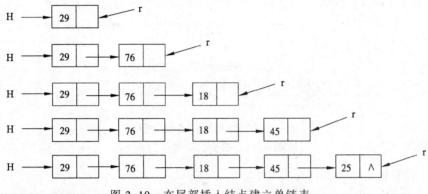

图 2-10　在尾部插入结点建立单链表

【算法 2-9】建立单链表的算法二。

```
#define Flag  ...        //Flag 为根据实际情况设置的结束数据输入的标志数据
LNode * LinkList<DataType>::Creat_LinkList2(){
    LNode *L;
    LNode *s,*r;
    int x;                //设数据元素的类型为 int
    L=r=NULL;
    cin>>x;
    while(x!=Flag){       //Flag 表示输入结束
        s=new LNode;
        s->data=x;
        if(L==NULL)
            L=s;          //第一个结点的处理
        else
            r->next=s;    //其他结点的处理
        r=s;              //r 指向新的尾结点
        cin>>x;
    }
    if(r!=NULL)
        r->next=NULL;     //对于非空表，最后结点的指针域置空指针
    return L;
}
```

在上面的算法中，第一个结点的处理和其他结点是不同的。原因是第一个结点加入时链表为空，它没有直接前驱结点，它的地址就是整个链表的指针，需要放在链表的头指针变量中；而其他结点有直接前驱结点，其地址放入直接前驱结点的指针域。

"第一个结点"的问题在很多操作中都会遇到，如在链表中插入结点时，将结点插在第一个位置和插在其他位置是不同的；在链表中删除结点时，删除第一个结点和删除其他结点的处理也是不同的。为了方便操作，有时在链表的头部加入一个"头结点",头结点的类型与数据结点一致,标识链表的头指针变量 L 中存放该结点的地址,这样即使是空表,头指针变量 L 也不为空。头结点的加入使得"第一个结点"的问题不再存在,也使得"空表"和"非空表"的处理成为一致。

头结点的加入完全是为了运算的方便,它的数据域无定义,指针域中存放的是第一个数据结点的地址,空表时为空。

如图 2-11(a)和图 2-11(b)分别是带头结点的单链表空表和非空表的示意图。

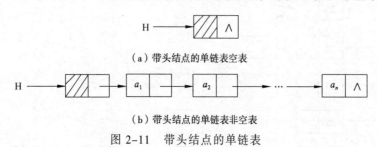

(a)带头结点的单链表空表

(b)带头结点的单链表非空表

图 2-11　带头结点的单链表

2. 求表长

算法思路:设一个移动指针 p 和计数器 i,初始化后,p 所指结点后面若还有结点,p 向后移动,计数器加 1。

(1)设 L 是带头结点的单链表

【算法 2-10】带头结点的单链表求表长算法。

```
int LinkList<DataType>::Length_LinkList1(){
    LNode *p;
    int i;
    p=L;                        //p 指向头结点
    i=0;
    while(p->next){
        p=p->next;
        i++;
    }                           //p 指向第 i 个结点
    return i;
}
```

(2)设 L 是不带头结点的单链表

【算法 2-11】不带头结点的单链表求表长算法。

```
int LinkList<DataType>::Length_LinkList2(){
    LNode *p;
    int  i;
    p=L;
    i=0;                        //初始化表长变量为 0
    while(p){
        i++;
        p=p->next;
    }                           //p 指向第 i+1 个结点
    return i;
}
```

从上面两个算法中可以看到,带头结点的单链表和不带头结点的单链表循环的结束条件是不同的,当然,不带头结点的单链表对空表情况也可以单独处理。在以后的算法中如不加说明，则认为单链表是带头结点的。

算法 2-10 和算法 2-11 的时间复杂度均为 $O(n)$。

3．查找操作

（1）按序号查找

算法思路：从链表的第一个元素结点开始，判断当前结点是否是第 i 个。若是，则返回该结点的指针，否则继续后一个，直到链表结束为止。没有第 i 个结点时返回空指针。

【算法 2-12】按序号查找链表数据元素算法。

```
LNode *LinkList<DataType>::Get_LinkList(int i){
    //在单链表L中查找第i个元素结点，找到后返回其指针；否则返回空指针
    LNode *p;
    int j;
    p=L->next;                    //p指向第1个数据元素结点
    j=1;
    while(p!=NULL&&j<i){
        p=p->next;
        j++;
    }                             //p指向第j个数据元素结点
    return p;
}
```

（2）按值查找即定位

算法思路：从链表的第一个元素结点开始，判断当前结点值是否等于 x。若是，返回该结点的指针，否则继续后一个，直到链表结束为止。找不到时返回空指针。

【算法 2-13】按值查找链表数据元素算法。

```
LNode * LinkList<DataType>::Locate_LinkList(DataType x){
    //在单链表L中查找值为x的结点，找到后返回其指针，否则返回空指针
    LNode *p;
    p=L->next;                    //p指向第1个数据元素结点
    while(p!=NULL&&p->data!=x)
        p=p->next;
    return p;
}
```

算法 2-12 和算法 2-13 的时间复杂度均为 $O(n)$。

4．插入

（1）在某结点后面插入新结点

设 p 指向单链表中某结点，s 指向待插入的值为 x 的新结点，将 s 结点插入到 p 结点的后面，插入操作如图 2-12 所示。

操作如下：

① s->next=p->next;

② p->next=s;

注意：两个指针的操作顺序不能交换。

（2）在某结点前面插入新结点

设 p 指向单链表中某结点，s 指向待插入的值为 x 的新结点，将 s 结点插入到 p 结点的前面，插入操作如图 2-13 所示。与后插操作不同的是：首先要找到 p 结点的前驱结点 q，然后再完成在 q 结点之后插入 s 结点。

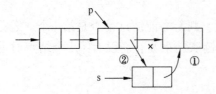

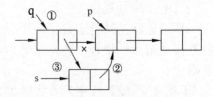

图 2-12　在 p 结点之后插入 s 结点　　　图 2-13　在 p 结点之前插入 s 结点

设单链表头结点为 L，操作如下：

```
q=L;
while(q->next!=p)
   q=q->next;                    //找 p 结点的直接前驱
s->next=q->next;
q->next=s;
```

后插操作的时间复杂度为 $O(1)$，前插操作因为要找 p 的前驱结点，时间复杂度为 $O(n)$。其实人们更关心的是数据元素之间的逻辑关系，所以仍然可以将 s 结点插入到 p 结点的后面，然后将 p->data 与 s->data 交换即可，这样既满足了逻辑关系，也能使得时间复杂度为 $O(1)$。

（3）插入运算　Insert_LinkList(L,i,x)

算法思路：

① 查找第 i-1 个结点，若存在，继续②，否则结束。

② 申请、填装新结点。

③ 将新结点插入，结束。

【算法 2-14】链表的插入算法。

```
int LinkList<DataType>::Insert_LinkList(int i,DataType x){
    //在单链表 L 的第 i 个位置上插入值为 x 的元素
    LNode *p,*s;
    p=Get_LinkList(L,i-1);        //查找第 i-1 个结点
    if(p==NULL)
        return 0;                //第 i-1 个不存在，不能进行插入，返回错误代码 0
    else{
        s=new LNode;             //申请、填装结点
        s->data=x;
        s->next=p->next;         //新结点插入在第 i-1 个结点的后面
        p->next=s;
        return 1;                //完成插入操作，返回成功代码 1
    }
}
```

算法 2-14 的时间复杂性为 $O(n)$。

5. 删除

（1）删除结点

设 p 指向单链表中某结点，删除 p 结点。删除操作如图 2-14 所示。

通过示意图可见，要实现对结点 p 的删除，首先要找到 p 结点的前驱结点 q，然

后完成指针的操作即可。指针的操作由下列语句
实现。

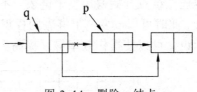

图 2-14 删除 p 结点

```
q->next=p->next;
delete p;
```

显然找 p 的前驱结点的时间复杂度为 $O(n)$。

若要删除 p 结点的后继结点（假设存在），
则可以直接完成。

```
s=p->next;
p->next=s->next;
delete s;
```

该操作的时间复杂度为 $O(1)$。

（2）删除运算 Del_LinkList(L,i)

算法思路：

① 查找第 i-1 个结点，若存在，继续②，否则结束。

② 若存在第 i 个结点则继续③，否则结束。

③ 删除第 i 个结点，结束。

【算法 2-15】链表的删除运算。

```
int LinkList<DataType>::Del LinkList(int i){
    //删除单链表 L 上的第 i 个数据结点
    LNode *p,*s;
    p=Get LinkList(L,i-1); //查找第 i-1 个结点
    if(p==NULL)
        return -1;
                    //第 i 个结点的前驱结点不存在，不能进行删除操作，返回错误代码-1
    else
        if(p->next==NULL)
            return 0;        //第 i 个结点不存在，不能进行删除操作，返回错误代码 0
        else{
            s=p->next;       //s 指向第 i 个结点
            p->next=s->next; //从链表中删除 s 结点
            delete s;        //释放 s 结点空间
            return 1;        //完成删除操作，返回成功代码 1
        }
}
```

算法 2-15 的时间复杂度为 $O(n)$。

通过上面的基本操作得知以下两点：

① 在单链表上插入、删除一个结点，必须知道其前驱结点。

② 单链表不具有按序号随机访问的特点，只能从头指针开始一个个顺序进行。

2.3.3 循环链表

对于单链表而言，最后一个结点的指针域是空指针，如果将该链表头指针置入该
指针域，则使得链表头尾结点相连，就构成了单循环链表，如图 2-15 所示。在单循
环链表上的操作基本上与单链表相同，只是将原来判断指针"是否为 NULL"变为"是
否是头指针"而已，没有其他较大的变化。

对于单链表，只能从头结点开始遍历整个链表；而对于单循环链表，则可以从表

中任意结点开始遍历整个链表。不仅如此，有时对链表常做的操作是在表尾、表头进行，此时可以改变一下链表的标识方法，不用头指针而用一个指向尾结点的指针 R 来标识，可以使操作效率得以提高。

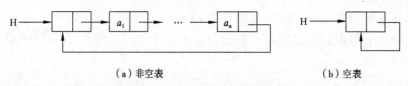

（a）非空表　　　　　　（b）空表

图 2-15　带头结点的单循环链表

例如，对两个单循环链表 H1、H2 的连接操作，是将 H2 的第一个数据元素结点连接到 H1 的尾结点。若用头指针标识，则需要找到第一个链表的尾结点，其时间复杂度为 $O(n)$；若用尾指针 r1、r2 来标识，则时间复杂度为 $O(1)$。操作如下：

```
p=r1->next;              //保存 H1 的头结点指针
r1->next=r2->next->next; //头尾连接
delete r2->next;         //释放第二个表的头结点
r2->next=p;              //组成循环链表
```

这一过程如图 2-16 所示。

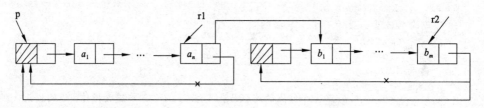

图 2-16　两个用尾指针标识的单循环链表的连接

2.3.4　双向链表

以上讨论的单链表的结点中，只有一个指向其后继结点的指针域 next，因此，若已知某结点的指针为 p，其后继结点的指针则为 p->next，而找其前驱则只能从该链表的头指针开始，顺着各结点的 next 域进行。也就是说，找后继的时间复杂度是 $O(1)$，找前驱的时间复杂度是 $O(n)$。如果希望找前驱的时间复杂度也达到 $O(1)$，则只能付出空间的代价：每个结点再加一个指向前驱的指针域，结点的结构如图 2-17 所示，用这种结点组成的链表称为双向链表。

prior　data　next

图 2-17　双向链表结点结构

双向链表结点的定义如下：

```
template<class DataType>
struct DLnode{
    DataType data;
    struct DLnode *prior,*next;
}DLNode,*DLinkList;
```

和单链表类似，双向链表通常也是用头指针标识，也可以带头结点和做成循环结构。图 2-18 所示为带头结点的双向循环链表示意图。显然通过某结点的指针 p 即可直接得到它的后继结点的指针 p->next，也可以直接得到它的前驱结点的指针 p->prior。这样在有些操作中需要找前驱时，则不需要再用循环。从下面的插入、删除运算中可以看到这一点。

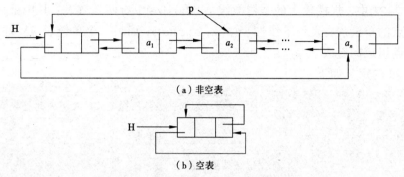

（a）非空表

（b）空表

图 2-18 带头结点的双向循环链表

设 p 指向双向循环链表中的某一结点，即 p 中是该结点的指针，则 p->prior->next 表示的是 p 结点之前驱结点的后继结点的指针，即与 p 相等；类似，p->next->prior 表示的是 p 结点之后继结点的前驱结点的指针，也与 p 相等，所以有以下等式。

p->prior->next=p=p->next->prior

（1）在双向链表中插入一个结点

设 p 指向双向链表中某结点，s 指向待插入的值为 x 的新结点，将 s 结点插入到 p 结点的前面，插入操作如图 2-19 所示。

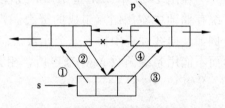

操作如下：

① s->prior=p->prior;

② p->prior->next=s;

③ s->next=p;

④ p->prior=s;

图 2-19 双向链表中插入结点

上面指针操作的顺序不是唯一的，但也不是任意的，操作①必须要放到操作④的前面完成，否则 p 结点的前驱结点的指针就丢掉了。读者把每条指针操作的含义弄清楚，就不难理解了。

（2）在双向链表中删除指定结点

设 p 指向双向链表中某结点，删除 p 结点。删除操作如图 2-20 所示。

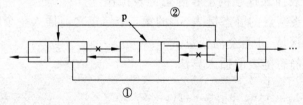

图 2-20 双向链表中删除结点

操作如下：

① p->prior->next=p->next;

② p->next->prior=p->prior;

③ delete p;

2.3.5　静态链表

在图 2-21 中，规模较大的结构数组 sd[Maxsize]中有两个链表：其中链表 SL 是一个带头结点的单链表，表示了线性表(a_1,a_2,a_3,a_4,a_5)；而另一个单链表 AV 是由当前 sd 中的空结点组成的链表。

数组 sd 的定义如下：

```
template<class  DataType,int Maxsize >
                     //Maxsize为根据实际问题定义的足够大的整数常量
struct SNode {
    DataType  data;
    int  next;
};                       //结点类型
SNode sd[Maxsize];
int SL,AV;               //两个头指针变量
```

这种链表的结点中也有数据域 data 和指针域 next，与前面所讲链表中的指针不同的是，这里的指针是结点的相对地址（数组的下标），称之为静态指针，这种链表称为静态链表。空指针用-1 表示，因为上面定义的数组中没有下标为-1 的单元。

在图 2-21 中，SL 是用户的线性表，AV 模拟的是系统存储池中空闲结点组成的链表。当用户需要结点时，例如，向线性表中插入一个元素，需自己向 AV 申请，而不能用系统函数 new()来申请，相关的语句如下：

```
if(AV!=-1){
    t=AV;
    AV=sd[AV].next;
}
```

所得到的结点地址（下标）存入了 t 中；不难看出，当 AV 表非空时，分配第一个结点给用户。当用户不再需要某个结点时，需通过该结点的相对地址 t 将它还给 AV 表，而不能调用系统的 delete()函数，相关语句如下：

```
sd[t].next=AV;
AV=t;
```

交给 AV 表的结点链在了 AV 表的头部。

下面通过线性表插入这个例子看静态链表操作。

	data	next
SL=0　0		4
1	a_4	5
2	a_2	3
3	a_3	1
4	a_1	2
5	a_5	-1
AV=6　6		7
7		8
8		9
9		10
10		11
11		-1

图 2-21　静态链表

【例 2-4】在带头结点的静态链表 SL 的第 i 个结点之前插入一个值为 x 的新结点。设静态链表的存储区域 sd 为全局变量。

【算法 2-16】静态链表的插入算法。

```
SNode sd[Maxsize];
int Insert_SList(int SL,DataType x,int i){
    int j;
    int p,s;
    p=SL;
    j=0;
    while(sd[p].next!=-1&&j<i-1){
        p=sd[p].next;
        j++;
```

```
    }                              //查找第 i-1 个结点
    if(j==i-1)
        if(AV!=-1){                //若 AV 表还有结点可用
            t=AV;
            AV=sd[AV].next;        //申请、填装新结点
            sd[t].data=x;
            sd[t].next=sd[p].next; //插入
            sd[p].next=t;
            return 1;              //插入成功,返回成功代码1
        }
        else
            return 0;    //存储池无结点可用,未申请到结点,插入失败,返回失败代码 0
    else
        return -1;                 //插入位置不正确,插入失败,返回失败代码-1
}
```

读者可将该算法和算法 2-14 相比较,除了描述方法有些区别外,算法思路是相同的。有关基于静态链表上的其他线性表的操作基本与动态链表相同,这里不再赘述。

2.3.6　间接寻址

间接寻址是将数组和指针结合起来的一种存储方法,数组单元中不直接存储数据元素,而是存放指向该数据元素的指针,使用间接寻址方法做插入和删除操作时,移动的不是元素而是指向元素的指针,虽然时间复杂度仍为 $O(n)$,但当每个数据元素占用的空间较大时,比顺序表的插入和删除操作快得多。

间接寻址方式和链表方式都使用到了指针域,但二者有所不同,在链表方式中,指针位于每个结点中,而在间接寻址方式中,所有的指针都放在一个数组中,就像是一本书的目录索引一样。为了找到一本书中的某一项内容,首先需要查目录索引,索引会告诉我们该项内容在什么地方。

2.3.7　单链表应用举例

【例 2-5】已知单链表 H 如图 2-22(a)所示,写一算法将其倒置,即实现如图 2-22(b)所示的操作。

算法思路:依次取原链表中的每个结点,将其作为第一个结点插入到新链表中,指针 p 用来指向原表中当前结点,p 为空时结束。

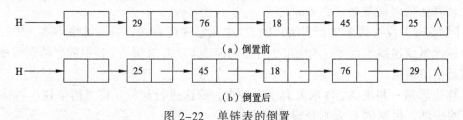

（a）倒置前

（b）倒置后

图 2-22　单链表的倒置

【算法 2-17】链表的倒置算法。

```
void reverse(Linklist H){
    LNode *p;
    p=H->next;                     //p 指向第一个数据元素结点
```

```
      H->next=NULL;                       //将原链表置为空表 H
      while(p){
          q=p;
          p=p->next;
          q->next=H->next;                //将当前结点插入到头结点的后面
          H->next=q;
      }
}
```

该算法对链表只顺序扫描一遍即完成了倒置，所以时间复杂度为 $O(n)$。

【例 2-6】已知单链表 L 如图 2-23（a）所示。写一算法，删除其重复结点，即实现如图 2-23（b）所示的操作。

算法思路：用指针 p 指向第一个数据元素结点，从它的后继结点开始到表的结束，查找与其值相同的结点并删除，p 再指向下一个结点。依此类推，p 指向最后一个结点时算法结束。

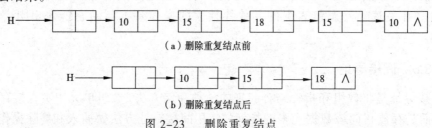

（a）删除重复结点前

（b）删除重复结点后

图 2-23　删除重复结点

【算法 2-18】删除链表中重复结点算法。

```
void pur LinkList(LinkList H){
    LNode  *p,*q,*r;
    p=H.next;                        //p 指向第一个数据元素结点
    while (p){
        q=p;
        while(q->next){              //从 p 结点的后继结点开始找重复结点
            if(q->next->data==p->data){
                r=q->next;           //找到重复结点，用指针 r 指向该结点
                q->next=r->next;     //从链表中摘除 r 结点
                delete r;            //释放 r 结点所占空间
            }
            else
                q=q->next;
        }
        p=p->next;                   //p 指向下一个结点，继续
    }
}
```

该算法的时间复杂度为 $O(n^2)$。

【例 2-7】设有两个单链表 A、B，其中元素递增有序，编写算法将 A、B 归并成一个按元素值递减（允许有相同值）有序的链表 C，要求用 A、B 中的原结点形成，不能重新申请结点。

算法思路：利用 A、B 两表有序的特点，依次进行比较，将当前值较小者插入到 C 表的头部，得到的 C 表则是递减有序的。

【算法 2-19】两个链表归并算法。

```
LinkList merge(LinkList A,LinkList B){
    //设 A、B 均为带头结点的单链表
    LinkList C;
```

```
LNode *p,*q;
p=A.next;
q=B.next;
C=A;                         //C 表的头结点
C.next=NULL;
delete B;                    //释放 B 表头结点空间
while(p&&q){
    if(p->data<q->data){
        s=p;
        p=p->next;
    }
    else{
        s=q;
        q=q->next;
    }                        //从原 A、B 表上摘下较小者
    s->next=C->next;         //插入到 C 表的头部
    C->next=s;
}
if(p==NULL)
    p=q;
while(p){                    //将剩余的结点一个个摘下，插入到 C 表的头部
    s=p;
    p=p->next;
    s->next=C->next;
    C->next=s;
}
}
```

该算法的时间复杂度为 $O(m+n)$。

2.4 顺序表和链表的比较

本章介绍了线性表的逻辑结构及其两种存储结构：顺序表和链表。通过对它们的讨论可知，顺序存储有如下 3 个优点：

① 方法简单，各种高级语言中都有数组，容易实现。

② 不用为表示结点间的逻辑关系而增加额外的存储开销。

③ 顺序表具有按元素序号随机访问的特点。

但它也有如下两个缺点：

① 在顺序表中做插入、删除操作时，平均移动大约表中一半的元素，因此对数据元素个数较多的顺序表来说效率低。

② 需要预先分配足够大的存储空间。预先分配过大，可能会导致顺序表后部大量闲置；预先分配过小，又会造成溢出。

链表的优缺点恰好与顺序表相反。

在实际中该怎样选取存储结构呢？通常考虑以下几点：

1．基于存储的考虑

顺序表的存储空间是静态分配的，在程序执行之前必须明确规定它的存储规模。也就是说，事先对 Maxsize 要有合适的设定，过大造成浪费，过小造成溢出。可见，对线性表的长度或存储规模难以估计时，不宜采用顺序表。链表不用事先估计存储规模，但链表的存储密度较低，存储密度是指一个结点中数据元素所占的存储单元和整个结点所占的存储单元之比。显然链式存储结构的存储密度小于 1。

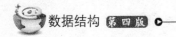

2．基于运算的考虑

在顺序表中按序号访问 a_i 的时间复杂度为 $O(1)$，而链表中按序号访问 a_i 的时间复杂度为 $O(n)$，所以如果经常做的运算是按序号访问数据元素，显然顺序表优于链表。在顺序表中做插入、删除操作时平均移动表中一半的元素，当数据元素的信息量较大且表较长时，这一点是不应忽视的；而在链表中做插入、删除操作时，虽然也要找插入位置，但操作主要是比较操作，从这个角度考虑显然后者优于前者。

3．基于环境的考虑

顺序表容易实现，任何高级语言中都有数组类型；链表的操作是基于指针的。相对来讲前者简单些，这也是用户考虑的一个因素。

总之，两种存储结构各有优缺点，选择哪一种存储结构由实际问题中的主要因素决定。通常"较稳定"的线性表选择顺序存储，而频繁做插入、删除等"动态性"较强的线性表宜选择链式存储。

小　结

线性表是一种最基本的数据结构，它不仅有着广泛的应用，而且也是其他数据结构的基础。

线性表是一种线性结构。线性结构的特点是数据元素之间是一种线性关系，数据元素"一个接一个地排列"。线性表是具有相同数据类型的 n（$n \geq 0$）个数据元素的有限序列，通常记为（$a_1, a_2, \cdots, a_{i-1}, a_i, a_{i+1}, \cdots, a_n$），其中 n 为表长。表中相邻元素之间存在着顺序关系。

线性表的存储结构有顺序存储和链式存储。

线性表的顺序存储是指在内存中用一块地址连续的存储空间顺序存放线性表的各元素，用这种形式存储的线性表称为顺序表，可以按序号随机存取。

线性表的链式存储不需要用地址连续的存储空间来实现，它是通过"链"建立起数据元素之间的逻辑关系来，有单链表、循环链表、双向链表、静态链表等多种表现形式。

顺序表和链表的优缺点恰好相反，两种存储结构各有长短，应根据实际问题中的主要因素来决定选择哪一种结构。通常"较稳定"的线性表选择顺序存储，而频繁做插入、删除等"动态性"较强的线性表宜选择链式存储。

习　题

一、选择题

1．下面关于线性表的叙述错误的是（　　）。

　A．线性表采用顺序存储，必须占用一片地址连续的单元

　B．线性表采用顺序存储，便于进行插入和删除操作

　C．线性表采用链式存储，不必占用一片地址连续的单元

　D．线性表采用链式存储，便于进行插入和删除操作

2．对顺序存储的线性表，设其长度为 n，在任何位置上插入或删除操作都是等概

率的，插入一个元素时平均要移动表中的（　　）个元素。

    A.（$n/2$）   B.（$n+1/2$）   C.（$n-1/2$）   D. n

3. 单链表中，增加一个头结点的目的是为了（　　）。

    A. 使单链表至少有一个结点　　　　　B. 标识表结点中首结点的位置

    C. 方便运算的实现　　　　　　　　　D. 说明单链表是线性表的链式存储

4. 用链表表示线性表的优点是（　　）。

    A. 便于随机存取　　　　　　　　　　B. 花费的存储空间较顺序存储少

    C. 便于插入和删除　　　　　　　　　D. 数据元素的物理顺序与逻辑顺序相同

5. 链表中最常用的操作是在最后一个元素之后插入一个元素和删除最后一个元素，则采用（　　）存储方式最节省运算时间。

    A. 单链表　　　　　　　　　　　　　B. 双链表

    C. 单循环链表　　　　　　　　　　　D. 带头结点的双循环链表

6. 在单链表指针为 p 的结点之后插入指针为 s 的结点，正确的操作是（　　）。

    A. p->next=s; s->next=p->next;   B. s->next=p->next; p->next=s;

    C. p->next=s; p->next=s->next;   D. p->next=s->next; p->next=s;

7. 若某线性表中最常用的操作是取第 i 个元素和找第 i 个元素的前驱元素，则采用（　　）存储方式最节省运算时间。

    A. 单链表　　　　　B. 顺序表　　　　C. 双链表　　　　　D. 单循环链表

8. 若某线性表中最常用的操作是在最后一个元素之后插入一个元素和删除第一个元素，则采用（　　）存储方式最节省运算时间。

    A. 单链表　　　　　　　　　　　　　B. 仅有头指针的单循环链表

    C. 双链表　　　　　　　　　　　　　D. 仅有尾指针的单循环链表

9. 在双向链表存储结构中，删除 p 所指的结点时须修改指针（　　）。

    A. (p->prior)->next=p->next; (p->next)->prior=p->prior;

    B. p->prior=(p->prior)->prior; (p->prior)->next=p;

    C. (p->next)->prior=p; p->rlink=(p->next)->next;

    D. p->next=(p->prior)->prior; p->prior=(p->next)->next;

10. 完成在双向循环链表结点 p 之后插入 s 的操作是（　　）。

    A. p->next=s; s->prior=p; p->next->prior=s; s->next=p->next;

    B. p->next->prior=s; p->next=s; s->prior=p; s->next=p->next;

    C. s->prior=p; s->next=p->next; p->next=s; p->next->prior=s;

    D. s->prior=p; s->next=p->next; p->next->prior=s; p->next=s;

二、判断题

1. 线性表的逻辑顺序与存储顺序总是一致的。　　　　　　　　　　　　　　（　　）

2. 顺序存储的线性表可以按序号随机存取。　　　　　　　　　　　　　　　（　　）

3. 顺序表的插入和删除操作不需要付出很大的时间代价，因为每次操作平均只有近一半的元素需要移动。　　　　　　　　　　　　　　　　　　　　　　　　（　　）

4. 在线性表的链式存储结构中，逻辑上相邻的元素在物理位置上不一定相邻。

    （　　）

5. 在线性表的顺序存储结构中，逻辑上相邻的两个元素在物理位置上并不一定相邻。
( )

6. 在线性表的顺序存储结构中，插入和删除时移动元素的个数与该元素的位置有关。
( )

7. 线性表的链式存储结构优于顺序存储结构。 ( )

8. 在单链表中，要取得某个元素，只要知道该元素的指针即可，因此，单链表是随机存取的存储结构。 ( )

9. 线性表的链式存储结构是用一组任意的存储单元来存储线性表中数据元素的。
( )

10. 静态链表既有顺序存储的优点，又有动态链表的优点。所以它存取表中第 i 个元素的时间与 i 无关。 ( )

三、算法设计题

1. 设线性表存放在数组 A[arrsize] 的前 num 个分量中，且递增有序。试写一算法，将 x 插入到线性表的适当位置，并保持线性表的有序性。分析算法的时间复杂度。

2. 已知一顺序表 A，其元素值非递减有序排列，编写一个算法，删除顺序表中多余的值相同的元素。

3. 写一个算法，从一给定的顺序表 A 中删除值在 x ~ y（x ≤ y）之间的所有元素，要求以较高的效率来实现。

4. 线性表中有 n 个元素，每个元素是一个字符，现存于数组 R[n] 中，试写一算法，使 R 中的字符按字母字符、数字字符和其他字符的顺序排列。要求利用原来的存储空间，元素移动次数最少。

5. 线性表用顺序存储，设计一个算法，用尽可能少的辅助存储空间将顺序表中前 m 个元素和后 n 个元素进行整体互换，即将线性表 $(a1,a2,…,am,b1,b2,…,bn)$ 改变为 $(b1,b2,…,bn,a1,a2,…,am)$。

6. 已知带头结点的单链表 L 中的结点是按整数值递增排列的，试写一算法，将值为 x 的结点插入到表 L 中，使得表 L 仍然有序。分析算法的时间复杂度。

7. 假设有两个已排序的单链表 A 和 B，编写一个算法，将它们合并成一个链表 C 而不改变其排序性。

8. 假设长度大于 1 的循环单链表中，既无头结点也无头指针，p 为指向该链表中某一结点的指针，编写一个算法，删除该结点的前驱结点。

9. 已知两个单链表 A 和 B 分别表示两个集合，其元素递增排列，编写一个算法，求出 A 和 B 的交集 C，要求 C 同样以元素递增的单链表形式存储。

10. 设有一个双向链表，每个结点中除有 prior、data 和 next 域外，还有一个访问频度 freq 域，在链表被起用之前，该域其值初始化为零。每当在链表进行一次 Locate(L,x) 运算后，令值为 x 的结点中的 freq 域增 1，并调整表中结点的次序，使其按访问频度的递减序列排列，以便使频繁访问的结点总是靠近表头。试编写一个满足上述要求的 Locate(L,x) 运算。

栈 和 队 列 ≪≪

第3章

重点与难点：
- 栈的特点，顺序栈、链栈的实现。
- 递归的思想，栈与递归的实现。
- 队列的特点，循环队列、链队列的实现。
- 循环队列中对边界条件的处理。

栈和队列是在软件设计中常用的两种数据结构，它们的逻辑结构和线性表相同，其特点在于运算受到了限制：栈按照"后进先出"的规则进行操作，队列按照"先进先出"的规则进行操作，故称它们是运算受限制的线性表。

3.1　栈

栈是一种最常用和最重要的数据结构，它的用途非常广泛。例如，汇编处理程序中的句法识别和表达式计算就是基于栈来实现的，栈还经常使用在函数调用时的参数传递和函数值的返回方面。

3.1.1　栈的定义及基本运算

栈是限制在表的一端（表尾）进行插入和删除操作的线性表。允许进行插入、删除操作的这一端称为栈顶，另一个固定端（表头）称为栈底，当表中没有元素时称为空栈。如图 3-1 所示，栈中有 3 个元素，进栈的顺序是 a_1、a_2、a_3，当需要出栈时其顺序为 a_3、a_2、a_1，所以栈又称为后进先出的线性表（Last In First Out，LIFO），简称 LIFO 表。

在日常生活中，有很多后进先出的例子。在程序设计中，常常需要栈这样的数据结构，使得使用数据时与保存数据时顺序相反。对于栈，常做的基本运算有以下几种：

① Init_Stack(s)：栈初始化。
操作结果是构造一个空栈。

② Empty_Stack(s)：判断栈空。
操作结果是若栈 s 为空栈，返回 1；否则返回 0。

③ Push_Stack(s,x)：入栈。

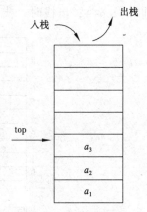

图 3-1　栈的示意图

操作结果是在栈 s 的顶部插入一个新元素 x，x 成为新的栈顶元素，栈发生变化。

④ Pop_Stack(s)：出栈。

在栈 s 存在且非空的情况下，操作结果是将栈 s 的顶部元素从栈中删除，栈中少了一个元素，栈发生变化。

⑤ Top_Stack(s)：读栈顶元素。

在栈 s 存在且非空的情况下，操作结果是读栈顶元素，栈不变化。

3.1.2 栈的存储实现和运算实现

由于栈是运算受限的线性表，因此线性表的存储结构对栈也是适用的，只是操作不同。

1. 顺序栈

利用顺序存储方式实现的栈称为顺序栈。类似于顺序表的定义，栈中的数据元素用一个预设的足够长度的一维数组 DataType data[Maxsize]来实现，栈底位置可以设置在数组的任一个端点，而栈顶是随着插入和删除操作而变化的，用 int top 来作为栈顶的指针，指明当前栈顶的位置，同样将 data 和 top 封装在一个结构中。

和顺序表类似，顺序栈的类模板描述如下：

```
template<class DataType, int Maxsize>      //Maxsize 为顺序栈的空间容量
class SeqList{
    private:
        DataType   data[Maxsize];           //顺序栈的存储空间
        int top ;                           //栈顶元素的位置
    public:
        SeqList();                          //初始化一个空的顺序栈
        ~SeqList();                         //撤销顺序栈
        int PushSeqStack(DataType x);       //入栈
        int PopSeqStack(DataType *x);       //出栈
        int EmptySeqStack();                //判栈空
        DataType TopSeqStack();             //取栈顶元素
        ...
};
```

通常 0 下标端设为栈底，这样空栈时栈顶指针 top=-1；入栈时，栈顶指针加 1，即 s->top++；出栈时，栈顶指针减 1，即 s->top--。栈操作的示意图如图 3-2 所示。

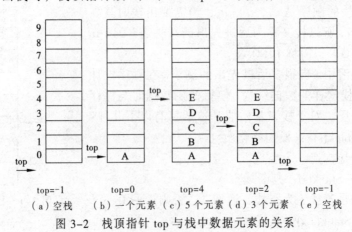

（a）空栈　（b）一个元素（c）5 个元素（d）3 个元素（e）空栈

图 3-2　栈顶指针 top 与栈中数据元素的关系

图 3-2（a）是空栈；图 3-2（c）是 A、B、C、D 和 E 元素依次入栈后的情形；图 3-2（d）是在图 3-2（c）之后 E 和 D 相继出栈的情形，此时栈中还有 3 个元素，或许最近出栈的元素 D、E 仍然在原先的单元存储着，但 top 指针已经指向了新的栈顶，则元素 D、E 已不在栈中了。通过这个示意图要深刻理解栈顶指针的作用。

在上述存储结构上，栈基本操作的实现如下：

（1）置空栈

首先建立栈空间，然后初始化栈顶指针。

【算法 3-1】栈的初始化算法。

```
void SeqList<DataType,Maxsize>::SeqStack(){
    s->top=-1;
}
```

（2）判空栈

【算法 3-2】栈空判别算法。

```
int SeqList<DataType,Maxsize>::EmptySeqStack(){
    if(top==-1)
        return 1;              //栈顶指针指向栈底，空栈
    else
        return 0;
}
```

（3）入栈

【算法 3-3】入栈算法。

```
int SeqList<DataType,Maxsize>::PushSeqStack(DataType x){
    if(top==Maxsize-1)
        return 0;              //栈满不能入栈，返回错误代码0
    else{
        top++;                //栈顶指针向上移动
        data[top]=x;          //将x置入新的栈顶
        return 1;             //入栈成功，返回成功代码1
    }
}
```

（4）出栈

【算法 3-4】出栈算法。

```
int SeqList<DataType,Maxsize>::PopSeqStack(DataType *x){
    if(EmptySeqStack(s))
        return 0;              //栈空不能出栈，返回错误代码0
    else{
        *x= data[top];        //保存栈顶元素值
        top--;                //栈顶指针向下移动
        return 1;             //栈顶元素存入*x，返回成功代码1
    }
}
```

（5）取栈顶元素

【算法 3-5】取栈顶元素算法。

```
DataType SeqList<DataType,Maxsize>::TopSeqStack(){
    if(EmptySeqStack(s))
```

```
        return 0;              //栈空没有栈元素，返回错误代码 0
    else
        return data[top];      //返回栈顶元素值
}
```

说明：

① 对于顺序栈，入栈时，首先判断栈是否满了，栈满时，不能入栈，否则出现空间溢出引起错误，这种现象称为上溢。栈满的条件为 s->top=Maxsize-1。

② 出栈和读栈顶元素操作，首先判断栈是否为空，为空时不能操作，否则产生错误。栈空的条件为 s->top=-1，通常栈是否为空常作为一种控制转移的条件。

如果要在一个程序中同时使用具有相同数据类型的两个栈，可以采用如下的存储方案予以实现。

方案一：每个栈开辟一个数组空间，这是一种很自然，也最容易被人们想到的方法，但这样有可能会出现一个栈的空间已被占满而无法再进行插入删除操作，同时另一个栈仍有大量的剩余空间，从而造成空间的浪费。

方案二：充分利用顺序栈的单向延伸特性，使用一个数组同时存储两个栈，这样的方案是可行的，因为数组有两个端点，两个栈有两个栈底，让一个栈的栈底为数组的始端，另一个栈的栈底为数组的末端，每个栈从各自的端点向中间延伸。

当然，这种方案也有一定的局限性，只有当两个栈的空间需求有相反的关系时（也就是说一个栈增长时另一个栈缩短）才会奏效。

再进一步看，多个栈是否能够共享一个数组空间呢？当 3 个栈或 3 个以上的栈共享一个数组空间时，只有迎面增长的栈才能互补余缺，而背向增长或同向增长的栈之间无法自动互补，所以必须对某些栈做整体移动，这将使问题变得复杂而且效果欠佳。为了避免这种"得不偿失"的情况出现，3 个以上的栈很少采用共享一个数组空间的方法来解决。

2. 链栈

用链式存储结构实现的栈称为链栈。通常链栈用单链表表示，因此，其结点结构与单链表的结构相同，和单链表类似，可以定义链栈的类模板如下：

```
template<class DataType>
class LinkStack{
    private:
        LNode<DataType> *top;
    public:
        LinkStack();                          //初始化空栈
        ~LinkStack();                         //撤销栈
        int EmptyLinkStack();                 //判栈空
        void PushLinkStack(DataType x);       //入栈
        void PopLinkStack(DataType *x);       //出栈
        ...
};
```

因为栈中的主要运算是在栈顶插入、删除，显然在链表的头部做栈顶是最方便的，而且没有必要像单链表那样为了运算方便附加一个头结点。通常将链栈表示成图 3-3 的形式。链栈基本操作的实现如下：

（1）置空栈

【算法3-6】链栈初始化算法。

```
void LinkStack<DataType>::LinkStack(){
    return  NULL;              //返回栈顶（空指针）
}
```

（2）判栈空

【算法3-7】链栈空栈判别算法。

```
int LinkStack<DataType>::EmptyLinkStack(){
    if(top==NULL)
        return 1;              //栈顶指针为空，空栈
    else
        return 0;
}
```

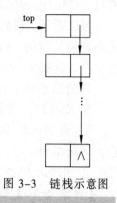

图3-3 链栈示意图

（3）入栈

【算法3-8】入栈算法。

```
void LinkStack<DataType>::PushLinkStack(DataType x);{
    StackNode  *s;
    s=new StackNode;          //申请新的栈顶结点空间
    s->data=x;                //将元素值置入结点数据域
    s->next=top;              //原栈顶结点作为新结点后继
    top=s;                    //将新结点置为栈顶
}
```

（4）出栈

【算法3-9】出栈算法。

```
void LinkStack<DataType>::PopLinkStack(DataType *x);{
    StackNode *p;
    if(top==NULL)
        return NULL;          //栈空，不能出栈，返回空指针
    else{
        *x=top->data;         //保存栈顶元素值
        p=top;
        top=top->next;        //置新的栈顶指针
        delete p;             //释放原栈顶元素结点空间
    }
}
```

3.1.3 栈的应用举例

由于栈的"后进先出"特点，在很多实际问题中都利用栈做一个辅助的数据结构来进行求解，下面通过几个例子进行说明。

【例3-1】数制转换问题。

将十进制数 N 转换为 r 进制数，其转换方法为利用辗转相除法。以 N=3467，r=8 为例，转换方法如下：

N	$N/8$（整除）	$N\%8$	（求余）
3467	433	3	低
433	54	1	
54	6	6	
6	0	6	高

所以，$(3467)_{10}=(6613)_8$。

可以看到，所转换的八进制数是按从低位到高位的顺序产生的，而通常的输出是从高位到低位的，恰好与计算过程相反。因此，转换过程中每得到一位八进制数则进栈保存，转换完毕后依次出栈则正好是转换结果。

算法思想如下：

当 N>0 时，重复①、②。

① 若 N≠0，则将 N%r 压入栈 s 中，执行步骤②；若 N=0，将栈 s 的内容依次出栈，算法结束。

② 用 N/r 代替 N。

【算法 3-10】数制转换算法一。

```
typedef  int DataType;
void conversion(int N,int r){
    SeqStack s;                          //定义一个顺序栈
    DataType x;
    Init_SeqStack(&s);
    while(N){
        Push_SeqStack(&s,N%r);           //余数入栈
        N=N/r;                           //商作为被除数继续
    }
    while(!Empty_SeqStack(&s)){          //余数按顺序出栈
        Pop_SeqStack(&s,&x);
        cout<<x;
    }
    cout<<endl;
}
```

【算法 3-11】数制转换算法二。

```
#define L 10
void conversion(int N,int r){
    int s[L],top;                        //定义一个顺序栈
    int x;
    top=-1;                              //初始化栈
    while(N){
        s[++top]=N%r;                    //余数入栈
        N=N/r;                           //商作为被除数继续
    }
    while(top!=-1){                      //余数按顺序出栈
        x=s[top--];
        cout<<x;
    }
    cout<<endl;
}
```

算法 3-10 是将对栈的操作抽象为模块来调用，使问题的层次更加清楚；而算法 3-11 直接用 int 数组 s 和 int 变量 top 作为一个栈来使用。

往往初学者将栈视为一个很复杂的东西，不知道如何使用，通过这个例子可以消除栈的"神秘"性，当应用程序中需要使用与数据保存顺序相反的数据时，就要想到栈。通常用顺序栈较多。

在后面的例子中，为了在算法中表现出问题的层次，有关栈的操作中调用了相关的函数，如算法 3-10 中对余数的入栈操作 Push_SeqStack(&s,N%r)，因为是用 Visual C++语言描述，第一个参数是栈的地址才能对栈进行操作。在后面的例子中，为了算法清楚易读，在不引起混淆的情况下，不再加地址运算符。

【例 3-2】利用栈实现迷宫的求解。

问题：这是实验心理学中的一个经典问题，心理学家把一只老鼠从一个无顶盖的大盒子的入口处赶进迷宫。迷宫中设置很多隔壁，对前进方向形成了多处障碍，心理学家在迷宫的唯一出口处放置了一块奶酪，吸引老鼠在迷宫中寻找通路以到达出口。

求解思想：回溯法是一种不断试探且及时纠正错误的搜索方法，下面的求解过程采用回溯法。从入口出发，按某一方向向前探索，若能走通（未走过的），即某处可以到达，则到达一个新点，否则试探下一方向；若所有的方向均没有通路，则沿原路返回前一点，换下一个方向再继续试探，直到所有可能的通路都探索到，或找到一条通路，或无路可走又返回到入口点。

在求解过程中，为了保证在到达某一点后不能向前继续行走（无路）时，能正确返回前一点，以便继续从下一个方向向前试探，则需要用一个栈保存所能够到达的每一点的下标及从该点前进的方向。

需要解决的 4 个问题如下：

（1）表示迷宫的数据结构

设迷宫为 m 行 n 列，利用 maze[m][n]来表示一个迷宫，maze[i][j]=0 或 1，其中 0 表示通路，1 表示不通。当从某点向下试探时，中间点有 8 个方向可以试探（见图 3-4），而 4 个角点有 3 个方向，其他边缘点有 5 个方向，为使问题简单化，用 maze[m+2][n+2] 来表示迷宫，且迷宫四周的值全部为 1。这样做使问题简单了，每个点的试探方向全部为 8，不用再判断当前点的试探方向有几个，同时与迷宫周围是墙壁这一实际问题相一致。迷宫入口坐标为（1,1），出口坐标为（m,n）。

图 3-4 所示为一个 6×8 的迷宫，入口坐标为（1,1），出口坐标为（6,8）。

迷宫的定义如下：

```
#define  m 6              //迷宫的实际行
#define  n 8              //迷宫的实际列
int maze[m+2][n+2];
```

入口(1,1)

	0	1	2	3	4	5	6	7	8	9
0	1	1	1	1	1	1	1	1	1	1
1	1	0	0	1	1	0	1	1	1	1
2	1	0	0	1	0	1	1	1	1	1
3	1	0	1	0	0	0	0	0	1	1
4	1	0	0	1	0	1	1	1	1	1
5	1	1	0	1	0	0	0	0	0	1
6	1	0	0	1	0	0	1	1	0	1
7	1	1	1	1	1	1	1	1	1	1

出口(6,8)

图 3-4　用 maze[m+2][n+2]表示的迷宫

（2）试探方向

在上述表示迷宫的情况下，每个点有 8 个方向可以试探，如当前点的坐标为(x,y)，与其相邻的 8 个点的坐标都可根据与该点的相邻方位而得到，如图 3-5 所示。因为出口在（m,n），所以试探顺序规定为：从当前位置向前试探的方向为从正东沿顺时针方向进行。为了简化问题，方便地求出新点的坐标，将从正东开始沿顺时针进行的这 8 个方向的坐标增量放在一个结构数组 move[8]中。在 move 数组中，每个元素由两个域组成，x 为横坐标增量，y 为纵坐标增量。move 数组如图 3-6 所示。

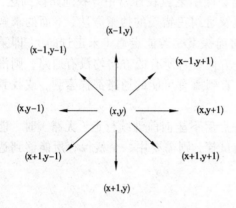

图 3-5　与点（x,y）相邻的 8 个点及坐标

	x	y
0	0	1
1	1	1
2	1	0
3	1	−1
4	0	−1
5	−1	−1
6	−1	0
7	−1	1

图 3-6　增量数组 move

move 数组定义如下：

```
typedef struct{
   int x;
   int y;
}item;
item move[8];
```

这样对 move 的设计会很方便地求出从某点(x,y)按某一方向序号 v(0≤v≤7)到达的新点(i,j)的坐标 i=x+move[v].x，j=y+move[v].y。

（3）栈的设计

当到达了某点而无路可走时需返回前一点，再从前一点开始向下一个方向继续试探。因此，压入栈中的不仅是顺序到达各点的坐标，而且还要有从该点到达下一点的方向序号。对于图 3-4 所示的迷宫，依次入栈如图 3-7 所示。

栈中每一组数据是所到达的每点的坐标及从该点沿哪个方向向下走的。对于图 3-4 所示迷宫，其走的路线为：$(1,1)_1 \to (2,2)_1 \to (3,3)_0 \to (3,4)_0 \to (3,5)_0 \to (3,6)_0$（下脚标表示方向），当从点（3,6）沿方向 0 到达点（3,7）之后，无路可走，则应回溯，即退回到点（3,6），对应的操作是出栈；沿下一个方向即方向 1 继续试探，方向 1、2 试探失败，

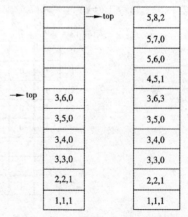

图 3-7　图 3-4 所示迷宫的入栈顺序

在方向 3 上试探成功，因此将（3,6,3）压入栈中，即到达了（4,5）点。

栈中元素是一个由行、列、方向组成的三元组，栈中元素的设计如下：

```
typedef struct{
    int x,y,d ;             //横纵坐标及方向
}DataType;
SeqStack s;                 //栈的定义
```

（4）防止重复到达某点而发生死循环

一种方法是另外设置一个标志数组 mark[m][n]，它的所有元素都初始化为 0，一旦到达某点（i,j）后，使 mark[i][j]置 1，下次再试探这个位置时就不能再走了。另一种方法是当到达某点（i,j）后，使 maze[i][j]置-1，以便区别未到达过的点，同样也能起到防止走重复点的作用，本书采用后一种方法，算法结束前可恢复原迷宫。

迷宫求解算法思想如下：

① 栈初始化。

② 将入口点坐标及到达该点的方向（设为-1）入栈。

③ 伪代码如下：

```
while(栈不空){
    栈顶元素 = > (x,y,d)
    出栈；
    求出下一个要试探的方向 d++；
    while(还有剩余试探方向){
        if(d方向可走){
            (x,y,d)入栈；
            求新点坐标(i,j)；
            将新点(i,j)切换为当前点(x,y)；
            if((x,y)==(m,n))
                结束；
            else
                重置 d=0;
        }
        else
            d++;
    }
}
```

【算法 3-12】迷宫算法。

```
int path(int maze[m][n],int move[8]){
    SeqStack s;
    DataType temp;
    int x,y,d,i,j;
    temp.x=1;
    temp.y=1;
    temp.d=-1;                          //初始化入口点坐标及方向
    Push_SeqStack(s,temp);
    while(!Empty_SeqStack(s)){
        Pop_SeqStack(s,&temp);
        x=temp.x;
        y=temp.y;
        d=temp.d+1;
```

```
        while(d<8){
            i=x+move[d].x;
            j=y+move[d].y;
            if(maze[i][j]==0){              //该点可达
                temp={x,y,d};               //坐标及方向
                Push_SeqStack(s,temp);      //坐标及方向入栈
                x=i;
                y=j;
                maze[x][y]=-1;              //到达新点
                if(x==m&&y==n)
                    return 1;               //到达出口，迷宫有路，成功返回1
                else
                    d=0;                    //重新初始化方向
            }
            else
                d++;                        //改变方向
        }
    }
    return  0;                              //迷宫无路，失败返回0
}
```

栈中保存的就是一条迷宫的通路。

【例 3-3】表达式求值。表达式求值是程序设计语言编译中一个最基本的问题，它的实现也用到栈。下面的算法是用运算符优先法对表达式求值。

表达式是由运算对象、运算符、括号组成的有意义的式子。运算符从运算对象的个数上分，有单目运算符和双目运算符；从运算类型上分，有算术运算符、关系运算符和逻辑运算符。在此仅限于讨论只含双目运算符的算术表达式。

（1）中缀表达式求值

中缀表达式：每个双目运算符在两个运算量的中间，假设所讨论的算术运算符包括+、-、*、/、%、^（乘方）和括号()。

设运算规则如下：

① 运算符的优先级为：()、^、*、/、%、+、-。

② 有括号出现时先算括号内的，后算括号外的；多层括号，由内向外进行。

③ 乘方连续出现时先算最右面的。

表达式作为一个满足语法规则的串存储，例如，表达式 3*2^(4+2*2-1*3)-5，它的求值过程如下：

自左向右扫描表达式，当扫描到 3*2 时不能马上计算，因为后面可能还有更高的运算。正确的处理过程需要两个栈：对象栈 s_1 和运算符栈 s_2。当自左向右扫描表达式的每一个字符时，若当前字符是运算对象，入对象栈，当前字符是运算符时，若这个运算符比栈顶运算符高，则入栈，继续向后处理；若这个运算符比栈顶运算符低，则从对象栈出栈两个运算量，从运算符栈出栈一个运算符进行运算，并将其运算结果入对象栈。继续处理当前字符，直到遇到结束符。

根据运算规则，左括号"（"在栈外时它的级别最高，而进栈后它的级别则最低了；乘方运算的结合性是自右向左，所以，它的栈外级别高于栈内。也就是说，有的

运算符栈内、栈外的级别是不同的。当遇到右括号")"时，一直需要对运算符栈出栈，并且做相应的运算，直到遇到栈顶为左括号"("时，将其出栈，因此右括号")"级别最低而且它是不入栈的。对象栈初始化为空；为了使表达式中的第一个运算符入栈，运算符栈中预设一个最低级的运算符"("。根据以上分析，每个运算符栈内、栈外的级别如表 3-1 所示。

表 3-1　运算符栈内、栈外的级别

运　算　符	栈 内 级 别	栈 外 级 别
^	3	4
*、/、%	2	2
+、-	1	1
(	0	4
)	-1	-1

中缀表达式 3*2^(4+2*2-1*3)-5 求值过程中两个栈的状态情况如表 3-2 所示。

表 3-2　中缀表达式 3*2^(4+2*2-1*3)-5 的求值过程

读字符	对 象 栈 s1	运算符栈 s2	说　　明
3	3	(	3 入栈 s1
*	3	(*	*入栈 s2
2	3,2	(*	2 入栈 s1
^	3,2	(*^	^入栈 s2
(	3,2	(*^(	(入栈 s2
4	3,2,4	(*^(	4 入栈 s1
+	3,2,4	(*^(+	+入栈 s2
2	3,2,4,2	(*^(+	2 入栈 s1
*	3,2,4,2	(*^(+*	*入栈 s2
2	3,2,4,2,2	(*^(+*	2 入栈 s1
	3,2,4,4	(*^(+	计算 2*2，结果 4 入栈 s1
-	3,2,8	(*^(	计算 4+4，结果 8 入栈 s2
	3,2,8	(*^(-	-入栈 s2
1	3,2,8,1	(*^(-	1 入栈 s1
*	3,2,8,1	(*^(-*	*入栈 s2
3	3,2,8,1,3	(*^(-*	3 入栈 s1
	3,2,8,3	(*^(-	计算 1*3，结果 3 入栈 s1
)	3,2,5	(*^(	计算 8-3，结果 5 入栈 s2
	3,2,5	(*^	(出栈
	3,32	(*	计算 2^5，结果 32 入栈 s1
-	96	(	计算 3*32，结果 96 入栈 s1
	96	(-	-入栈 s2

读 字 符	对 象 栈 s1	运算符栈 s2	说　　明
5	96,5	(-	5 入栈 s1
结束符	91	(	计算 96-5，结果 91 入栈 s1

（2）后缀表达式求值

为了处理方便，编译程序常把中缀表达式首先转换成等价的后缀表达式，后缀表达式的运算符在运算对象之后。在后缀表达式中，不再引入括号，所有的计算按运算符出现的顺序，严格从左向右进行，而不用再考虑运算规则和级别。中缀表达式 3*2^(4+2*2-1*3)-5 的后缀表达式为 32422*+13*-^5-。

计算一个后缀表达式，算法上比计算一个中缀表达式简单得多。这是因为后缀表达式中既无括号又无优先级的约束。具体做法：只使用一个对象栈，当从左向右扫描表达式时，每遇到一个操作数就送入栈中保存，每遇到一个运算符就从栈中取出两个操作数进行当前的计算，然后把结果再入栈，直到整个表达式结束，这时送入栈顶的值就是结果。

后缀表达式 32422*+13*-^5-求值过程中栈的状态情况如表 3-3 所示。

表 3-3　后缀表达式求值过程

当 前 字 符	栈 中 数 据	说　　明
3	3	3 入栈
2	3,2	2 入栈
4	3,2,4	4 入栈
2	3,2,4,2	2 入栈
2	3,2,4,2,2	2 入栈
*	3,2,4,4	计算 2*2，将结果 4 入栈
+	3,2,8	计算 4+4，将结果 8 入栈
1	3,2,8,1	1 入栈
3	3,2,8,1,3	3 入栈
*	3,2,8,3	计算 1*3，将结果 4 入栈
-	3,2,5	计算 8-5，将结果 8 入栈
^	3,32	计算 2^5，将结果 32 入栈
*	96	计算 3*32，将结果 96 入栈
5	96,5	5 入栈
-	96	计算 96-5，结果入栈
结束符	空	结果出栈

下面是后缀表达式求值的算法，假设每个表达式是合乎语法的，并且后缀表达式已被存入一个足够大的字符数组 A 中，且以 "#" 为结束字符。为了简化问题，限定运算数的位数仅为一位，且忽略了数字字符串与相对应的数据之间的转换问题。

【算法 3-13】后缀表达式求值的算法。

```
typedef char DataType;
double calcul_exp(char *A){
```

```
//本函数返回由后缀表达式 A 表示的表达式运算结果
Seq_Starck s;
ch=*A++;
Init_SeqStack(s);                 //初始化对象栈
while(ch!='#'){
   if(ch!=运算符)
       Push_SeqStack(s,ch);      //操作数压栈
   else{
       Pop_SeqStack(s,&b);
       Pop_SeqStack(s,&a);       //取出两个运算量
       switch(ch){
           case ch=='+':  c=a+b;
               break;
           case ch=='-':  c=a-b;
               break;
           case ch=='*':  c=a*b;
               break;
           case ch=='/':  c=a/b;
               break;
           case ch=='%':  c=a%b;
               break ;
       }
       Push_SeqStack(s,c);       //计算结果压栈
   }
   ch=*A++ ;
}
Pop_SeqStack(s,result);          //最终计算结果出栈
return  result;
}
```

（3）中缀表达式转换成后缀表达式

将中缀表达式转化为后缀表达式和前述对中缀表达式求值的方法完全类似，但只需要运算符栈，遇到运算对象时直接放入后缀表达式的存储区。其中，假设中缀表达式本身合法且在字符数组 A 中，转换后的后缀表达式存储在字符数组 B 中。具体做法：遇到运算对象则顺序向存储后缀表达式的 B 数组中存放，遇到运算符时类似于中缀表达式求值时对运算符的处理过程，但运算符出栈后不是进行相应的运算，而是将其送入 B 中存放。读者不难写出算法，在此不再赘述。

【例 3-4】栈与递归。

栈的一个重要应用是在程序设计语言中实现递归过程。现实中，有许多实际问题是递归定义的，这时用递归方法可以使许多问题的结果大大简化，以计算 $n!$ 为例。

$n!$ 的定义为：

$$n! = \begin{cases} 1 & (n=0) \quad 递归终止条件 \\ n \times (n-1) & (n>0) \quad 递归步骤 \end{cases}$$

根据定义可以很自然地写出相应的递归函数。

```
int fact(int n){
    if(n==0)
```

```
        return 1;
    else
        return (n*fact(n-1));
}
```

递归函数都有一个终止递归的条件，如上例 n=0 时，将不再继续递归下去。

递归函数的调用类似于多层函数的嵌套调用，只是调用单位和被调用单位是同一个函数而已。在每次调用时，系统将属于各个递归层次的信息组成一个活动记录（Activation Record），这个记录中包含着本层调用的实参、返回地址、局部变量等信息，并将这个活动记录保存在系统的"递归工作栈"中，每当递归调用一次，就要在栈顶为过程建立一个新的活动记录，一旦本次调用结束，则将栈顶活动记录出栈，根据获得的返回地址信息返回到本次的调用处。下面以求 3!为例，说明执行调用时工作栈中的状况。

为了方便，将求阶乘程序修改如下：

```
main(){
    int m,n;
    n=3;
    m=fact(n);
    R1:
    cout<<n<<m<<endl;
}

int fact(int n){
    int f;
    if(n==0)
        f=1;
    else
        f=n*fact(n-1);
    R2:
    return f;
}
```

其中，R1 为主函数调用 fact 时返回点地址，R2 为 fact()函数中递归调用 fact(n-1)时返回点地址，递归工作栈状况如图 3-8 所示。

程序的执行过程如图 3-9 所示（设主函数中 n=3）。

	参数	返回地址
fact(0)	0	R2
fact(1)	1	R2
fact(2)	2	R2
fact(3)	3	R1

图 3-8　递归工作栈示意图

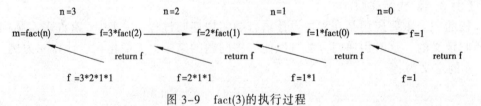

图 3-9　fact(3)的执行过程

3.2　队　列

队列也是一种常用的和重要的数据结构。在操作系统中，作业调度和输入/输出管理都有一个排队问题，可以借助队列这种数据结构来实现。

3.2.1 队列的定义及基本运算

前面所讲的栈是一种后进先出的数据结构，而在实际问题中还经常使用一种"先进先出"（First In First Out，FIFO）的数据结构，即插入操作在表一端进行，而删除操作在表的另一端进行，将这种数据结构称为队或队列，把允许进行插入操作的一端叫队尾（Rear），把允许进行删除操作的一端叫队首（Front）。图 3-10 所示为一个有 5 个数据元素的队列，入队的顺序依次为 a_1、a_2、a_3、a_4、a_5，出队时的顺序将依然是 a_1、a_2、a_3、a_4、a_5。

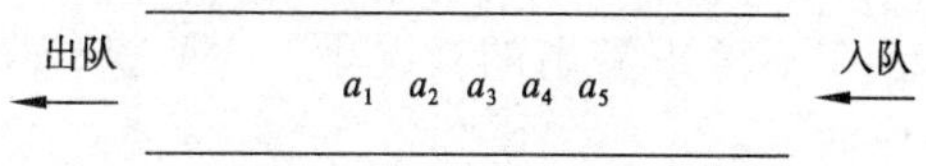

图 3-10　队列示意图

显然，队列也是一种运算受限制的线性表。

在日常生活中队列的例子很多，例如，排队买东西，排头的买完后走掉，新来的排在队尾。

在队列上进行的基本操作有以下几种：

① Init_Queue(q)：队列初始化。

操作结果是构造一个空队列。

② In_Queue(q,x)：入队操作。

操作结果是对已存在的队列 q，插入一个元素 x 到队尾，队列发生变化。

③ Out_Queue(q,x)：出队操作。

在队列 q 存在且非空情况下，操作结果是删除队首元素，并返回其值，队列发生变化。

④ Front_Queue(q,x)：读队首元素。

在队列 q 存在且非空情况下，操作结果是读出队首元素，并返回其值，队列不变。

⑤ Empty_Queue(q)：判断队空。

在队列 q 存在情况下，若 q 为空队列则返回 1，否则返回 0。

3.2.2 队列的存储实现及运算实现

与线性表和栈类似，队列也有顺序存储和链式存储两种存储方法。

1. 顺序队

顺序存储的队列称为顺序队。因为队列的队首和队尾都是活动的，因此，除了队列的数据区外还有队首、队尾两个指针。顺序队的类型定义如下：

```
#define Maxsize …              //整数常量 Maxsize 为根据实际需要设置的队列
                               //的最大容量
typedef struct{
    DataType data[Maxsize];    //队列数据元素的存储空间
    int rear,front;            //队首、队尾指针
}SeQueue;
```

定义一个指向队列的指针变量：

```
SeQueue  *sq;
```

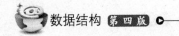

申请一个顺序队的存储空间：

```
sq=new SeQueue;
```

队列的数据区为：sq->data[0]～sq->data[Maxsize-1]。

队首指针：sq->front。

队尾指针：sq->rear。

通常设队首指针指向队首元素前面一个位置，队尾指针指向队尾元素（这样的设置是为了某些运算的方便，并不是唯一的方法），则空队时，操作如下：

```
sq->front=sq->rear=-1;
```

在不考虑溢出的情况下，入队操作队尾指针加 1，指向新位置后，数据元素入队，操作如下：

```
sq->rear++;
sq->data[sq->rear]=x;              //新的数据元素插入队尾
```

在不考虑队空的情况下，出队操作队首指针加 1，表明队首数据元素出队。

操作如下：

```
sq->front++;
x=sq->data[sq->front];            //原队首数据元素送 x 中
```

队中元素的个数：m=(sq->rear)-(q->front)。

队满时：m=Maxsize。

队空时：m=0。

按照上述思想建立的空队及入队、出队示意图如图 3-11 所示，设 Maxsize=10。

从图中可以看到，随着入队、出队的进行，会使整个队列整体向后移动，这样就出现了如图 3-11（d）所示的现象：队尾指针已经移到了最后，再有元素入队就会出现溢出，而事实上此时队列中并未真的"满员"，这种现象为"假溢出"，这是由于"队尾入队首出"这种受限制的操作所造成的。解决假溢出的方法之一是将队列的数据区 data[0]～data[Maxsiie-1]看成首尾相接的循环结构，首尾指针的关系不变，将其称为"循环队列"，如图 3-12 所示。

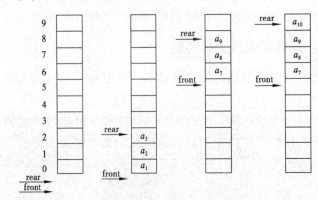

front=rear=-1 front=-1; rear=2   front=5; rear=8   front=5;   rear=9

（a）空队   （b）有 3 个元素   （c）一般情况 （d）假溢出现象

图 3-11　队列操作示意图

因为是首尾相接的循环结构，入队时的队尾指针加 1 操作修改为：

```
sq->rear=(sq->rear+1)%Maxsize;
```
出队时的队首指针加 1 操作修改为：
```
sq->front=(sq->front+1)%Maxsize;
```

设 Maxsize=10，如图 3-13 所示为循环队列操作示意图。

从图 3-12 中所示的循环队列可以看出，图 3-13（a）中具有 $a_6 \sim a_9$ 4 个元素，此时 front=4，rear=8。随着 $a_{10} \sim a_{15}$ 相继入队，队列中具有了 10 个元素——队满，此时 front=4，rear=4，如图 3-13（b）所示，可见在队满情况下有 front=rear。若在图 3-13（a）情况下，$a_6 \sim a_9$ 相继出队，此时队空，front=4，rear=4，如图 3-13（c）所示，即在队空情况下也有 front=rear。这就是说，"队满"和"队空"的条件是相同的，显然这是必须要解决的一个问题。

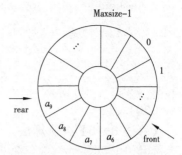

图 3-12　循环队列示意图

方法之一是附设一个存储队列中元素个数的变量（如 num），当 num=0 时队空，当 num=Maxsize 时队满。

另一种方法是少用一个元素空间，把图 3-13（d）所示的情况就视为队满，此时的状态是队尾指针加 1 就会从后面赶上队首指针，这种情况下队满的条件是 (rear+1)%Maxsize= front，也能和队空区别开。

下面的循环队列及操作按第一种方法实现。

循环队列的类型定义及基本运算如下：

```
typedef struct{
    DataType data[Maxsize];        //队列数据的存储区
    int front,rear;                //队首队尾指针
    int num;                       //队中元素的个数
}C_SeQueue;                        //循环队列
```

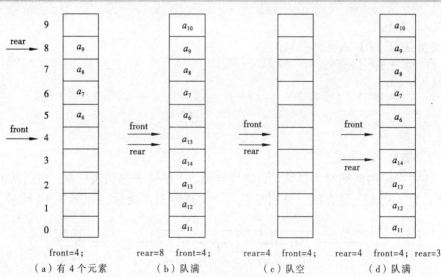

图 3-13　循环队列操作示意图

（1）置空队

【算法 3-14】队列初始化算法。

```
C_SeQueue *Init_SeQueue(){
    C_SeQueue q;
    q=new C_SeQueue;                    //申请循环队列存储空间
    q->front=q->rear=Maxsize-1;         //队首、队尾指针置初值
    q->num=0;                           //队列数据元素个数置初值
    return q;
}
```

（2）入队

【算法 3-15】入队算法。

```
int In_SeQueue(C_SeQueue *q,DataType x){
    if(q->num==Maxsize)
        return 0;                       //队满不能进行入队操作，返回错误代码0
    else{
        q->rear=(q->rear+1)%Maxsize;    //队尾指针后移
        q->data[q->rear]=x;             //将新数据元素插入队尾
        q->num++;                       //队列数据元素个数增1
        return 1;                       //入队操作完成，返回成功代码1
    }
}
```

（3）出队

【算法 3-16】出队算法。

```
int Out_SeQueue(C_SeQueue *q,DataType *x){
    if(q->num==0)
        return 0;                       //队空不能进行出队操作，返回错误代码0
    else{
        q->front=(q->front+1)%Maxsize;  //队首指针后移
        *x=q->data[q->front];           //读出队首元素保存
        q->num--;                       //队列数据元素个数减1
        return 1;                       //出队操作完成，返回成功代码1
    }
}
```

（4）判队空

【算法 3-17】队空判别算法。

```
int Empty_SeQueue(C_SeQueue *q){
    if(q->num==0)
        return 1;                       //队列中数据元素个数为0，队空
    else
        return 0;
}
```

2. 链队

链式存储的队列称为链队。和链栈类似，用单链表来实现链队。根据队列的 FIFO 原则，为了操作上的方便，分别需要一个头指针和尾指针，如图 3-14 所示。

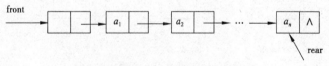

图 3-14　链队示意图

图 3-14 中头指针 front 和尾指针 rear 是两个独立的指针变量，从结构性上考虑，

通常将两者封装在一个结构中。

链队的描述如下：

```
typedef struct Node{
   DataType data;
   struct Node *next;
}QNode;                          //链队结点的类型
typedef struct{
   QNode *front,*rear;
}LQueue;                         //将头尾指针封装在一起的链队
```

定义一个指向链队的指针：

```
LQueue *q;
```

按这种思想建立的带头结点的链队如图 3-15 所示。

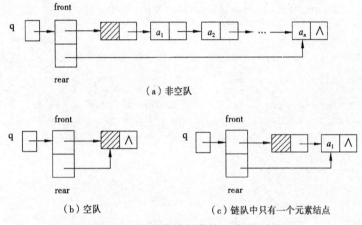

（a）非空队

（b）空队   （c）链队中只有一个元素结点

图 3-15 头尾指针封装在一起的链队

链队的基本运算如下：

（1）创建一个带头结点的空队

【算法 3-18】链队的初始化算法。

```
LQueue *Init_LQueue(){
   LQueue *q;
   QNode *p;
   q=new LQueue;                 //申请头尾指针结点
   p=new QNode;                  //申请链队首结点
   p->next=NULL;
   q->front=q->rear=p;           //首尾指针均指向头结点
   return q;
}
```

（2）入队

【算法 3-19】链队的入队算法。

```
void In_LQueue(LQueue *q, DataType x){
   QNode *p;
   p=new QNode;                  //申请新结点
   p->data=x;
   p->next=NULL;
   q->rear->next=p;              //将新结点插入队尾
```

```
    q->rear=p;                      //队尾指针指向新的结点
}
```

（3）判断队空

【算法 3-20】 链队的队空判断算法。

```
int Empty_LQueue(LQueue *q){
    if(q->front==q->rear)
        return 1;                   //队首队尾指向同一结点（头结点），队空
    else
        return 0;
}
```

（4）出队

【算法 3-21】 链队的出队算法。

```
int Out_LQueue(LQueue *q, DataType *x){
    QNode *p;
    if(Empty_LQueue(q))
        return 0;                   //队空不能进行出队操作，返回错误代码0
    else{
        p=q->front->neat;           //p 指向队首结点
        q->front->next=p->next;     //队首指针指向新的队首结点
        *x=p->data;                 //取出原队首数据元素值保存
        delete p;                   //释放原队首结点空间
        if(q->front->next==NULL)
            q->rear=q->front;

                                    //只有一个数据元素时，出队后队空，此时还要修改队
                                    //尾指针，参考图 3-15(c)

        return 1;
    }
}
```

3.2.3 队列应用举例

【例 3-5】 求迷宫的最短路径。现要求设计一个算法，找一条从迷宫入口到出口的最短路径。

算法的基本思路：从迷宫入口点(1,1)出发，向四周搜索，记下所有一步能到达的坐标点；然后依次再从这些点出发，再记下所有一步能到达的坐标点；依此类推，直到到达迷宫的出口点(m,n)为止，然后从出口点沿搜索路径回溯到入口。这样就找到了一条迷宫的最短路径，否则迷宫无路径。

有关迷宫的数据结构、试探方向、如何防止重复到达某点以免发生死循环的问题与例 3-2 处理相同，不同的是如何存储搜索路径。在搜索过程中必须记下每一个可到达的坐标点，以便从这些点出发继续向四周搜索。由于先到达的点先向下搜索，故引进一个"先进先出"数据结构——队列，来保存已到达的坐标点。到达迷宫的出口点(m,n)后，为了能够从出口点沿搜索路径回溯到入口，对于每一点，记下坐标点的同时，还要记下到达该点的前驱点，因此，用一个结构数组 sq[num]作为队列的存储空间。因为迷宫中每个点至多被访问一次，所以 num 至多等于 m*n。sq 的每一个结构有 3 个域：x、y 和 pre，其中 x、y 分别为所到达的点的坐标，pre 为其前驱点在 sq 中的下标，是一个

静态链域。除 sq 外，还有队首、队尾指针——front 和 rear，用来指向队首和队尾元素。

队列的定义如下：

```
typedef struct{
    int x,y;
    int pre;
}SqType;
SqType sq[num];
int front,rear;
```

初始状态，队列中只有一个元素 sq[1]，记录的是入口点的坐标(1,1)。因为该点是出发点，所以没有前驱点，pre 域为−1，队首指针 front 和队尾指针 rear 均指向它，此后搜索时都是以 front 所指点为搜索的出发点。当搜索到一个可到达点时，即将该点的坐标及 front 所指点的位置入队，这样不但记下了到达点的坐标，还记下了它的前驱点。front 所指点的 8 个方向搜索完毕后，则出队，继续对下一点搜索。搜索过程中遇到出口点则成功，搜索结束，打印出迷宫最短路径，算法结束；或者当前队列空即没有搜索点了，表明没有路径，算法结束。

【算法 3-22】采用队列的迷宫算法。

```
void path(int maze[m][n],item move[8]){
    //maze[m][n]，迷宫数组；move[8]，坐标增量数组
    SqType sq[NUM];
    int front,rear;
    int x,y,i,j,v;
    front=rear=0;
    sq[0].x=1;
    sq[0].y=1;
    sq[0].pre=-1;                          //入口点入队
    maze[1,1]=-1;
    while(front<=rear){                    //队列不为空
        x=sq[front].x;
        y=sq[front].y;
        for(v=0;v<8;v++){
            i=x+move[v].x;
            j=y+move[v].y;
            if(maze[i][j]==0){
                rear++;
                sq[rear].x=i;
                sq[rear].y=j;
                sq[rear].pre=front;
                maze[i][j]=-1;
            }
            if(i==m && j==n){
                printpath(sq,rear);        //打印路径
                restore(maze);             //恢复迷宫
            }
        }                                  //for v
        front++;                           //当前点搜索完，取下一个点搜索
    }                                      //while
    return 0;
}                                          //path

void printpath(SqType sq[],int rear){
    //打印迷宫路径
```

```
   int i;
   i=rear;
   do{
      cout<<" ("<<sq[i].x<<", "<<sq[i].y<<") ←";
      i=sq[i].pre;                    //回溯
   }while(i!=-1);
}                                      //printpath
```

6×8 的迷宫最短路径搜索过程如图 3-16 所示。

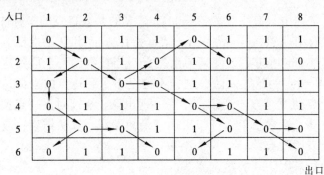

（a）用二维数组表示的迷宫

	0	1	2	3	4	5	6	7	8	9	10	11	12	13	14	15	16	17	18	19	…
x	1	2	3	3	3	2	4	4	1	5	4	5	2	5	6	5	6	6	5	6	
y	1	2	3	1	4	1	5	2	6	6	3	1	7	4	8	8	
pre	-1	0	1	1	2	2	3	4	5	6	7	7	8	9	9	10	11	13	15	15	

（b）队列中的数据

图 3-16　迷宫搜索过程

运行结果：（6,8）←（5,7）←（4,6）←（4,5）←（3,4）←（3,3）←（2,2）←（1,1）。

在上面的例子中，不能采用循环队列，因为在本问题中，队列中保存了探索到的路径序列，如果用循环队列，则会把先前得到的路径序列覆盖掉。而在有些问题中，例如，持续运行的实时监控系统中，监控系统源源不断地收到监控对象顺序发来的信息（如报警），为了保持报警信息的顺序性，就要按顺序一一保存，而这些信息是无穷多个，不可能全部同时驻留内存，可根据实际问题，设计一个适当大的存储空间用作循环队列，将最初收到的报警信息一一入队。当队满之后，又有新的报警到来时，新的报警则覆盖掉了旧的报警，内存中始终保持当前最新的若干条报警，以便满足快速查询。

小　结

栈是仅限制在表的一端进行插入和删除运算的线性表，插入、删除这一端称为栈顶，另一端称为栈底。表中无元素时为空栈。栈的修改是按后进先出的原则进行的，所以又称栈为 LIFO（Last In First Out）表。通常栈有顺序栈和链栈两种存储结构。

在顺序栈中有"上溢"和"下溢"的现象。"上溢"是栈顶指针指出栈的外面是出错状态，"下溢"可以表示栈为空栈，因此用来作为控制转移的条件。

链栈则没有上溢的限制，因此进栈不要判栈满。链栈不需要在头部附加头结点，只要有链表的头指针就可以了。

队列是也是一种运算受限的线性表，插入在表的一端进行，而删除在表的另一端进行，允许删除的一端称为队头，允许插入的一端称为队尾。队列的操作原则是先进先出，所以又称为 FIFO（First In First Out）表。队列也有顺序存储和链式存储两种存储结构。

顺序队列的"假上溢"现象是由于头尾指针不断前移，超出向量空间。这时整个向量空间及队列是空的却产生了"上溢"现象。为了克服"假上溢"现象引入循环向量的概念，把向量空间形成一个头尾相接的环形，这时队列称循环队列。

判定循环队列是空还是满，方法有两种：第一种方法就是用一个计数器记录队列中元素的总数，如 num，num==0 时队空，当 num==Maxsize 时为队满；第二种方法是少用一个元素空间，以(rear+1)%Maxsize==front 为队满的条件，也能和空队区分开。

队列的链式存储结构称为链队，一个链队就是一个操作受限的单链表。为了便于在表尾进行插入操作，在表尾增加一个尾指针，一个链队列就由一个头指针和一个尾指针唯一地确定。链队不存在队满和上溢的问题。在链队的出队算法中，要注意当原队中只有一个结点时，出队后要同时修改头尾指针并使队列变空。

习　题

一、选择题

1. 对于栈操作数据的原则是（　　　　）。

    A. 先进先出　　　B. 后进先出　　　C. 后进后出　　　　D. 不分顺序

2. 向一个栈顶指针为 top 的链栈中插入一个 p 所指结点时，其操作步骤为（　　　）。

    A. top->next=p;　　　　　　　　　　B. p->next=top->next;top->next=p;

    C. p->next=top;top=p;　　　　　　　D. p->next=top;top=top->next;

3. 栈和队都是（　　　　）。

    A. 顺序存储的线性结构　　　　　　　B. 链式存储的非线性结构

    C. 限制存取点的线性结构　　　　　　D. 限制存取点的非线性结构

4. 一个栈的入栈序列是 a、b、c、d、e，则栈的不可能的输出序列是（　　　　）。

    A. edcba　　　　B. decba　　　　C. dceab　　　　　D. abcde

5. 采用顺序存储的两个栈共享空间 S[1..m]，top[i]代表第 i 个栈(i=1,2)的栈顶，栈 1 的底在 S[1]，栈 2 的底在 S[m]，则栈满的条件是（　　　　）。

    A. top[2]-top[1]=0　　　　　　　　B. top[1]+1=top[2]

    C. top[1]+top[2]=m　　　　　　　　D. top[1]=top[2]

6. 递归过程或函数调用时，处理参数及返回地址，要用一种称为（　　　　）的数据结构。

    A. 队列　　　　　B. 静态链表　　　C. 栈　　　　　　D. 顺序表

7. 在一个链队列中，若 f、r 分别为队首、队尾指针，则插入 p 所指结点的操作为（　　　）。

    A. f->next=p; f=p;　　　　　　　　B. r->next=p; r=p;

    C. p->next=r; r=p;　　　　　　　　D. p->next=f; f=p;

8. 用不带头结点的单链表存储队列时，在进行删除运算时（　　　　）。

A． 仅修改头指针　　　　　　　　　B． 仅修改尾指针

C． 头、尾指针都要修改　　　　　　D． 头、尾指针可能都要修改

二、简答题

1． 循环队列的优点是什么？如何判别它的空和满？

2． 栈和队列数据结构各有什么特点，什么情况下用到栈，什么情况下用到队列？

3． 什么是递归？递归程序有什么优缺点？

4． 设有编号为1、2、3、4的四辆车，顺序进入一个栈式结构的站台，试写出这四辆车开出车站的所有可能的顺序（每辆车可能入站，可能不入站，时间也可能不等）。

三、算法设计题

1． 称正读和反读都相同的字符序列为"回文"，例如，"abcddcba" "qwerewq"是回文，"ashgash"不是回文。试写一个算法判断读入的一个以'@'为结束符的字符序列是否为回文。

2． 设以数组 se[m]存放循环队列的元素，同时设变量 rear 和 front 分别作为队头和队尾指针，且队头指针指向队头前一个位置，写出这样设计的循环队列入队和出队的算法。

3． 假设以数组 se[m]存放循环队列的元素，同时设变量 rear 和 num 分别作为队尾指针和队中元素个数记录，试给出判别此循环队列队满的条件，并写出相应入队和出队的算法。

4． 假设以带头结点的循环链表表示一个队列，并且只设一个队尾指针指向尾元素结点（注意不设头指针），试写出相应的置空队、入队、出队的算法。

5． 设计一个算法判别一个算术表达式的圆括号是否正确配对。

6． 写算法，借助于栈将一个单链表置逆。

7． 两个栈共享向量空间 data[m]，它们的栈底分别设在向量的两端，每个元素占一个分量，试写出两个栈公用的栈操作算法：push(s,i,x)、pop(s,i)和 top(s,i)，其中 s 表示栈，i=0 和 1，用以指示栈号。

第 4 章

串 ﹤﹤﹤

重点与难点：

- 串的概念与特点。
- 串的逻辑结构、存储结构。
- 串的基本运算的实现。
- 模式匹配。

串（即字符串）是一种特殊的线性表，它的数据元素仅由一个字符组成。另外，串还具有自身的特性，常常可以把一个串作为一个整体来处理。因此，在这一章中把串作为独立结构的概念加以研究，介绍串的存储结构及基本运算。

4.1 串及其基本运算

计算机非数值处理的对象经常是字符串数据，例如，在汇编语言和高级语言的编译程序中，源程序和目标程序都是字符串数据；在事务处理程序中，顾客的姓名、地址，货物的产地、名称等，一般也作为字符串处理。

4.1.1 串的基本概念

1．串的定义

串是由零个或多个任意字符组成的字符序列。一般记作

$$s="a_1 a_2 \cdots a_n" \tag{4-1}$$

其中，s 是串名；在本书中，用双引号（""）作为串的定界符，引号引起来的字符序列为串值，引号本身不属于串的内容；a_i（$1 \leqslant i \leqslant n$）是一个任意字符，称为串的元素，是构成串的基本单位，i 是它在整个串中的序号；n 为串的长度，表示串中所包含的字符个数，当 $n=0$ 时，称为空串，通常记为 φ。

2．几个术语

① 子串与主串：串中任意连续的字符组成的子序列称为该串的子串。包含子串的串相应地称为主串。

② 子串的位置：子串的第一个字符在主串中的序号称为子串的位置。

③ 串相等：指两个串的长度相等且对应字符都相等。

4.1.2　串的基本运算

串的运算有很多，下面介绍部分基本运算：

① StrLength(s)：求串长。

操作结果是求出串 s 的长度。

② StrAssign(s1,s2)：串赋值。

s1 是一个串变量，s2 或者是一个串常量，或者是一个串变量（通常 s2 是一个串常量时称为串赋值，是一个串变量时称为串复制），操作结果是将 s2 的串值赋值给 s1，s1 原来的值被覆盖掉。

③ StrConcat(s1,s2,s)或 StrConcat(s1,s2)：连接操作。

两个串的连接就是将一个串的串值紧接着放在另一个串的后面，连接成一个串。前者是产生新串 s，但 s1 和 s2 不改变；后者是在 s1 的后面连接 s2 的串值成为新串 s1，即 s1 改变，s2 不改变。

例如，s1="he"，s2="bei"，前者操作结果是 s="hebei"；后者操作结果是 s1="hebei"。

④ SubStr(s,i,len)：求子串。

串 s 存在，并且 1≤i≤StrLength(s)，0≤len≤StrLength(s)-i+1。操作结果是求得从串 s 的第 i 个字符开始的长度为 len 的子串。len=0 得到的是空串。

例如，SubStr("abcdefghi",3,4)="cdef"。

⑤ StrCmp(s1,s2)：串比较。

操作结果是若 s1=s2，返回值为 0；若 s1<s2，返回值<0；若 s1>s2，返回值>0。

⑥ StrIndex(s,t)：子串定位。

s 为主串，t 为子串，操作结果是若 t 是 s 的子串，则返回 t 在 s 中首次出现的位置，否则返回值为 0。

例如，StrIndex("abcdebda","bc")=2，StrIndex("abcdebda","ba")=0。

⑦ StrInsert(s,i,t)：串插入。

串 s、t 存在，并且 1≤i≤StrLength(s)+1。操作结果是将串 t 插入到串 s 的第 i 个字符位置上，s 的串值改变。

⑧ StrDelete(s,i,len)：串删除。

串 s 存在，并且 1≤i≤StrLength(s)，0≤len≤StrLength(s)-i+1。操作结果是删除串 s 中从第 i 个字符开始的长度为 len 的子串，s 的串值改变。

⑨ StrRep(s,t,r)：串替换。

串 s、t、r 存在且 t 不为空，操作结果是用串 r 替换串 s 中出现的所有与串 t 相等的不重叠的子串，s 的串值改变。

以上是串的几个基本操作，其中前 5 个操作是最基本的，它们不能用其他的操作来合成，通常将这 5 个基本操作称为最小操作集。

4.2　串的定长顺序存储及基本运算

因为串是字符型的线性表，所以线性表的存储方式仍适用于串；也因为字符的特殊性和字符串经常作为一个整体来处理的特点,串在存储时还有一些与一般线性表不同之处。

4.2.1 串的定长顺序存储

类似于顺序表,用一组地址连续的存储单元存储串值中的字符序列;所谓定长是指按预定义的大小,为每一个串变量分配一个固定长度的存储区。例如:

```
#define Maxsize 256
char s[Maxsize];
```

则串的最大长度不能超过 256。

如何标识实际长度有以下 3 种方法:

① 类似顺序表,用一个指针来指向最后一个字符,这样表示的串描述如下:

```
typedef struct{
    char data[Maxsize];
    int curlen;
}SeqString;
SeqString s;                //定义一个串变量
```

这种存储方式可以直接得到串的长度为 s.curlen+1,如图 4-1 所示。

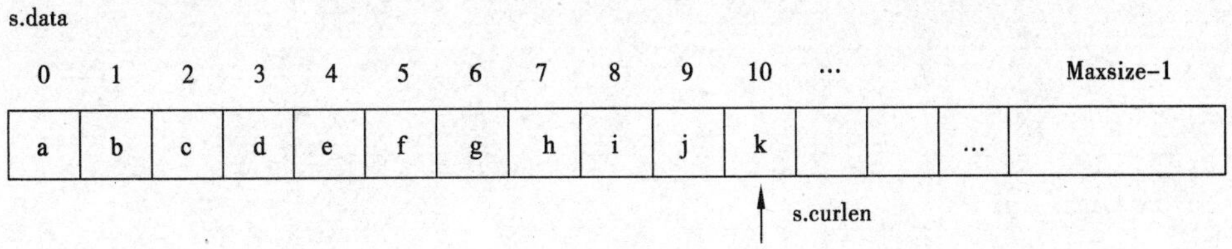

s.data

0	1	2	3	4	5	6	7	8	9	10	...			Maxsize-1
a	b	c	d	e	f	g	h	i	j	k		...		

↑ s.curlen

图 4-1 串的顺序存储方式 1

② 在串尾存储一个不会在串中出现的特殊字符作为串的终结符,以此表示串的结尾。例如,C 语言中处理定长串的方法就是这样的,它是用'\0'来表示串的结束。这种存储方法不能直接得到串的长度,是用判断当前字符是否是'\0'来确定串是否结束,从而求得串的长度,如图 4-2 所示。

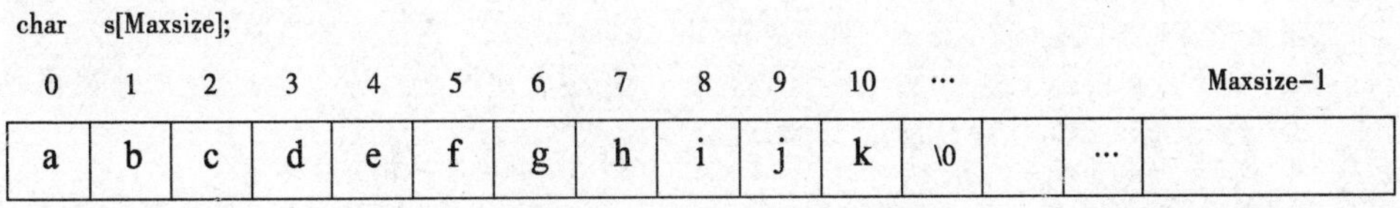

char   s[Maxsize];

0	1	2	3	4	5	6	7	8	9	10	...		Maxsize-1
a	b	c	d	e	f	g	h	i	j	k	\0	...	

图 4-2 串的顺序存储方式 2

③ 设置定长串存储空间 char s[Maxsize+1];。用 s[0]存放串的实际长度,串值存放在 s[1]~s[Maxsize],字符的序号和存储位置一致,应用更为方便。

4.2.2 定长顺序串的基本运算

本小节主要讨论定长串连接、求子串、串比较算法,顺序串的插入和删除等运算,基本与顺序表相同,在此不再赘述。串定位在下一小节讨论,设串结束用'\0'来标识。

1. 串连接

串连接是把两个串 s1 和 s2 首尾连接成一个新串 s。

【算法 4-1】串连接算法。

```
int StrConcat1(char s1[],char s2[],char s[]){
    int i,j;
    int len1,len2;
    i=0;
    len1=StrLength(s1);
    len2=StrLength(s2);
    if(len1+len2>Maxsize-1)
        return 0;                    //s 串存储空间不够,返回错误代码 0
    j=0;
    while(s1[j]!='\0'){
        s[i]=s1[j];                  //将 s1 串值赋给 s
        i++;
        j++;
    }
    j=0;
    while(s2[j]!='\0'){
        s[i]=s2[j];                  //将 s2 串值赋给 s
        i++;
        j++;
    }
    s[i]='\0';                       //建立 s 串结束标记
    return 1;
}
```

2. 求子串

【算法 4-2】求子串算法。

```
int StrSub(char *t,char *s,int i,int len){
    //用 t 返回串 s 中从第 i 个字符开始的长度为 len 的子串,其中 1≤i≤串长
    int j;
    int slen;
    slen=StrLength(s);
    if(i<1||i>slen||len<0||len>slen-i+1)
        return 0;                    //给定参数不符合要求,返回错误代码 0
    for(j=0;j<len;j++)
        t[j]=s[i+j-1];               //将对应子串值赋给 t
    t[j]='\0';                       //建立 t 串结束标记
    return 1;
}
```

3. 串比较

【算法 4-3】串比较算法。

```
int StrComp(char *s1,char *s2){
    int i;
    i=0;
    while(s1[i]==s2[i]&&s1[i]!='\0')  //两串对应位置字符比较
        i++;
    return s1[i]-s2[i];          //返回首个对应位置上是不同的字符的 ASCII 码差值
}
```

4.2.3 模式匹配

串的模式匹配即子串定位，是一种重要的串运算。设 s 和 t 是给定的两个串，在主串 s 中查找子串 t 的过程称为模式匹配。如果在 s 中找到等于 t 的子串，则称匹配成功，函数返回 t 在 s 中首次出现的存储位置（或序号）；否则匹配失败，返回 0。t 也称为模式。为了运算方便，设字符串采用定长存储，且用第 3 种方式表示串长，即串的长度存放在 0 号单元，串值从 1 号单元开始存放，这样字符序号与存储位置一致。

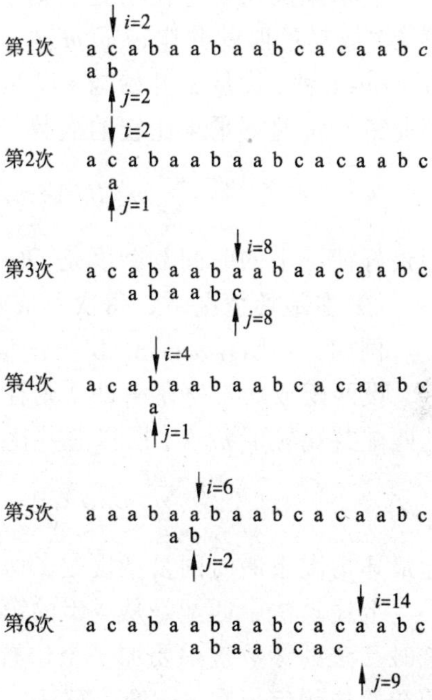

图 4-3 简单模式匹配过程

1. 简单的模式匹配算法

算法思想：首先将 s_1 与 t_1 进行比较，若不同，就将 s_2 与 t_1 进行比较，……，直到 s 的某一个字符 s_i 和 t_1 相同，再将它们之后的字符进行比较，若也相同，则如此继续往下比较，当 s 的某一个字符 s_i 与 t 的字符 t_j 不同时，则 s 返回到本次开始字符的下一个字符，即 s_{i-j+2}，t 返回到 t_1，继续开始下一次的比较，重复上述过程。若 t 中的字符全部比完，则说明本次匹配成功，本次的起始位置是 $i-j+1$ 或 $i-t[0]$，否则，匹配失败。

设主串 s="acabaabaabcacaabc"，模式 t="abaabcac"，匹配过程如图 4-3 所示。

依据这个思路，算法描述如下：

【算法 4-4】简单的模式匹配算法。

```
int StrIndex_BF(char *s,char *t){
    //从串 s 的第一个字符开始找首次与串 t 相等的子串
    int i,j;
    i=1;
    j=1;
    while(i<=s[0]&&j<=t[0])          //都没遇到结束符
        if(s[i]==t[j]){             //对应位置字符比较
            i++;
            j++;
        }                           //相等，继续
        else{
            i=i-j+2;
            j=1;
        }                           //不等，回溯
    if(j>t[0])
        return i-t[0];              //匹配成功，返回子串首字符存储位置
    else
        return  0;                  //匹配失败
}
```

该算法简称为 BF 算法。下面分析它的时间复杂度，设串 s 长度为 n，串 t 长度为 m。匹配成功的情况下，考虑两种极端情况：

① 在最好情况下，每次不成功的匹配都发生在第一对字符比较时。

例如，s="aaaaaaaaaabc"，t="bc"。

设匹配成功发生在 s_i 处，则字符比较次数在前面 $i-1$ 次匹配中共比较了 $i-1$ 次，第 i 次成功的匹配共比较了 m 次，所以总共比较了 $i-1+m$ 次。所有匹配成功的可能共有 $n-m+1$ 种，设从 s_i 开始与 t 串匹配成功的概率为 p_i，在等概率情况下 $p_i=1/(n-m+1)$，因此最好情况下平均比较的次数如下：

$$\sum_{i=1}^{n-m+1} p_i \times (i-1+m) = \sum_{i=1}^{n-m+1} \frac{1}{n-m+1} \times (i-1+m) = \frac{(n+m)}{2} \qquad (4\text{-}2)$$

即最好情况下的时间复杂度是 $O(n+m)$。

② 在最坏情况下，每次不成功的匹配都发生在 t 的最后一个字符。

例如，s="aaaaaaaaaaab"，t="aaab"。

设匹配成功发生在 s_i 处，则在前面 $i-1$ 次匹配中共比较了 $(i-1)\times m$ 次，第 i 次成功的匹配共比较了 m 次，所以总共比较了 $i\times m$ 次，因此最坏情况下平均比较的次数如下：

$$\sum_{i=1}^{n-m+1} p_i \times (i \times m) = \sum_{i=1}^{n-m+1} \frac{1}{n-m+1} \times (i \times m) = \frac{m \times (n-m+2)}{2} \qquad (4\text{-}3)$$

即最坏情况下的时间复杂度是 $O(n\times m)$。

上述算法中匹配是从 s 串的第一个字符开始的，有时算法要求从指定位置开始，这时算法的参数表中要加一个位置参数 pos，如 StrIndex(shar *s,int pos,char *t)，比较的初始位置定位在 pos 处。算法 4-4 是 pos=1 的情况。

2．改进后的模式匹配算法

BF 算法简单但效率较低，一种对 BF 算法做了很大改进的模式匹配算法是由克努特（Knuth）、莫里斯（Morris）和普拉特（Pratt）同时发现的，简称 KMP 算法。

（1）KMP 算法的思想

分析算法 4-4 的执行过程，造成 BF 算法速度慢的原因是回溯，即在某次的匹配过程失败后，对于 s 串要回到本次开始字符的下一个字符，t 串要回到第一个字符。而这些回溯并不是必要的，如图 4-3 所示的匹配过程，在第 3 次匹配过程中，$s_3 \sim s_7$ 和 $t_1 \sim t_5$ 是匹配成功的，$s_8 \neq t_6$ 匹配失败，因此有了第 4 次，即回溯到 s_4 又从 t_1 开始继续匹配，其实第 4 次是不必要的：由图可看出，因为在第 3 次中有 $s_4=t_2$，而 $t_1 \neq t_2$，肯定有 $t_1 \neq s_4$。同理，第 5 次也是没有必要的，所以从第 3 次之后可以直接到第 6 次，进一步分析第 6 次中的第一对字符 s_6 和 t_1 的比较也是多余的，第二对字符 s_7 和 t_2 的比较也是多余的，因为在第 3 次中已有 $s_3 \sim s_7 = t_1 \sim t_5$，它包含着 $s_6 s_7 = t_4 t_5$，而 $t_1 t_2 = t_4 t_5$，必有 $s_6 s_7 = t_1 t_2$，因此第 6 次的比较可以从第三对字符 s_8 和 t_3 开始进行。这就是说，第 3 次匹配失败后，指针 i 不动，而是将模式串 t 向右"滑动"，用 t_3 "对准" s_8 继续进行，依此类推。这样的处理方法指针 i 是无回溯的。

综上所述，希望某次在 s_i 和 t_j 匹配失败后，指针 i 不回溯，模式 t 向右"滑动"至某个位置上，使得 t_k 对准 s_i 继续向右进行。显然，现在问题的关键是串 t "滑动"到哪个位置上。不妨设位置为 k，即 s_i 和 t_j 匹配失败后，指针 i 不动，模式 t 向右"滑动"，使 t_k 和 s_i 对准继续向右进行比较，要满足这一假设，就要有如下关系成立。

$$"t_1t_2\cdots t_{k-1}"="s_{i-k+1}s_{i-k+2}\cdots s_{i-1}" \qquad (4\text{-}4)$$

（4-4）式左边是 t_k 前面的 k-1 个字符，右边是 s_i 前面的 k-1 个字符。

而本次匹配失败是在 s_i 和 t_j 处，已经得到的部分匹配结果是

$$"t_1t_2\cdots t_{j-1}"="s_{i-j+1}s_{i-j+2}\cdots s_{i-1}" \qquad (4\text{-}5)$$

因为 $k<j$，所以有

$$"t_{j-k+1}t_{j-k+2}\cdots t_{j-1}"="s_{i-k+1}s_{i-k+2}\cdots s_{i-1}" \qquad (4\text{-}6)$$

（4-6）式左边是 t_j 前面的 k-1 个字符，右边是 s_i 前面的 k-1 个字符，通过（4-4）式和（4-6）式得到关系

$$"t_1t_2\cdots t_{k-1}"="t_{j-k+1}t_{j-k+2}\cdots t_{j-1}" \qquad (4\text{-}7)$$

结论：某次在 s_i 和 t_j 匹配失败后，如果模式串中有满足（4-7）式关系的子串存在，即模式中的函前 k-1 个字符与模式中 t_j 字符前面的 k-1 个字符相等时，模式 t 就可以向右"滑动"，使 t_k 和 s_i 对准，然后继续向右进行比较即可。

（2）next()函数

模式中的每一个 t_j 都对应一个 k 值，由（4-7）式可知，这个 k 值仅依赖于模式 t 本身字符序列的构成，而与主串 s 无关。可用函数 next(j)表示 t_j 对应的 k 值，根据以上分析，next()函数有如下性质：

① next(j)是一个整数，且 $0 \leqslant$ next(j)$<j$。

② 为了使 t 的右移不丢失任何匹配成功的可能，当存在多个满足（4-7）式的 k 值时，应取最大的，这样向右"滑动"的距离最短，向右"滑动"的字符为 j-next(j)个。

③ 如果在 t_j 前不存在满足（4-7）式的子串，则 k=1，即用 t_1 和 s_i 继续比较，这时向右"滑动"得最远，为 j-1 个字符。

因此，next()函数定义如下：

$$next[j]=\begin{cases} 0 & , \text{当 } j=1 \\ \max & , \{k|1\leqslant k<j \text{ 且 }"t_1t_2\cdots t_{k-1}"="t_{j-k+1}t_{j-k+2}\cdots t_{j-1}"\} \\ 1 & , \text{其他情况} \end{cases}$$

根据以上定义，模式串"abaabcac"的 next()函数值如下：

j	1	2	3	4	5	6	7	8
模式串	a	b	a	a	b	c	a	c
next[j]	0	1	1	2	2	3	1	2

（3）KMP算法

设 next()函数值已经求出并存放在数组 next 中，即 next[j]=next(j)。在求得模式的 next()函数值之后，匹配可如下进行：假设以指针 i 和 j 分别指示主串和模式中的比较字符，令 i 的初值为 pos，j 的初值为 1。若在匹配过程中 $s_i \neq t_j$，则 i 和 j 分别向后移动一个字符；若 $s_i \neq t_j$ 匹配失败，则 i 不变，j 退到 next[j]位置再比较；若相等，则指针各自增 1，否则 j 再退到当前 j 的 next[j]值的位置，依此类推。直至下列两种情况：一种是 j 退到某个 next 值时字符比较相等，则 i 和 j 分别增 1 继续进行匹配；另一种是 j 退到值为零（即模式的第一个字符失配），则此时 i 和 j 也要分别增 1，表明从主串的下一个字符起和模式的第一个字符重新开始匹配。

综上所述，在假设已有 next() 函数情况下，KMP 算法如下：

【算法 4-5】KMP 算法。

```
int StrIndex_KMP(char *s,char *t,int pos,int next[]){
    //从串 s 的第 pos 个字符开始找首次与串 t 相等的子串，next 数组中为 next() 函数的
    //相关值
    int i,j;
    i=pos;
    j=1;
    while(i<=s[0] && j<=t[0])          //都没遇到结束符
        if(j==0||s[i]==t[j]){
            i++;
            j++;
        }
        else
            j=next[j];                 //右滑
    if(j>t[0])
        return  i-t[0];                //匹配成功，返回子串首字符存储位置
    else
        return  0;                     //匹配失败
}
```

设主串 s="aabcbabcaabcaababc"，模式 t="abcaababc"，则该模式的 next() 函数值如下：

j	1	2	3	4	5	6	7	8	9
模式串	a	b	c	a	a	b	a	b	c
next[j]	0	1	1	1	2	2	3	2	3

图 4-4 所示为利用 next() 函数对其进行匹配的过程示意图。

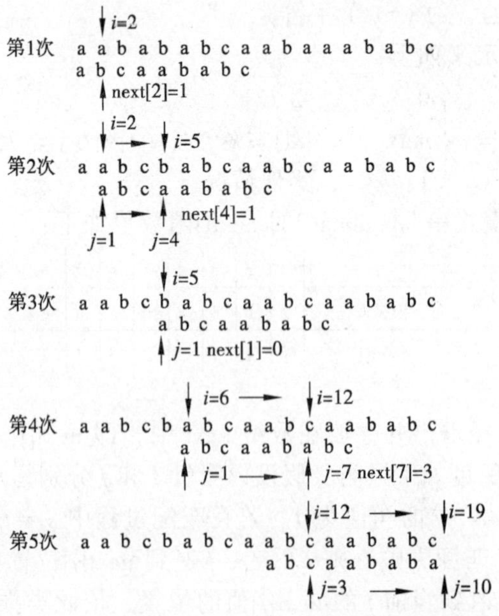

图 4-4　利用模式 next() 函数进行匹配的过程示例

算法 4-5 的时间复杂度是 $O(n \times m)$；但在一般情况下，实际的执行时间是 $O(n+m)$。

（4）如何求 next()函数

由以上讨论可知，next 值仅取决于模式本身而与主串无关。可以从分析 next()函数的定义出发，用递推的方法求得 next()函数值。

由定义知

$$next[1]=0 \qquad\qquad (4-8)$$

设 next[j]=k，即有

$$"t_1t_2\cdots t_{k-1}"="t_{j-k+1}t_{j-k+2}\cdots t_{j-1}" \qquad (4-9)$$

next[j+1]=?有两种可能情况：

第 1 种情况：若 $t_k=t_j$ 则表明在模式串中

$$"t_1t_2\cdots t_k"="t_{j-k+1}t_{j-k+2}\cdots t_j" \qquad (4-10)$$

这就是说 next[j+1]=k+1，即

$$next[j+1]=next[j]+1 \qquad (4-11)$$

第 2 种情况：若 $t_k\neq t_j$ 则表明在模式串中

$$"t_1t_2\cdots t_k" \neq "t_{j-k+1}t_{j-k+2}\cdots t_j" \qquad (4-12)$$

此时，可把求 next()函数值的问题看成是一个模式匹配问题，整个模式串既是主串又是模式，而当前在匹配的过程中，已有（4-9）式成立，则当 $t_k\neq t_j$ 时应将模式向右滑动，使得第 next[k]个字符和"主串"中的第 j 个字符相比较。若 next[k]=k'，且 $t_{k'}=t_{j'}$，则说明在主串中第 j+1 个字符之前存在一个最大长度为 k' 的子串，使得

$$"t_1t_2\cdots t_{k'}"="t_{j-k'+1}t_{j-k'+2}\cdots t_j" \qquad (4-13)$$

因此

$$next[j+1]=next[k']+1 \qquad (4-14)$$

同理，若 $t_{k'}\neq t_{j'}$，则将模式继续向右滑动，使第 next[k']个字符和 t_j 对齐，依此类推，直至 t_j 和模式中的某个字符匹配成功或者不存在任何 k'($1<k'<k<\cdots<j$)满足（4-13）式，此时则有

$$next[j+1]=1 \qquad (4-15)$$

综上所述，求 next()函数值的算法如下：

【算法 4-6】KMP 算法中求 next()函数值的算法。

```
void GetNext(char t[],int next[]){
    //求模式 t 的 next 值
    int i,j;
    i=1;
    j=0;
    next[1]=0;
    while(i<t[0]){
        if(j==0||t[i]==t[j]){
            i++;
            j++;
            next[i]=j;
        }
        else
            j=next[j];
    }
}
```

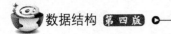

算法 4-6 的时间复杂度是 $O(m)$。

4.3 串的堆存储结构

在应用程序中，通常参与运算的串变量之间的长度相差较大，并且操作中串值的长度变化也较大，因此，为串变量预分配固定大小的空间不太合理。这时可以考虑采用堆结构来存储串。

4.3.1 串名的存储映像

串名的存储映像是串名-串值内存分配对照表，也称为索引表。表的形式多样，例如，设 s_1="abcdef"，s_2="hij"。常见的串名-串值存储映像索引表有如下几种：

1. 带串长度的索引表

如图 4-5 所示，索引项的结点类型为：

```
#define Maxname   …          //整数常量 Maxname 为规定的串名的最大长度
typedef struct{
    char  name[Maxname];      //串名
    int length;               //串长
    char *stradr;             //起始地址
}LNode;
```

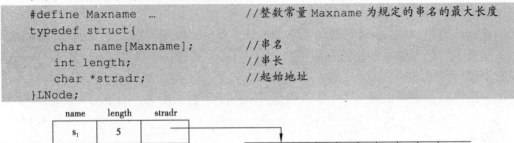

图 4-5　带串长度的索引表

2. 带末尾指针的索引表

如图 4-6 所示，索引项的结点类型为：

```
#define Maxname   …          //整数常量 Maxname 为规定的串名的最大长度
typedef  struct{
    char name[Maxname];       //串名
    char *stradr,*enadr;      //起始地址，末尾地址
}ENode;
```

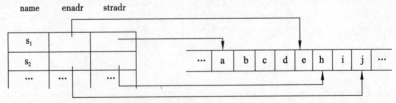

图 4-6　带末尾指针的索引表

3. 带特征位的索引表

当一个串的存储空间不超过一个指针的存储空间时，可以直接将该串存储在索引项的指针域，这样既节约了存储空间，又提高了查找速度，但这时要加一个特征位 tag

以便指出指针域存放的是指针还是串。

如图 4-7 所示，索引项的结点类型为：

```
#define Maxname …              //整数常量 Maxname 为规定的串名的最大长度
typedef  struct{
    char  name[Maxname];
    int tag;                   //特征位
    union{                     //起始地址或串值
        char *stradr;
        char value[4];
    }uval;
}TNode;
```

name	tag	stradr/value
s_1	0	
s_1	1	hij\0
…	…	…

… a b c d e \0 …

图 4-7　带特征位的索引表

4.3.2　堆存储结构

堆存储结构的基本思想：在内存中开辟能存储足够多的串且地址连续的存储空间作为应用程序中所有串的可利用存储空间，称为堆空间（如设 store[SMax+1];），根据每个串的长度，动态地为每个串在堆空间里申请相应大小的存储区域，每个串顺序存储在所申请的存储区域中。若操作过程中原空间不够，可以根据串的实际长度重新申请，复制原串值后再释放原空间。

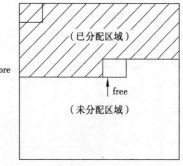

（已分配区域）

store

free

（未分配区域）

图 4-8　堆结构示意图

图 4-8 所示为一个堆结构示意图。阴影部分是已经为存在的串分配过的区域，free 为未分配部分的起始地址，每当向 store 中存放一个串时，要填上该串的索引项。

4.3.3　基于堆结构的串的基本运算实现

堆结构上的串运算仍然基于字符序列的复制进行，基本思路：当需要产生一个新串时，要判断堆空间中是否还有存储空间，若有，则从 free 指针开始划出相应大小的区域为该串的存储区，然后根据运算求出串值，最后建立该串存储映像索引信息，并修改 free 指针。

设堆空间为：

```
char  store[SMax+1];
```

自由区指针：

```
int  free;
```

串的存储映像类型如下：

```
typedef  struct{
```

```
    int length;                         //串长
    int stradr;                         //起始地址
}HString;
```

1. 串常量赋值

【算法 4-7】串常量赋值函数。

```
int StrAssign(HString *s1,char *s2){
    //将一个字符型数组 s2 中的字符串送入堆 store 中，free 是自由区的指针
    int i,len;
    i=0;
    len=StrLength(s2);
    if(len<0||free+len-1>SMax)
        return 0;                       //堆中自由区空间不够，返回错误代码0
    else{
        for(i=0;i<len;i++)
            store[free+i]=s2[i];        //将 s2 串值赋给堆
        s1->stradr=free;                //建立 s1 串存储映像索引信息
        s1->length=len;
        free=free+len;                  //修改堆空间自由区指针
        return 1;                       //操作成功，返回成功代码1
    }
}
```

2. 赋值一个串

【算法 4-8】串复制算法。

```
void StrCopy(Hstring *s1,Hstring s2){
    //该运算将堆 store 中的一个串 s2 复制到一个新串 s1 中
    int i;
    if(free+s2.length-1>SMax)
        return 0;                       //堆中自由区空间不够，返回错误代码0
    else{
        for(i=0;i<s2.length;i++)
            store[free+i]=store[s2.stradr+i];  //将 s2 串值赋给堆
        s1->length=s2.length;           //建立 s1 串存储映像索引信息
        s1->stradr=free;
        free=free+s2.length;            //修改堆空间自由区指针
        return 1;                       //操作成功，返回成功代码1
    }
}
```

3. 求子串

【算法 4-9】求子串函数。

```
void StrSub(Hstring *t,Hstring s,int i,int len){
    //该运算将串 s 中第 i 个字符开始的长度为 len 的子串送到一个新串 t 中
    int i;
    if(i<0||len<0||len>s.len-i+1)
        return 0;                       //参数不符合要求，返回错误代码0
    else{
        t->length=len;                  //建立子串 t 的存储映像索引信息
        t->stradr=s.stradr+i-1;
        return 1;                       //操作成功，返回成功代码1
    }
}
```

4．串连接

【算法 4-10】串连接函数。

```
void Concat(HString  s1,HString  s2,HString *s){
    StrCopy(s,s1);                    //将s1复制到堆空间
    StrCopy(s,s2);                    //将s2复制到堆空间，紧邻前一串存放
    s->length=s1.length+s2.length;    //修改 s 串长度
    s->stradr=free-s1.length-s2.length;
    return 1;
}
```

以上堆空间和算法的编写，主要是介绍这些存储的处理思想，很多问题及细节尚未涉及，例如，废弃串的回归、自由区的管理问题等。在常用的高级语言及开发环境中，大多数系统本身都提供了串的类型及大量的库函数，用户可直接使用，这样会使程序的设计更容易，调试更方便，可靠性更高。

小　结

串是零个或多个字符组成的有限序列。长度为零的串叫空串，串中包含一个或多个空格字符的串叫空白串；一个串中任意个连续字符组成的子序列称为该串的子串，包含子串的串就称为主串。子串在主串中的序号就是指子串在主串中首次出现的位置。空串是任意串的子串，任意串是自身的子串。

串常量在程序中只能引用不能改变，串变量的值可以改变。

串的模式匹配即子串定位，是一种重要的串运算。设 s 和 t 是给定的两个串，在主串 s 中查找子串 t 的过程称为模式匹配。如果在 s 中找到等于 t 的子串，则称匹配成功，函数返回 t 在 s 中首次出现的存储位置（或序号）；否则匹配失败，返回 0。t 也称为模式。

堆存储结构的基本思想：在内存中开辟能存储足够多的串且地址连续的存储空间作为应用程序中所有串的可利用存储空间，称为堆空间（如设 store[SMax+1];），根据每个串的长度，动态地为每个串在堆空间里申请相应大小的存储区域，每个串顺序存储在所申请的存储区域中，若操作过程中原空间不够了，可以根据串的实际长度重新申请，复制原串的值后再释放原空间。

习　题

一、选择题

1. 下面关于串的叙述错误的是（　　　）。

    A. 串是字符的有限序列

    B. 串既可以采用顺序存储，也可以采用链式存储

    C. 空串是由空格构成的串

    D. 模式匹配是串的一种重要运算

2. 串的长度是指（　　　　）。

　　A. 串中所含不同字母的个数　　　　B. 串中所含字符的个数

　　C. 串中所含不同字符的个数　　　　D. 串中所含非空格字符的个数

3. 已知串 S= "aaab"，其 next 数组值为（　　　　）。

　　A. 0123　　　　　　B. 1123　　　　　　C. 1231　　　　　　D. 1211

二、算法设计题

1. 利用 C 语言的库函数 strlen()、strcpy()和 strcat()写一个算法 void StrInsert(char *s,char *t,int i)，将串 t 插入到 s 的第 i 个位置上。若 i 大于 s 的长度，则插入不执行。

2. 利用 C 语言的库函数 strlen()、strcpy()(或 strncpy)写一个算法 void StrDelete(char *s,int i,int m)，删除串 s 中从位置 i 开始连续的 m 个字符。若 i≥strlen(s)，则没有字符被删除；若 i+m≥strlen(s)，则将 s 中从位置 i 开始直至末尾的字符均被删去。

3. 采用顺序存储结构存储串，编写一个函数，求串 s 和串 t 的一个最长的公共子串。

4. 采用顺序存储结构存储串，编写一个函数，计算一个子串在一个字符串中出现的次数，如果该子串不出现则为 0。

第 5 章

数组和广义表 ≪

重点与难点：

- 多维数组的存储方式。
- 特殊矩阵的各种压缩存储方法。
- 稀疏矩阵的两种压缩存储方法。
- 广义表的定义、存储方法及基本运算的实现。

数组与广义表可视为线性表的推广，本章讨论多维数组的逻辑结构和存储结构、特殊矩阵、矩阵的压缩存储、广义表的逻辑结构和存储结构等。

5.1 数　组

数组是人们很熟悉的一种数据结构，它可以看作线性表的推广。数组是一组相同数据类型的数据元素的集合，数组元素在数组中的位置通常称为数组的下标，通过数组元素的下标，可以找到存放该元素的存储地址，从而可以访问该数组元素的值。数组下标的个数就是数组的维数，有一个下标是一维数组，有两个下标就是二维数组。依此类推，有两个或两个以上下标称为多维数组。

5.1.1　一维数组

在数据结构中，数组是 n（$n>1$）个相同数据类型的数据元素 a_1，a_2，…，a_n 构成的有限序列。其中，n 称为数组长度。

一维数组中，每两个相邻数据元素之间都有直接前驱和直接后继的关系。当系统为一个数组分配内存空间时，数组的首地址就确定了。假设数组的首地址为 $\text{Loc}(a_1)$，每个数据元素占用 r 个存储单元，则第 i 个数据元素的地址：

$$\text{Loc}(a_i)=\text{Loc}(a_1)+(i-1)\times r \tag{5-1}$$

也就是说，已知数组元素的位置（即下标），系统就可计算出该数组元素的存储地址。具有这种特性的存储结构通常称为随机存储结构。数组是一种随机存储结构，所以，通过数组下标可以访问数组中任意一个指定的数组元素。

5.1.2　多维数组

数组作为一种数据结构，其特点是结构中的元素本身可以是具有某种结构的数据，但属于同一数据类型。多维数组可以看作是线性表的推广。例如，二维数组可以看作

"其数据元素是一维数组"的线性表，三维数组可以看作
"其数据元素是二维数组"的线性表，依此类推。图 5-1
所示为一个 m 行 n 列的二维数组表示的一个矩阵：

$$A_{m \times n} = \begin{bmatrix} a_{11} & a_{12} & \cdots & a_{1n} \\ a_{21} & a_{22} & \cdots & a_{2n} \\ \vdots & \vdots & & \vdots \\ a_{m1} & a_{m2} & \cdots & a_{mn} \end{bmatrix}$$

图 5-1　m 行 n 列的二维数组

$A_{m \times n}$ 定义为由 $m \times n$ 个元素 a_{ij} 组成的矩阵，也可以
看成是由 m 行（一维数组）一维数组组成的，或是 n 列
（一维数组）一维数组组成的。

$A_{m \times n}$ 中的每个元素 a_{ij} 同时属于两个线性表：第 i 行的线性表和第 j 列的线性表，一般
情况下，a_{ij} 有 2 个前驱（行前驱和列前驱）以及 2 个后继（行后继和列后继）。a_{11} 是第 1
个元素，没有前驱；a_{mn} 是最后一个元素，没有后继。而且边界上的元素 a_{1j}（$j=1$，…，n），
a_{i1}（$i=1$，…，m），a_{mj}（$j=1$，…，n）和 a_{in}（$i=1$，…，m），只有一个后继或前驱。

同样，三维数组 $A_{m \times n \times p}$ 中的每个元素 a_{ijk} 最多可以有 3 个前驱和 3 个后继。推而
广之，m 维数组的每个元素可以有 m 个前驱和 m 个后继。

数组是一个具有固定格式和数量的数据有序集，每一个数据元素用唯一的一组下标
来标识，因此，在数组上不能做插入、删除数据元素的操作。通常在各种高级语言中数
组一旦被定义，每一维的大小及上下界都不能改变。在数组中通常做下面两种操作：

① 取值操作：给定一组下标，读其对应的数据元素。

② 赋值操作：给定一组下标，存储或修改与其相对应的数据元素。

本章重点研究二维和三维数组，因为它们的应用是最广泛的，尤其是二维数组。

5.1.3　数组的内存映像

现在来讨论数组在计算机中的存储表示。通常，数组在内存中被映像为向量，即
用向量作为数组的一种存储结构，这是因为内存的地址空间是一维的，数组的行列固
定后，通过一个映像函数，则可根据数组元素的下标得到它的存储地址。

对于一维数组，按下标顺序分配即可。

对多维数组分配时，要把它的元素映像存储在一维存储器中，一般有两种存储方式：
一种是以行为主序（先行后列）的顺序存放，如 BASIC、Pascal、COBOL、C 等程序设计
语言中，即一行分配完了接着分配下一行；另一种是以列为主序（先列后行）的顺序存
放，如 FORTRAN 语言中，即一列一列地分配。以行为主序的分配规律是，最右边的下
标先变化，即最右下标从小到大，循环一遍后，右边第二个下标再变，……，从右向左，
最后是左下标。以列为主序分配的规律恰好相反，最左边的下标先变化，即最左下标从
小到大，循环一遍后，左边第二个下标再变，……，从左向右，最后是右下标。

例如，一个 2×3 的二维数组，逻辑结构如图 5-2 表示。以行为主序的内存映像如
图 5-3（a）所示，分配顺序为 a_{11}、a_{12}、a_{13}、a_{21}、a_{22}、a_{23}；以列为主序的分配顺序
为 a_{11}、a_{21}、a_{12}、a_{22}、a_{13}、a_{23}，它的内存映像如图 5-3（b）所示。

设有 $m \times n$ 二维数组 A_{mn}，下面按元素的下标求其地址。

以"以行为主序"的分配为例，设数组的基址为 $Loc(a_{11})$，每个数组元素占据 r
个地址单元，那么 a_{ij} 的物理地址可用一线性寻址函数计算

$$Loc(a_{ij}) = Loc(a_{11}) + ((i-1) \times n + j - 1) \times r \tag{5-2}$$

a_{11}
a_{12}
a_{13}
a_{21}
a_{22}
a_{23}

（a）以行为主序

a_{11}
a_{21}
a_{12}
a_{22}
a_{13}
a_{23}

（b）以列为主序

a_{11}	a_{12}	a_{13}
a_{21}	a_{22}	a_{23}

图 5-2　2×3 数组的逻辑状态　　　　　图 5-3　2×3 数组的物理状态

这是因为数组元素 a_{ij} 的前面有 i-1 行，每一行的元素个数为 n，在第 i 行中它的前面还有 j-1 个数组元素。

在 C++语言中，数组中每一维的下界定义为 0，则

$$\mathrm{Loc}(a_{ij})=\mathrm{Loc}(a_{00})+(i\times n+j)\times r \qquad (5\text{-}3)$$

推广到一般的二维数组：$A[c_1\cdots d_1][c_2\cdots d_2]$，则 a_{ij} 的物理地址计算函数为

$$\mathrm{Loc}(a_{ij})=\mathrm{Loc}(a_{c_1 c_2})+((i-c_1)\times(d_2-c_2+1)+(j-c_2))\times r \qquad (5\text{-}4)$$

同理，对于三维数组 A_{mnp}，即 $m\times n\times p$ 数组，其数组元素 a_{ijk} 的物理地址为

$$\mathrm{Loc}(a_{ijk})=\mathrm{Loc}(a_{111})+((i-1)\times n\times p+(j-1)\times p+k-1)\times r \qquad (5\text{-}5)$$

推广到一般的三维数组：$A[c_1\cdots d_1][c_2\cdots d_2][c_3\cdots d_3]$，则 a_{ijk} 的物理地址为

$$\mathrm{Loc}(a_{ijk})=\mathrm{Loc}(a_{c_1 c_2 c_3})+((i-c_1)\times(d_2-c_2+1)\times(d_3-c_3+1)+(j-c_2)\times(d_3-c_3+1)+(k-c_3))\times r \quad (5\text{-}6)$$

三维数组的逻辑结构和以行为主序的分配示意图如图 5-4 所示。

a_{111}
a_{112}
a_{121}
a_{122}
a_{131}
a_{132}
a_{141}
a_{142}
a_{211}
a_{212}
a_{221}
a_{222}
a_{231}
a_{232}
a_{241}
a_{242}
a_{311}
a_{312}
a_{321}
a_{322}
a_{331}
a_{332}
a_{341}
a_{342}

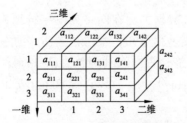

（a）一个 3×4×2 的三维数组的逻辑结构　　　（b）以行为主序的三维数组内在映像

图 5-4　三维数组

【例 5-1】若矩阵 $A_{m\times n}$ 中存在某个元素 a_{ij} 满足：a_{ij} 是第 i 行中最小值且是第 j 列

中的最大值，则称该元素为矩阵 A 的一个鞍点。试编写一个算法，找出 A 中的所有鞍点。

基本思路：在矩阵 A 中求出每一行的最小值元素，然后判断该元素是否是它所在列中的最大值，是，则打印，接着处理下一行。矩阵 A 用一个二维数组表示。

【算法 5-1】求矩阵鞍点算法。

```
void saddle(int A[][],int m,int n){
    //m，n是矩阵A的行和列
    int i,j,k,p,min;
    for(i=0;i<m;i++){                    //按行处理
        min=A[i][0];
        for(j=1;j<n;j++)
            if(A[i][j]<min)
                min=A[i][j];             //找第i行最小值
        for(j=0;j<n;j++)                 //检测该行的每一个最小值是否是鞍点
            if (A[i][j]==min){
                k=j;
                p=0;
                while(p<m&&A[p][j]<=min)
                    p++;
                if(p>=m)
                    cout<<i<<k<<min<<endl;    //输出鞍点
            }
    }
}
```

算法的时间复杂度为 $O(m \times (n+m \times n))$。

【例 5-2】求解 3 阶幻方问题。幻方（也称为魔方、纵横图），要求在一个 $n \times n$ 的矩阵中填入 $1 \sim n^2$ 的数字，使得每一行、每一列、每条对角线的累加和都相等，这个累加和称为幻方常数或幻和。对于任意 n 阶幻方，其幻和为 $n(n^2+1)/2$。由于幻方具有很多奇特的性质，几千年来吸引了许多数学家和数学爱好者对其进行了广泛深入的研究。求解幻方问题的方法很多，这里介绍其中的一种——"左上行法"：

① 由 1 开始填数，将 1 放在第 0 行的中间位置。

② 将幻方想象成上下、左右相接，每次往左上角走一步，会有下列情况：

• 左上角超出上方边界，则在最下边对应的位置填入下一个数。

• 左上角超出左边边界，则在最右边对应的位置填入下一个数。

• 如果按照上述方法找到的位置已填入数据，则在同一列下一行填入下一个数。

• 用一个二维数组去存储幻方，由生成过程可知，某一位置(p,q)的左上角的位置是(p-1,q-1)，如果 p-1≥0，不用调整，否则将其调整为(p-1+n)；同理，如果 q-1≥0，不用调整，否则将其调整为(q-1+n)。所以，位置(p,q)左上角的位置可以用求模的方法获得，即

$$p=(p-1+n) \% n$$

$$q=(q-1+n) \% n$$

【算法 5-2】幻方的生成算法。

```
void Square(int a[][],int n){
    int i;
    int p,q;
    p=0;
    q=(n-1)/2;
    a[p][q]=1;                          //将 1 放在第 0 行的中间位置
    for(i=2;i<n*n;i++){
        p=(p-1+n)%n;                     //求 i 所在行号
        q=(q-1+n)%n;                     //求 i 所在列号
        if(a[p][q]>0)
            p=(p+1)%n;                   //如果位置(p,q)已经有数,填入同一列下一行
        a[p][q]=i;
    }
}
```

5.2 特殊矩阵的压缩存储

对于一个矩阵结构,显然用一个二维数组来表示是非常恰当的,但在有些情况下,例如,三角矩阵、对称矩阵、带状矩阵、稀疏矩阵等一些特殊矩阵,从节约存储空间的角度考虑,这种存储是不太合适的。下面从这一角度来考虑这些特殊矩阵的存储方法。

5.2.1 对称矩阵

对称矩阵的特点:在一个 n 阶方阵中,有 $a_{ij}=a_{ji}$,其中 $1 \leq i, j \leq n$。图 5-5 所示为一个 5 阶对称矩阵。对称矩阵关于主对角线对称,因此只需存储上三角或下三角部分即可。例如,若只存储下三角中的元素 a_{ij},其特点是 $j \leq i$ 且 $1 \leq i \leq n$,对于上三角中的元素 a_{ij},它和对应的 a_{ji} 相等。因此,当访问的元素在上三角时,直接去访问和它对应的下三角元素即可。这样,原来需要 $n \times n$ 个存储单元,现在只需要 $n(n+1)/2$ 个存储单元,节约 $n(n-1)/2$ 个存储单元。当 n 较大时,这是可观的一部分存储资源。

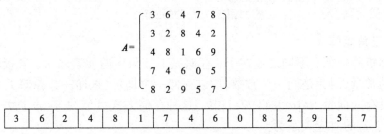

图 5-5 5 阶对称方阵及它的压缩存储

如何只存储下三角部分,可将下三角部分以行为主序的顺序存储到一个向量中。在下三角中共有 $n \times (n+1)/2$ 个元素,因此,为了不失一般性,设存储到向量 $SA[n(n+1)/2]$ 中,存储顺序如图 5-6 所示。这样,原矩阵下三角中的某一个元素 a_{ij} 具体对应一个 $SA[k]$,下面的问题是要找到 k 与 i、j 之间的关系。

对于下三角中的元素 a_{ij},其特点是:$i \geq j$ 且 $1 \leq i \leq n$。存储到 SA 中后,根据存储原则,它前面有 $i-1$ 行,共有 $1+2+\cdots+i-1=i \times (i-1)/2$ 个元素,而 a_{ij} 又是它所在的行中

的第 j 个元素，所以在上面的排列顺序中，a_{ij} 是第 $i\times(i-1)/2+j$ 个元素，因此它在 SA 中的下标 k 与 i、j 的关系为

$$k=i\times(i-1)/2+j-1 \quad (0\leqslant k<n\times(n+1)/2) \tag{5-7}$$

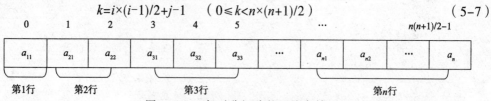

图 5-6　一般对称矩阵的压缩存储

若 $i<j$，则 a_{ij} 是上三角中的元素，因为 $a_{ij}=a_{ji}$，这样，访问上三角中的元素 a_{ij} 时只需访问和它对应的下三角中的 a_{ji} 即可，所以将上式中的行列下标交换就是上三角中的元素在 SA 中的对应关系

$$k=j\times(j-1)/2+i-1 \quad (0\leqslant k<n\times(n+1)/2) \tag{5-8}$$

综上所述，对于对称矩阵中的任意元素 a_{ij}，若令 $I=\max(i,j)$，$J=\min(i,j)$，则将上面两个式子综合起来得到

$$k=I\times(I-1)/2+J-1 \tag{5-9}$$

5.2.2　三角矩阵

图 5-7 所示的矩阵称为三角矩阵，其中 c 为某个常数。图 5-7（a）为下三角矩阵，主对角线以上均为同一个常数；图 5-7（b）为上三角矩阵，主对角线以下均为同一个常数。下面讨论它们的压缩存储方法。

$$\begin{bmatrix} 3 & c & c & c & c \\ 6 & 2 & c & c & c \\ 4 & 8 & 1 & c & c \\ 7 & 4 & 6 & 0 & c \\ 8 & 2 & 9 & 5 & 7 \end{bmatrix} \qquad \begin{bmatrix} 3 & 4 & 8 & 1 & 0 \\ c & 2 & 9 & 4 & 6 \\ c & c & 1 & 5 & 7 \\ c & c & c & 0 & 8 \\ c & c & c & c & 7 \end{bmatrix}$$

（a）下三角矩阵　　　　　（b）上三角矩阵

图 5-7　三角矩阵

1. 下三角矩阵

与对称矩阵类似，不同之处在于：存储完下三角中的元素之后，紧接着存储主对角线上方的常量，因为是同一个常数，所以存储一个即可，这样一共存储了 $n\times(n+1)/2+1$ 个元素。设存入向量 SA[$n\times(n+1)/2+1$]中，这种存储方式可节约 $n\times(n-1)/2-1$ 个存储单元，SA[k]与 a_{ij} 的对应关系为

$$k=\begin{cases} i\times(i-1)/2+j-1 & (i\geqslant j) \\ n\times(n+1)/2 & (i<j) \end{cases} \tag{5-10}$$

存储顺序如图 5-8 所示。

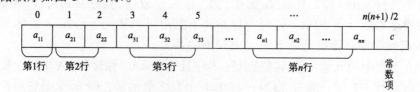

图 5-8　下三角矩阵的压缩存储

2．上三角矩阵

对于上三角矩阵，存储思想与下三角类似，以行为主序的顺序存储上三角部分，最后存储主对角线下方的常量。对于第 1 行，存储 n 个元素，第 2 行存储 $n-1$ 个元素，……，第 p 行存储 $(n-p+1)$ 个元素，a_{ij} 的前面有 $i-1$ 行，共存储的元素个数是

$$n+(n-1)+\cdots+(n-i+1)=\sum_{p=1}^{i-1}(n-p)+1=(i-1)\times(2n-i+2)/2 \qquad （5-11）$$

而 a_{ij} 是它所在的行中要存储的第 $(j-i+1)$ 个数据元素，所以，它是上三角存储顺序中的第 $(i-1)\times(2n-i+2)/2+(j-i+1)$ 个数据元素，因此它在 SA 中的下标为：$k=(i-1)\times(2n-i+2)/2+j-i$。

综上所述，$SA[k]$ 与 a_{ij} 的对应关系为

$$k=\begin{cases}(i-1)\times(2n-i+2)/2+j-i & （i\geqslant j）\\ n\times(n+1)/2 & （i<j）\end{cases} \qquad （5-12）$$

存储顺序如图 5-9 所示。

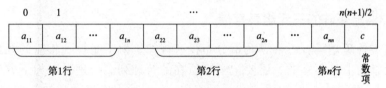

图 5-9　上三角矩阵的压缩存储

5.2.3　带状矩阵

若有一带状矩阵 A，如果存在最小正数 m，满足当 $|i-j|\geqslant m$ 时，$a_{ij}=0$，这时称 $w=2m-1$ 为矩阵 A 的带宽。图 5-10（a）所示为一个 $w=3$（$m=2$）的带状矩阵。带状矩阵也称为对角矩阵。由图 5-10（a）可看出，在这种矩阵中，所有非零元素都集中在以主对角线为中心的带状区域中，即除了主对角线和它的上下方若干条对角线的元素外，所有其他元素都为零（或同一个常数 c）。

$$A=\begin{bmatrix} a_{11} & a_{12} & 0 & 0 & 0 \\ a_{21} & a_{22} & a_{23} & 0 & 0 \\ 0 & a_{32} & a_{33} & a_{34} & 0 \\ 0 & 0 & a_{43} & a_{44} & a_{45} \\ 0 & 0 & 0 & a_{54} & a_{55} \end{bmatrix} \qquad B=\begin{bmatrix} a_{11} & a_{12} & 0 \\ a_{21} & a_{22} & a_{23} \\ a_{32} & a_{33} & a_{34} \\ a_{43} & a_{44} & a_{45} \\ a_{54} & a_{55} & 0 \end{bmatrix}$$

（a）$w=3$ 的 5 阶带状矩阵　　　　　　（b）压缩为 5×3 的矩阵

0	1	2	3	4	5	6	7	8	9	10	11	12
$C=$ a_{11}	a_{12}	a_{21}	a_{22}	a_{23}	a_{32}	a_{33}	a_{34}	a_{43}	a_{44}	a_{45}	a_{54}	a_{55}

（c）压缩为向量

图 5-10　带状矩阵及压缩存储

带状矩阵 A 也可以采用压缩存储。一种压缩方法是将矩阵 A 压缩到一个 n 行 w 列的二维数组 B 中，如图 5-10（b）所示，当某行非零元素的个数小于带宽 w 时，先存放非零元素后补零。那么 a_{ij} 映射为 $b_{i'j'}$，映射关系为

$$i'=i$$

$$j'=\begin{cases} j & (i \leqslant m) \\ j-i+m & (i>m) \end{cases} \qquad (5-13)$$

另一种压缩方法是将带状矩阵压缩到向量 **C** 中，按以行为主序的顺序存储其在带上的元素，如图 5-10（c）所示。按其压缩规律找到相应的映像函数，如当 $w=3$ 时，映像函数为

$$k=2 \times i+j-3 \qquad (5-14)$$

5.3 稀 疏 矩 阵

设 $m \times n$ 矩阵中有 t 个非零元素且 $t<<m \times n$，这样的矩阵称为稀疏矩阵。很多科学管理及工程计算中，常会遇到阶数很高的大型稀疏矩阵。如果按常规分配方法，顺序分配在计算机内，那将是相当浪费内存的。为此提出另外一种存储方法，仅仅存放非零元素。下面讨论稀疏矩阵的压缩存储方法。

5.3.1 稀疏矩阵的三元组表存储

对于这类稀疏矩阵，通常零元素分布没有规律，为了能找到相应的元素，所以仅存储非零元素的值是不够的，还要记下它所在的行和列。于是采取如下方法：将非零元素所在的行、列及它的值构成一个三元组 (i,j,v)，然后再按某种规律存储这些三元组，这种方法可以节约存储空间。

将三元组按行优先且同一行中列号从小到大的规律排列成一个线性表，称为三元组表，采用顺序存储方法存储该表。图 5-11 所示的稀疏矩阵对应的三元组表如图 5-12 所示。

显然，要唯一地表示一个稀疏矩阵，还需要在存储三元组表的同时存储该矩阵的行、列，为了运算方便，矩阵的非零元素的个数也同时存储。

$$A=\begin{pmatrix} 15 & 0 & 0 & 22 & 0 & -15 \\ 0 & 11 & 3 & 0 & 0 & 0 \\ 0 & 0 & 0 & 6 & 0 & 0 \\ 0 & 0 & 0 & 0 & 0 & 0 \\ 91 & 0 & 0 & 0 & 0 & 0 \\ 0 & 0 & 0 & 0 & 0 & 0 \end{pmatrix}$$

图 5-11 稀疏矩阵

	i	j	v
1	1	1	15
2	1	4	22
3	1	6	-15
4	2	2	11
5	2	3	3
6	3	4	6
7	5	1	91

图 5-12 三元组表

这样的存储方法确实节约了存储空间，但矩阵的运算从算法上可能变得复杂些。下面讨论在这种存储方式下的稀疏矩阵的转置和相乘运算。

1. 稀疏矩阵的转置

设矩阵 **A** 表示一个 $m \times n$ 的稀疏矩阵，其转置矩阵 **B** 则是一个 $n \times m$ 的稀疏矩阵，定义矩阵 **A**、**B** 均为 SPMatrix 存储类型。由矩阵 **A** 求矩阵 **B** 需要：首先将矩阵 **A** 的行、列转化成矩阵 **B** 的列、行；再将 A.data 中每一三元组的行、列交换后转化到

B.data 中。

　　以上两点完成之后，看上去似乎完成了矩阵 **B**，其实不然。因为前面规定三元组的存储是按行优先且每行中的元素是按列号从小到大的规律顺序存放的，所以矩阵 **B** 也必须按此规律实现，矩阵 **A** 的转置矩阵 **B** 如图 5-13 所示。图 5-14 是它对应的三元组存储，也就是说，在矩阵 **A** 的三元组存储基础上得到矩阵 **B** 的三元组存储（为了运算方便，矩阵的行、列都从 1 算起，三元组表 data 从 0 单元用起）。

$$B=\begin{bmatrix} 15 & 0 & 0 & 0 & 91 & 0 \\ 0 & 11 & 0 & 0 & 0 & 0 \\ 0 & 3 & 0 & 0 & 0 & 0 \\ 22 & 0 & 6 & 0 & 0 & 0 \\ 0 & 0 & 0 & 0 & 0 & 0 \\ -15 & 0 & 0 & 0 & 0 & 0 \end{bmatrix}$$

	i	j	v
1	1	1	15
2	1	5	91
3	2	2	11
4	3	2	3
5	4	1	22
6	4	3	6
7	6	1	-15

图 5-13　矩阵 **A** 的转置矩阵 **B**　　　　　图 5-14　矩阵 **B** 的三元组表

算法思路：

　　① 将矩阵 **A** 的行、列转化成矩阵 **B** 的列、行。

　　② 在 A.data 中依次找第 1 列、第 2 列，直到最后一列的元素，并将找到的每个三元组的行、列交换后顺序存储到 B.data 中即可。

【算法 5-3】稀疏矩阵转置算法。

```
template<class DataType>
SPMatrix *SPMatrix<DataType>::TransM1(SPMatrix *A){
    SPMatrix *B;
    int p,q,col;
    B=new SPMatrix;                    //申请存储空间
    B->mu=A->nu;
    B->nu=A->mu;
    B->tu=A->tu;                       //稀疏矩阵的行、列、元素个数
    if(B->tu>0){                       //有非零元素则转换
        q=0;
        for(col=1;col<=A->nu;col++)    //按 A 的列序转换
            for(p=0;p<A->tu;p++)       //扫描整个三元组表
                if(A->data[p].j==col){
                    B->data[q].i=A->data[p].j;
                    B->data[q].j=A->data[p].i;
                    B->data[q].v=A->data[p].v;
                    q++;
                }
    }
    return B;                          //返回的是转置矩阵的指针
}
```

分析该算法，其时间主要耗费在 col 和 p 的二重循环上，所以时间复杂度为 $O(n×t)$

（设 m、n 是原矩阵的行、列，t 是稀疏矩阵的非零元素个数），显然当非零元素的个数 t 和 $m×n$ 同数量级时，算法的时间复杂度为 $O(m×n^2)$，和通常存储方式下矩阵转置算法相比，可能节约了一定量的存储空间，但算法的时间性能更差一些。

算法 5-3 的效率低的原因：算法要从矩阵 A 的三元组表中寻找第 1 列、第 2 列、……，要反复搜索 A 表，若能直接确定矩阵 A 中每一三元组在矩阵 B 中的位置，则对矩阵 A 的三元组表扫描一次即可。这是可以做到的，因为矩阵 A 中第 1 列的第 1 个非零元素一定存储在 B.data[0]，如果还知道第 1 列的非零元素的个数，那么第 2 列的第 1 个非零元素在 B.data 中的位置便等于第 1 列的第 1 个非零元素在 B.data 中的位置加上第 1 列的非零元素的个数，依此类推。因为矩阵 A 中三元组的存放顺序是先行后列，对同一行来说，必定先遇到列号小的元素，这样只需扫描一遍 A.data 即可。

根据这个想法，需引入两个向量来实现：num[n+1]和 cpot[n+1]。num[col]表示矩阵 A 中第 col 列的非零元素的个数（为了方便，均从 1 单元用起），cpot[col]初始值表示矩阵 A 中的第 col 列的第 1 个非零元素在 B.data 中的位置。于是 cpot 的初始值为：

$$cpot[1]=0$$
$$cpot[col]=cpot[col-1]+num[col-1] \quad （2 \leqslant col \leqslant n） \tag{5-15}$$

矩阵 A 的 num 和 cpot 的值如图 5-15 所示。

依次扫描 A.data，当扫描到一个 col 列元素时，直接将其存放在 B.data 的 cpot[col]位置上，cpot[col]加 1，cpot[col]中始终是下一个 col 列元素在 B.data 中的位置。

col	1	2	3	4	5	6
num[col]	2	1	1	2	0	1
cpot[col]	0	2	3	4	6	6

图 5-15　矩阵 A 的 num 与 cpot 值

【算法 5-4】改进的稀疏矩阵转置算法。

```cpp
template<class DataType>
SPMatrix *SPMatrix<DataType>::TransM2(SPMatrix *A){
    SPMatrix *B;
    int i,j,k;
    int num[n+1],cpot[n+1];
    B=new SPMatrix;                    //申请存储空间
    B->mu=A->nu;
    B->nu=A->mu;
    B->tu=A->tu;                       //稀疏矩阵的行、列、元素个数
    if(B->tu>0){                       //有非零元素则转换
        for(i=1;i<=A->nu;i++)
            num[i]=0;
        for(i=0;i<A->tu;i++){          //求矩阵 A 中每一列非零元素的个数
            j=A->data[i].j;
            num[j]++;
        }
        cpot[1]=0;          //求矩阵 A 中每一列第一个非零元素在 B.data 中的位置
        for(i=2;i<=A->nu;i++)
             cpot[i]=cpot[i-1]+num[i-1];
        for(i=0;i<A->tu;i++){          //扫描三元组表
            j=A->data[i].j;            //当前三元组的列号
            k=cpot[j];                 //当前三元组在 B.data 中的位置
            B->data[k].i=A->data[i].j;
```

```
        B->data[k].j=A->data[i].i;
        B->data[k].v=A->data[i].v;
        cpot[j]++;
    }                                    //for i
    }                                    //if  (B->tu>0)
    return B;                            //返回的是转置矩阵的指针
}
```

分析这个算法的时间复杂度：这个算法中有 4 个循环，分别执行 n、t、$n-1$、t 次，在每个循环中，每次迭代的时间是一常量，因此总的计算量是 $O(n+t)$。当然，它所需要的存储空间比前一个算法多了两个向量。

2．稀疏矩阵的乘积

已知稀疏矩阵 $A_{m_1 \times n_1}$ 和 $B_{m_1 \times n_1}$（$n_1=m_2$），求乘积 $C_{m_1 \times n_1}$。

稀疏矩阵 A、B 和 C 及它们对应的三元组表 A.data、B.data、C.data 如图 5-16 所示。

$$A=\begin{bmatrix} 3 & 0 & 0 & 7 \\ 0 & 0 & 0 & -1 \\ 0 & 2 & 0 & 0 \end{bmatrix} \quad B=\begin{bmatrix} 4 & 1 \\ 0 & 0 \\ 1 & -1 \\ 0 & 2 \end{bmatrix} \quad C=\begin{bmatrix} 12 & 17 \\ 0 & -2 \\ 0 & 0 \end{bmatrix}$$

	i	j	v
1	1	1	3
2	1	4	7
3	2	4	-1
4	3	2	2

A.data

	i	j	v
1	1	1	4
2	1	2	1
3	3	1	1
4	3	2	-1
5	4	2	2

B.data

	i	j	v
1	1	1	12
2	1	2	17
3	2	2	-2

C.data

图 5-16　稀疏矩阵 A、B 和 C 及对应的三元组表

由矩阵乘法规则可知

$$C(i,j)=A(i,1)\times B(1,j)+A(i,2)\times B(2,j)+\cdots+A(i,n)\times B(n,j)=\sum_{k=1}^{n}A(i,k)\times B(k,j) \qquad （5-16）$$

这就是说，只有 $A(i,k)$ 与 $B(k,p)$（即 A 矩阵元素的列与 B 矩阵元素的行相等的两项）才有相乘的机会，且当两项都不为零时，乘积中的这一项才不为零。

矩阵用二维数组表示时，传统的矩阵乘法是：矩阵 A 的第 1 行与矩阵 B 的第 1 列对应相乘累加后得到 c_{11}，矩阵 A 的第 1 行再与矩阵 B 的第 2 列对应相乘累加后得到 c_{12}，……因为现在按三元组表存储，三元组表是按行为主序存储的，在 B.data 中，同一行的非零元素其三元组是相邻存放的，同一列的非零元素其三元组并未相邻存放，所以在 B.data 中反复搜索某一列的元素是很费时的，因此改变一下求值的顺序。以求 c_{11} 和 c_{12} 为例，c_{11} 和 c_{12} 的关系如图 5-17 所示。

即 a_{11} 只有可能和矩阵 B 中第 1 行的非零元素相乘，a_{12} 只有可能和矩阵 B 中第 2 行的非零元素相乘……而同一行的非零元素是相邻存放的，所以求 c_{11} 和 c_{12} 同时进行：求 $a_{11}\times b_{11}$ 累加到 c_{11}，求 $a_{11}\times b_{12}$ 累加到 c_{12}，再求 $a_{12}\times b_{21}$ 累加到 c_{11}，再求 a_{12}

×b_{22}累加到c_{12}.……当然，只有a_{ik}和b_{kj}（列号与行号相等）且均不为零（三元组存在）时才相乘，并且累加到c_{ij}当中。

c_{11}	c_{12}	解释
$a_{11} \times b_{11}+$	$a_{11} \times b_{12}+$	a_{11}只与矩阵B中第1行元素相乘
$a_{12} \times b_{21}+$	$a_{12} \times b_{22}+$	a_{12}只与矩阵B中第2行元素相乘
$a_{13} \times b_{31}+$	$a_{13} \times b_{32}+$	a_{13}只与矩阵B中第3行元素相乘
$a_{14} \times b_{41}$	$a_{14} \times b_{42}$	a_{14}只与矩阵B中第4行元素相乘

图 5-17 c11 与 c12 的关系

为了运算方便，设一个累加器：DataType temp[n+1]；用来存放当前行中c_{ij}的值，当前行中所有元素全部算出之后，再存放到 C.data 中去。

为了便于在 B.data 中寻找矩阵 B 中的第 k 行第 1 个非零元素，与前面类似，在此需引入 num 和 rpot 两个向量。num[k]表示矩阵 B 中第 k 行的非零元素的个数；rpot[k]表示第 k 行的第 1 个非零元素在 B.data 中的位置。于是有

$$rpot[1]=0$$
$$rpot[k]=rpot[k-1]+num[k-1] \quad （2 \leqslant k \leqslant n） \quad （5-17）$$

例如，矩阵 B 的 num 和 rpot 值如图 5-18 所示。

根据以上分析，稀疏矩阵的乘法运算的粗略步骤如下：

① 初始化。清理一些单元，准备按行顺序存放乘积矩阵。

col	1	2	3	4
num[col]	2	0	2	1
rpot[col]	0	2	2	4

图 5-18 矩阵 B 的 num 与 rpot 值

② 求矩阵 B 的 num、rpot 值。

③ 做矩阵乘法。将 A.data 中三元组的列值与 B.data 中三元组的行值相等的非零元素相乘，并将具有相同下标的乘积元素相加。

【算法 5-5】稀疏矩阵的乘积算法。

```
template<class DataType>
SPMatrix *SPMatrix<DataType>::MulSMatrix (SPMatrix *A,SPMatrix *B){
    //稀疏矩阵 A(m1×n1)和 B(m2×n2) 用三元组表存储，求 A×B
    SPMatrix  *C;                      //乘积矩阵的指针
    int p,q,i,j,k,r;
    DataType temp[n+1];
    int num[B->mu+1],rpot[B->mu+1];
    if(A->nu!=B->mu)
        return NULL;                  //A 的列与 B 的行不相等，错误,返回空指针
    C=new SPMatrix;                    //申请 C 矩阵的存储空间
    C->mu=A->mu;
    C->nu=B->nu;
    if(A->tu*B->tu==0){
        C->tu=0;
        return C;                     //A、B 均为零矩阵，C 亦为零矩阵
    }
    for(i=1;i<=B->mu;i++)
```

```
        num[i]=0;                         //求矩阵 B 中每一行非零元素的个数
    for(k=1;k<=B->tu;k++){
        i=B->data[k].i;
        num[i]++;
    }
    rpot[1]=0;                            //求矩阵 B 中每一行第一个非零元素在
                                          //B.data 中的位置

    for(i=2;i<=B->mu;i++)
        rpot[i]=rpot[i-1]+num[i-1];
    r=0;                                  //当前 C 中非零元素的个数
    p=0;                                  //指示 A.data 中当前非零元素的位置
    for(i=1;i<=A->mu;i++){
        for(j=1;j<=B->nu;j++)
            temp[j]=0;                    //cij 的累加器初始化
        while(A->data[p].i==i){           //求第 i 行的各元素值
            k=A->data[p].j;               //A 中当前非零元素的列号
            if(k<B->mu)
                t=rpot[k+1];
            else
                t=B->tu+1;      //确定 B 中第 k 行的非零元素在 B.data 中的下限位置
            for(q=rpot[k];q<t;q++;){      //B 中第 k 行的每一个非零元素
                j=B->data[q].j;
                temp[j]+=A->data[p].v*B->data[q].v;
            }
            p++;
        }//while
        for(j=1;j<=B->nu;j++)
        if(temp[j]){
            C->data[r]={i,j,temp[j]};
            r++;
        }
    }//for i
    C->tu=r;
    return C;
}
```

分析上述算法的时间复杂度：求 num 的时间复杂度为 $O(B\text{->}nu+B\text{->}tu)$；求 rpot 的时间复杂度为 $O(B\text{->}mu)$；求 temp 的时间复杂度为 $O(A\text{->}mu \times B\text{->}nu)$；求 C 的所有非零元素的时间复杂度为 $O(A\text{->}tu \times B\text{->}tu/B\text{->}mu)$；压缩存储的时间复杂度为 $O(A\text{->}mu \times B\text{->}nu)$。所以，总的时间复杂度为 $O(A\text{->}mu \times B\text{->}nu+(A\text{->}tu \times B\text{->}tu)/B\text{->}nu)$。

5.3.2 稀疏矩阵的十字链表存储

三元组表可以看作稀疏矩阵的顺序存储，但对于有些操作如加法、乘法时，非零项数目及非零元素的位置会发生变化，这种表示方法可能不便。本节将介绍稀疏矩阵的一种链式存储结构——十字链表，它具备链式存储的特点。在某些情况下，采用十字链表表示稀疏矩阵更为合适。

图 5-19 是一个稀疏矩阵的十字链表示意图。

用十字链表表示稀疏矩阵的基本思想：将每个非零元素存储为一个结点，结点由

5 个域组成，其结构如图 5-19 (b)所示，其中 row 域存储非零元素的行号，col 域存储非零元素的列号，v 域存储本元素的值，right、down 是两个指针域。

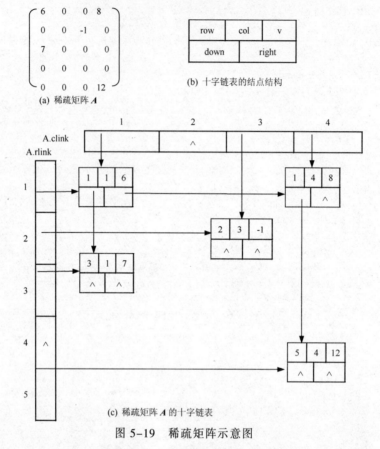

(a) 稀疏矩阵 **A**

(b) 十字链表的结点结构

(c) 稀疏矩阵 **A** 的十字链表

图 5-19　稀疏矩阵示意图

稀疏矩阵中每一行的非零元素结点按其列号从小到大顺序由 right 域链成一个单链表，同样每一列中的非零元素按其行号从小到大顺序由 down 域也链成一个单链表。即每个非零元素 a_{ij} 既是第 i 行链表中的一个结点，又是第 j 列链表中的一个结点，这样整个矩阵就构成了一个十字交叉的链表，因此称其为"十字链表"。将所有行链表的头指针组成一个指针数组 rlink，将所有列链表的头指针组成一个指针数组 clink。采用这种方法，图 5-19 (a)所示的稀疏矩阵就可以表示为图 5-19 (c)所示的十字链表。

综上所述，十字链表结点的类型定义如下：

```
template<class DataType>
struct MNode{
    int  row, col;
    DataType  v;
    struct MNode  *down , *right;
};
```

基于 MNode，十字链表类型可定义为：

```
class CrossLink{
    private:
        int mu, nu, tu;              //存储矩阵的行、列及非零元素个数
```

```
        MNode *rlink[MAXROW]        //rlink[i]存放第i行的头指针
        MNode *clink[MAXCOL];       //clink[i]存放第i列的头指针
    public:
        CrossLink();
        ~CrossLink();
        CrossLink *AddCrossLink(CrossLink *HA, CrossLink *HB);
        ...
    };
```

这里下面完成两个算法：创建一个稀疏矩阵的十字链表的算法和用十字链表表示的两个稀疏矩阵的相加的算法。

（1）建立稀疏矩阵 A 的十字链表

算法的设计思想：首先输入稀疏矩阵的行数、列数、非零项的数目，然后建立和初始化行指针数组和列指针数组。接下来逐个输入表示非零元的三元组（i,j,a_{ij}），并将每个结点按其列号的大小插入到第 i 个行链表中，同时也按其行号的大小将该结点插入到第 j 个列链表中。

建立稀疏矩阵的十字链表算法如下：

【算法 5-6】建立稀疏矩阵的十字链表。

```
CrossLink *CrossLink <DataType>:: CrossLink ( ) {
    //创建十字链表存储的稀疏矩阵
    CrossLink *H;
    MNode *p, *q;
    int i, j, v;
    H=( CrossLink *)malloc(sizeof(CrossLink));
    scanf("%d, %d, %d", H->mu, H->nu, H->tu);      //读入矩阵的行、列及非零元
                                                   //素个数
    for(k=1; k<= H->mu; k++)
        H->rlink[k]=NULL;                          //初始化行指针数组
    for(k=1; k<= H->nu; k++)
        H->clink[k]=NULL;                          //初始化列指针数组
    for(k=1; k<= H->tu; k++){
        scanf("%d, %d, %d", i, j, v);              //读入一个三元组,设元素的值为int
        p=(MNode *)malloc(sizeof(MNode));          //申请十字链表的结点
        p->row=i ; p->col=j; p->v=v;               //填装信息
            //以下是将*p插入到行链表中去，且按列号有序
        q= H->rlink[i];
        if (q==NULL|| q->col>j){
            p->right=q; H->rlink[i]=p;             //插入的*p为第1个结点
            }
        else {//寻找*p在第i行的位置
                while(q->right&&q->right->col)<j)
                    q=q->right;
                p->right=q->right; q->right=p;     //完成*p在行链上的插入
            }
        //以下是将*p插入到列链表中去，且按行号有序
        q= H->clink[j];
        if (q==NULL|| q->row<i) {
            H->clink[i]=p; p->down==NULL;          //插入*p为第1个结点
            }
        else {                                     //寻找*p在第i行的位置
                while(q->down&&(q->down->row)<i)
```

```
                       q=q->down;
                       p->down=q->down; q->down=p;        //完成*p在列链上的插入
                   }
            }
       return(H);
    }
```

以上算法中，由于每个结点插入时都要在行链表和列链表中寻找插入位置，所以插入每个结点到相应的行链表和列链表的总的时间复杂度为 $O(tu*s)$，$s=max(mu,nu)$。该算法对三元组的输入顺序没有要求。如果输入三元组时按以行为主序（或列）输入，则每次将新结点插入到链表的尾部，可以将建立十字链表的算法改进为时间复杂度为 $O(tu)$ 数量级的。

（2）两个十字链表表示的稀疏矩阵的加法

已知十字链表存储的两个稀疏矩阵 A 和 B，要求生成同样采用十字链表方式存储的稀疏矩阵 C，其中 $C=A+B$。

由矩阵的加法规则知，只有 A 和 B 行列对应相等，二者才能相加。因而 C 中的非零元素 c_{ij} 只可能有 3 种情况：

$$c_{ij}=\begin{cases} a_{ij} & 当\ b_{ij}=0 \\ b_{ij} & 当\ a_{ij}=0 \\ a_{ij}+b_{ij} & 当\ a_{ij}\neq 0\ 且\ b_{ij}\neq 0 \end{cases}$$

整个运算从矩阵的第一行起逐行进行。对每一行都从行链表的头指针开始，分别找到 A 和 B 在该行中的第一个非零元素结点后开始比较，然后按不同情况分别处理。设 pa 和 pb 分别指向 A 和 B 的十字链表中行号相同的两个结点，生成 C 中结点 pc 的 3 种情况可表示如下：

① 若 pa->col<pb->col 或者 pb==NULL，则 pc->v=pa->v，pa 指针向右推进。

② 若 pa->col>pb->col 或者 pa==NULL，则 pc->v=pb->v，pb 指针向右推进。

③ 若 pa->col==pb->col 且 pa->v+pb->v≠0，则 pc->v=pa->v+pb->v，pa 和 pb 指针都向右推进。

新生成结点 pc 不仅要插入到十字链表 C 的行链表中，还要考虑其在列链表中的插入。为了方便在链表尾的插入，为每一个行链表及每一个列链表设置尾指针，构成行尾指针数组 rl_rear[] 和列尾指针数组 cl_rear[]。

十字链表表示的稀疏矩阵相加算法具体实现如下：

【算法 5-7】十字链表表示的稀疏矩阵相加算法。

```
CrossLink *CrossLink <DataType>:: AddCrossLink (CrossLink *HA,
                                                CrossLink *HB){
  CrossLink *HC;
  MNode*pa, *pb, *pc;
  MNode*rl_rear [m+1], *cl_rear [n+1];              //行、列尾指针数组
  int i,k;
  if (HA->mu!=HB->mu||HA->nu!=HB->nu)
    return NULL;
  HC=(CrossLink *)malloc(sizeof(CrossLink ));
  HC->mu=HA->mu; HC->nu=HA->nu;
  for(k=1; k<=HC->mu; k++)
    HC->rlink[k]=NULL;                              //初始化 HC 行指针数组
```

```
for(k=1; k<=HC->nu; k++)
  HC->clink[k]=NULL;//初始化 HC 列指针数组
for(k=1; k<= HC->mu; k++)
  rl_rear[k]=HC->rlink[k];                //初始化行链尾指针数组
for(k=1; k<= HC->nu; k++)
  cl_rear[k]=HC->clink[k];                //初始化列链尾指针数组
for(i=1; i<= HC->mu; i++){                //按行进行加法运算
  pa=HA->rlink[i]; pb=HB->rlink[i]; //pa、pb 分别指向 A、B 中第一个非零元
  while(pa||pb) {                         //当前行未处理完时
      if (pa && pb && pa->col==pb->col && pa->v+pb->v==0) {
          pa=pa->right;
          pb=pb->right;
      } // 若 pa、pb 的列号相等且元素的和为 0
      else {pc=(MNode *)malloc(sizeof(MNode));  // 生成 C 中结点 pc
          pc->row=i;                       // pc 的行号
          pc->right=NULL;
          pc->down=NULL;     //初始化 pc 的 right、down
                                           // 指针
      if (pa->col<pb->col ||
          pb==NULL) {                       // 第一种情况
          pc->col=pa->col;
          pc->v=pav>v;
          pa=pa->right;
      }
      else if (pa->col>pb->col || pa==NULL) {    // 第二种情况
              pc->col=pb->col;
              pc->v= pb->v;
              pb=pb->right;
          }
          else {pc->col=pa->col;
              pc->v=pa->v+pb->v;                // 第三种情况
              pa=pa->right;
              pb=pb->right;
              }
          }
      if (HC->rlink[i]==NULL){              //将*pc 插入到 HC 的行链表中
          HC->rlink[i]=pc;
          rl_rear[i]=pc;
          }
      else {rl_rear[i]->right=pc;
          rl_rear[i]=pc;}
      if (HC->clink[pc->col]==NULL)         //将*pc 插入到 HC 的列链表中
          { HC->clink[pc->col]=pc;
          } cl_rear[pc->col]=pc;
      else { rl_rear[pc->col]->down=pc;
          rl_rear[pc->col]=pc;
          }
      }
  }
return(HC);
}
```

整个算法的主要过程是对 **A** 和 **B** 的十字链表逐行进行扫描，其时间性能主要取决于 **A** 和 **B** 中非零元的数目，因此算法的时间复杂度为 $O(HA \to tu + HB \to tu)$。

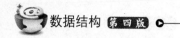

5.4 广 义 表

顾名思义，广义表是线性表的推广，也有人称其为列表（Lists，用复数形式表示与统称的表 List 的区别）。

5.4.1 广义表的定义和基本运算

1. 广义表的定义

线性表是由 n 个数据元素组成的有限序列，其中每个组成元素被限定为单元素。有时这种限制需要拓宽，例如，中国举办的某体育项目国际邀请赛，参赛队清单可采用如下的表示形式。

（俄罗斯,巴西,(国家,河北,四川),古巴,美国,(),日本）

在这个拓宽了的线性表中，韩国队应排在美国队的后面，但由于某种原因未参加，成为空表。国家队、河北队、四川队均作为东道主的参赛队参加，构成一个小的线性表，成为原线性表的一个数据项。这种拓宽了的线性表就是广义表。

广义表是 n（$n \geq 0$）个数据元素 $a_1, a_2, \cdots, a_i, \cdots, a_n$ 的有序序列，一般记作

$$ls = (a_1, a_2, \cdots, a_i, \cdots, a_n) \tag{5-18}$$

其中，ls 是广义表的名称，n 是它的长度，a_i（$1 \leq i \leq n$）是 ls 的成员，它可以是单个元素，也可以是一个广义表，分别称为广义表 ls 的单元素和子表。当广义表 ls 非空时，称第一个元素 a_1 为 ls 的表头（head），称其余元素组成的表$(a_2, \cdots, a_i, \cdots, a_n)$为 ls 的表尾（tail）。

显然，广义表的定义是递归的。

为书写清楚，通常用大写字母表示广义表，用小写字母表示单个数据元素，广义表用括号括起来，括号内的数据元素用逗号分隔开。下面是一些广义表的例子。

```
A=()
B=(e)
C=(a,(b,c,d))
D=(A,B,C)
E=(a,E)
F=(())
```

2. 广义表的性质

从上述广义表的定义和例子可以得到广义表的下列重要性质：

① 广义表是一种多层次的数据结构。广义表的元素可以是单元素，也可以是子表，而子表的元素还可以是子表……

② 广义表可以是递归的表。广义表的定义并没有限制元素的递归，即广义表也可以是其自身的子表。例如，表 E 就是一个递归的表。

③ 广义表可以为其他表所共享。例如，表 A、表 B、表 C 是表 D 的共享子表。在表 D 中可以不必列出子表的值，而用子表的名称来引用。

广义表的上述特性对于它的使用价值和应用效果起到了很大的作用。

广义表可以看成是线性表的推广，线性表是广义表的特例。广义表的结构相当灵

活，在某种前提下，它可以兼容线性表、数组、树和有向图等各种常用的数据结构。

当二维数组的每行（或每列）作为子表处理时，二维数组即为一个广义表。

另外，树和有向图也可以用广义表来表示。

广义表不仅集中了线性表、数组、树和有向图等常见数据结构的特点，而且可有效地利用存储空间，因此在计算机的许多应用领域都有成功使用广义表的实例。

3. 广义表的基本运算

广义表有两个重要的基本操作，即取头操作（Head）和取尾操作（Tail）。

根据广义表的表头、表尾的定义可知，对于任意一个非空的列表，其表头可能是单元素也可能是列表，而表尾必为列表。例如：

```
Head(B)=e;Tail(B)=()
Head(C)=a;Tail(C)=((b,c,d))
Head(D)=A;Tail(D)=(B,C)
Head(E)=a;Tail(E)=(E)
Head(F)=();Tail(F)=()
```

此外，在广义表上可以定义与线性表类似的一些操作，如建立、插入、删除、拆开、连接、复制、遍历等。

① CreateLists(ls)：根据广义表的书写形式创建一个广义表 ls。

② IsEmpty(ls)：若广义表 ls 空，则返回 1；否则返回 0。

③ Length(ls)：求广义表 ls 的长度。

④ Depth(ls)：求广义表 ls 的深度。

⑤ Locate(ls,x)：在广义表 ls 中查找数据元素 x。

⑥ Merge(ls1,ls2)：以 ls1 为头、ls2 为尾建立广义表。

⑦ CopyGList(ls1,ls2)：复制广义表，即按 ls1 建立广义表 ls2。

⑧ Head(ls)：返回广义表 ls 的头部。

⑨ Tail(ls)：返回广义表的尾部。

……

5.4.2 广义表的存储

由于广义表中的数据元素可以具有不同的结构，因此难以用顺序的存储结构来表示；而链式的存储结构分配较为灵活，易于解决广义表的共享与递归问题，所以通常都采用链式存储结构来存储广义表。在这种表示方式下，每个数据元素可用一个结点来表示。

按结点形式的不同，广义表的链式存储结构又可以分为两种不同的存储方式：一种称为头尾表示法；另一种称为孩子兄弟表示法。

1. 头尾表示法

若广义表不为空，则可分解成表头和表尾；反之，一对确定的表头和表尾可唯一地确定一个广义表。头尾表示法就是根据这一性质设计而成的一种存储方法。

由于广义表中的数据元素既可能是列表也可能是单元素，相应地在头尾表示法中结点的结构形式也有两种：一种是表结点，用以表示列表；另一种是元素结点，用以表示单元素。在表结点中应该包括一个指向表头的指针和指向表尾的指针，而在元素结点中应该包括所表示单元素的元素值。为区分这两类结点，在结点中设置一个标志域，如果标志为 1，则表示该结点为表结点；如果标志为 0，则表示该结点为元素结点。定义如下：

```
template<class DataType>
typedef  enum{ATOM,LIST} Elemtag;          //ATOM=0: 单元素；LIST=1: 子表
class  GLNode{
    private:
        Elemtag  tag;                      //标志域，用于区分元素结点和表结点
        union{                             //元素结点和表结点的共用部分
            DataType  data;                //data 是元素结点的值域
            struct{
                struct GLNode *hp,*tp;
            }ptr;  //ptr 是表结点的指针域，ptr.hp 和 ptr.tp 分别指向表头和表尾
        };
    Public:
        GLNode *Head(GLNode *ls);          //取广义表的表头
        GLNode *Tail(GLNode *ls);          //取广义表的表尾
        int Create(GLNode **ls,char *s);   //建立广义表的存储结构
        int Merge(GLNode *ls1, GLNode *ls2, GLNode *ls);
                                           //以表头、表尾建立广义表
        int Depth(GLNode *ls);             //求广义表的深度
        int CopyGList(GLNode **ls1, GLNode **ls2);//复制广义表
        ...
};
```

头尾表示法的结点形式如图 5-20 所示。

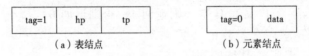

（a）表结点　　　　　　　　　（b）元素结点

图 5-20　头尾表示法的结点形式

对于 5.4.1 节中所列举的广义表 A、B、C、D、E、F，若采用头尾表示法的存储方式，其存储结构如图 5-21 所示。

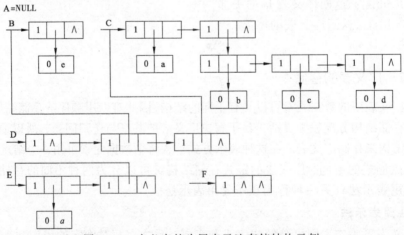

图 5-21　广义表的头尾表示法存储结构示例

从上述存储结构示例中可以看出，采用头尾表示法容易分清列表中单元素或子表所在的层次。例如，在广义表 D 中，单元素 a 和 e 在同一层次上，而单元素 b、c、d 在同一层次上且比 a 和 e 低一层，子表 B 和 C 在同一层次上。另外，最高层的表结点的个数即为广义表的长度。例如，在广义表 D 的最高层有 3 个表结点，其广义表的长度为 3。

2. 孩子兄弟表示法

广义表的另一种表示法称为孩子兄弟表示法。在孩子兄弟表示法中，也有两种结点形式：一种是有孩子结点，用以表示列表；另一种是无孩子结点，用以表示单元素。在有孩子结点中包括一个指向第一个孩子（长子）的指针和一个指向兄弟的指针；而在无孩子结点中包括一个指向兄弟的指针和该元素的元素值。为了能区分这两类结点，在结点中还要设置一个标志域。如果标志为 1，则表示该结点为有孩子结点；如果标志为 0，则表示该结点为无孩子结点。其形式定义说明如下：

```
template<class DataType>
typedef enum{ATOM,LIST}Elemtag;        //ATOM=0: 单元素; LIST=1: 子表
class GLENode{
    private:
        Elemtag tag;                   //标志域，用于区分元素结点和表结点
        union{                         //元素结点和表结点的共用部分
            DataType  data;            //元素结点的值域
            struct GLENode *hp;        //表结点的表头指针
        };
        struct GLENode *tp;            //指向下一个结点
    public:
        GLENode *Head(GLENode *ls);    //取广义表的表头
        GLENode *Tail(GLENode *ls);    //取广义表的表尾
        int Create(GLENode **ls,char *s);  //建立广义表的存储结构
        int Depth(GLENode *ls);        //求广义表的深度
        ...
}*EGList;                              //广义表类型
```

孩子兄弟表示法的结点形式如图 5-22 所示。

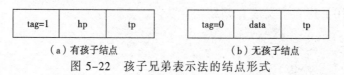

（a）有孩子结点　　　　　　　（b）无孩子结点

图 5-22　孩子兄弟表示法的结点形式

对于 5-4-1 节中所列举的广义表 A、B、C、D、E、F，若采用孩子兄弟表示法，其存储结构如图 5-23 所示。从图 5-25 的存储结构示例中可以看出，采用孩子兄弟表示法时，表达式中的左括号 "(" 对应存储表示中的 tag=1 的结点，且最高层结点的 tp 域必为 NULL。

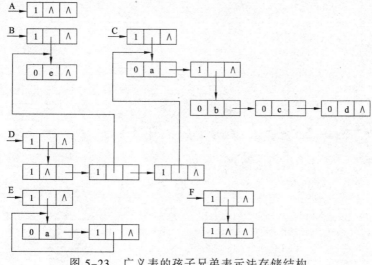

图 5-23　广义表的孩子兄弟表示法存储结构

5.4.3　广义表基本操作的实现

本节以头尾表示法存储广义表，讨论广义表有关操作的实现。由于广义表的定义是递归的，因此相应的算法一般也都是递归的。

1. 广义表的取头、取尾

【算法 5-8】广义表的取头算法。

```
GLNode *GLNode<DataType>::Head(GLNode *ls){
    GLNode **p;
    p=NULL;
    if(ls->tag)
        p=ls->hp;              //如果表头元素不为空，指针 p 指向表头元素结点
    return p;
}
```

【算法 5-9】广义表的取尾算法。

```
GLNode **GLNode<DataType>::Tail(GLNode *ls){
    GLNode **p;
    p=NULL;
    if(ls->tag)
        p=ls->tp;              //如果表尾不为空，指针 p 指向表尾列表
    return p;
}
```

2. 建立广义表的存储结构

【算法 5-10】建立广义表存储结构算法。

```
int *GLNode<DataType>::Create(GLNode **ls,char *s){
    GLNode *p,*q;
    char *sub;
    if(StrEmpty(s))
        *ls=NULL;             //如果 s 为空串，置为空表
    else{
        (*ls)=new GLNode;    //申请存储空间
    if(!(*ls))
        return -1;           //没有存储空间，返回错误代码-1
    if(StrLength(s)==1){
        (*ls)->tag=0;
        (*ls)->data=s;
    }                        //建立无孩子结点
    else{
        (*ls)->tag=1;
        p=*ls;
        hsub=SubStr(s,2,StrLength(s)-2);
        do{
            sever(sub,hsub);
            Create(&(p->ptr.hp),sub);
            q=p;
            if(!StrEmpty(sub)){
                p=new GLNode;
                if(!p)
                    return -1;
```

```
                        p->tag=1;
                        q->ptr.tp=p;
                    }
            }while(!StrEmpty(sub));
            q->ptr.tp=NULL;
        }
    }
    return 1;
}

int sever(char *str,char *hstr){
    int i,k,n;
    char ch;
    n=StrLength(str);
    i=1;
    k=0;
    for(i=1,k=0;i<=n||k!=0;i++){
        ch=SubStr(str,i,1);
        if(ch=='(')
            k++;
        else
            if(ch==')')
                k--;
    }
    if(i<=n){
        hstr=SubStr(str,1,i-2);
        str=SubStr(str,i,n-i+1);
    }
    else{
        StrCopy(hstr,str);
        ClearStr(str);
    }
}
```

3. 以表头、表尾建立广义表

【算法 5-11】以表头、表尾建立广义表算法。

```
    int *GLNode<DataType>::Merge(GLNode *ls1, GLNode *ls2, GLNode **ls){
        (*ls)=new GLNode;
        if(!(*ls))
            return 0;                //没有存储空间，返回错误代码0
    (*ls)->tag=1;
    (*ls)->hp=ls1;
    (*ls)->tp=ls2;
    return 1;                        //完成广义表建立，返回成功代码1
}
```

4. 求广义表的深度

【算法 5-12】求广义表的深度算法。

```
int *GLNode<DataType>::Depth(GLNode *ls){
    int dep,max;
    Glist p;
```

```
    if(!ls)
        return 1;                    //空表深度为1
    if(ls->tag==0)
        return 0;                    //单元素深度为0
    for(max=0,p=ls;p;p=p->ptr.tp){
        dep=Depth(p->ptr.hp);        //求以 p->ptr.hp 为头指针的子表深度
        if(dep>max)
            max=dep;
    }
    return max+1;                    //非空表的深度是各元素的深度的最大值加1
}
```

5. 复制广义表

【算法 5-13】 复制广义表算法。

```
int *GLNode<DataType>::CopyGList(GLNode *ls1, GLNode **ls2){
    if (!ls1)
        (*ls2)=NULL;                 //复制空表
    else{
        (*ls2)=new GLNode;
        if(!(*ls2))
            return 0;                //建表结点
        (*ls2)->tag=ls1->tag;
        if(ls1->tag==0)
            (*ls2)->data=ls1->data;  //复制单元素
        else{
            CopyGList(&((*ls2)->ptr.hp),ls1->ptr.hp);
                                     //复制广义表 ls1->ptr.hp 的一个副本
            CopyGList(&((*ls2)->ptr.tp),ls1->ptr.tp);
                                     //复制广义表 ls1->ptr.tp 的一个副本
        }
    }
    return 1;
}
```

小　结

　　数组可以看作线性表的推广。数组是一组相同数据类型的数据元素的集合，数组元素在数组中的位置通常称为数组的下标，通过数组元素的下标，可以找到存放该元素的存储地址，从而可以访问该数组元素的值。数组下标的个数就是数组的维数，有一个下标是一维数组，有两个下标就是二维数组，依此类推，有两个或两个以上下标称为多维数组。

　　对于一个矩阵结构用一个二维数组来表示是非常合适的，但有些特殊的矩阵为了节约存储空间必须要采用压缩存储的方法。

　　对称矩阵可以使用一维向量，只存储上三角部分或下三角部分的方法。

　　对于对称矩阵中的任意元素 a_{ij}，若令 $I=\max(i,j)$，$J=\min(i,j)$，则 $k=I\times(I-1)/2+J-1$。类似于对称矩阵采用一维向量进行存储的方法。

　　下三角矩阵 $SA[k]$ 与 a_{ij} 的对应关系为

$$k= \begin{cases} i\times(i-1)/2+j-1 & (i \geqslant j) \\ n\times(n+1)/2 & (i<j) \end{cases}$$

上三角矩阵 SA[k] 与 a_{ij} 的对应关系为

$$k= \begin{cases} (i-1)\times(2n-i+2)/2+j-i & (i \leqslant j) \\ n\times(n+1)/2 & (i>j) \end{cases}$$

带状矩阵采用二维向量压缩存储的映射关系为

$$i'=i$$

$$j'= \begin{cases} j & (i \leqslant m) \\ j-i+m & (i>m) \end{cases}$$

带状矩阵如采用一维向量进行压缩存储，要按其压缩规律，找到相应的映像函数。

稀疏矩阵是非零元素的个数远远小于零元素个数的一种矩阵。采用二维数组存储稀疏矩阵既浪费存储空间又浪费计算时间，是不可取的。若把稀疏矩阵中的所有非零元素先按照行号排列，行号相同的再按照列号的次序进行排列，可得到一个相应的线性表，表中的每个元素含有行号、列号和元素值 3 个域。存储稀疏矩阵就是存储它的三元组表。

三元组表可以看作稀疏矩阵顺序存储，还能够以十字链表的方式进行存储。用十字链表表示稀疏矩阵的基本思想：将每个非零元素存储为一个结点，结点由 5 个域组成，其结构如图 5-19 所示。其中，row 域存储非零元素的行号，col 域存储非零元素的列号，v 域存储本元素的值，right、down 是两个指针域。

广义表是线性表的嵌套结构，即每个元素仍可以是一个表。广义表所含元素的个数称为广义表的长度，嵌套的最大层数称为广义表的深度。广义表是递归结构，因此对广义表的各种运算也都采用递归算法。

习 题

一、选择题

1. 二维数组 M 的成员是 6 个字符（每个字符占一个存储单元）组成的串，行下标 i 的范围从 0 到 8，列下标 j 的范围从 1 到 10，则存放 M 至少需要（1）个字节；M 的第 8 列和第 5 行共占（2）个字节；若 M 按行优先方式存储，元素 M[8][5] 的起始地址与当 M 按列优先方式存储时的（3）元素的起始地址一致。

（1）A. 90　　　　　B. 180　　　　　C. 240　　　　　D. 540

（2）A. 108　　　　　B. 114　　　　　C. 54　　　　　D. 60

（3）A. M[8][5]　　　B. M[3][10]　　　C. M[5][8]　　　D. M[0][9]

2. 数组 A 中，每个元素的存储占 3 个单元，行下标 i 从 1 到 8，列下标 j 从 1 到 10，从首地址 SA 开始连续存放在存储器内，存放该数组至少需要的单元个数是（1），若该数组按行存放，元素 A[8][5] 的起始地址是（2），若该数组按列存放，元素 A[8][5] 的起始地址是（3）。

（1）A. 80　　　　　B. 100　　　　　C. 240　　　　　D. 270

（2）A. SA+141　　　B. SA+144　　　C. SA+222　　　D. SA+225

（3）A. SA+141　　　B. SA+180　　　C. SA+117　　　D. SA+225

3. 稀疏矩阵采用压缩存储，一般有（　　）两种方法。

  A. 二维数组和三维数组　　　　　　 B. 三元组和散列

  C. 三元组表和十字链表　　　　　　 D. 散列和十字链表

二、简答题

1. 假设按行优先存储整数数组 $A[9][3][5][8]$时，第一个元素的字节地址是 100，每个整数占 4 个字节。问下列元素的存储地址是什么？

  (1)$a0000$　　　　　　(2)$a1111$　　　　　　(3)$a3125$　　　　　　(4)$a8247$

2. 设有 $n \times n$ 的带宽为 3 的带状矩阵 A，将其 3 条对角线上的元素存于数组 $B[3][n]$ 中，使得元素 $B[u][v]=a_{ij}$，试推导出从 (i,j) 到 (u,v) 的下标变换公式。

3. 现有如下的稀疏矩阵 A，要求画出以下各种表示方法。

（1）三元组表表示法。

（2）十字链表法。

$$\begin{pmatrix} 0 & 0 & 0 & 22 & 0 & -15 \\ 0 & 13 & 3 & 0 & 0 & 0 \\ 0 & 0 & 0 & -6 & 0 & 0 \\ 0 & 0 & 0 & 0 & 0 & 0 \\ 91 & 0 & 0 & 0 & 0 & 0 \\ 0 & 0 & 28 & 0 & 0 & 0 \end{pmatrix}$$

4. 画出下列广义表的头尾表示存储结构示意图。

（1）A=((a,b,c),d,(a,b,c))

（2）B=(a,(b,(c,d),e),f)

三、算法设计题

1. 对于二维数组 $A[m][n]$，其中 $m \leqslant 80$，$n \leqslant 80$，先读入 m、n，然后读该数组的全部元素，对如下 3 种情况分别编写相应算法：

（1）求数组 A 靠边元素之和。

（2）求从 $A[0][0]$开始的互不相邻的各元素之和。

（3）当 $m=n$ 时，分别求两条对角线的元素之和，否则打印 $m!=n$ 的信息。

2. 有数组 $A[4][4]$，把 1～16 个整数分别按顺序放入 $A[0][0]\cdots A[0][3]$，$A[1][0]\cdots A[1][3]$，$A[2][0]\cdots A[2][3]$，$A[3][0]\cdots A[3][3]$中，编写一个算法获取数据并求出两条对角线元素的乘积。

3. 假设稀疏矩阵 A 和 B（具有相同的大小 $m \times n$）都采用三元组表存储，编写一个算法计算 $C=A+B$，要求 C 也采用三元组表存储。

4. 假设稀疏矩阵 A 和 B（分别为 $m \times n$ 和 $n \times 1$ 矩阵）采用三元组表存储，编写一个算法计算 $C=A \times B$，要求 C 也是采用稀疏矩阵的三元组表存储。

5. 已知 A 和 B 为两个 $n \times n$ 阶的对称矩阵，输入时，对称矩阵只输入下三角形元素，按压缩存储方法存入一维数组 A 和 B 中，编写一个计算对称矩阵 A 和 B 乘积的算法。

6. 假设 L 为非递归并且不带共享子表的广义表，设计一个复制广义表 L 的算法。

第 6 章

二 叉 树 ‹‹‹

重点与难点：

- 二叉树的概念、性质及其证明。
- 二叉树的存储实现及基本运算。
- 二叉树的递归遍历、非递归遍历、层次遍历的思想及算法实现。
- 基于二叉树遍历解决实际问题的方法。
- 线索二叉树的特点及算法。
- 哈夫曼树、哈夫曼编码。

前面几章讨论的数据结构都属于线性结构，线性结构的特点是逻辑结构简单，易于进行查找、插入和删除等操作，其主要用于对客观世界中具有单一的前驱和后继的数据关系进行描述。而现实中的许多事物的关系并非如此简单，例如，人类社会的族谱、各种社会组织机构及城市交通、通信等，这些事物中的联系都是非线性的，采用非线性结构进行描述会更明确和便利。

所谓非线性结构是指：在该结构中至少存在一个数据元素，有两个或两个以上的直接前驱（或直接后继）元素。树形结构和图形结构就是其中十分重要的非线性结构，可以用来描述客观世界中广泛存在的层次结构和网状结构的关系（如前面提到的族谱、城市交通等）。在本书的第 6 章 ~ 第 8 章将重点讨论这两类非线性结构的有关概念、存储结构、在各种存储结构上所实施的一些运算及有关的应用实例。

本章首先介绍树形结构中最简单、应用十分广泛的二叉树结构，第 7 章对具有更一般意义的树结构进行讨论。

6.1 二叉树的定义与性质

二叉树是树形结构的一个重要类型，许多实际问题抽象出来的数据结构往往是二叉树的形式，即使是一般的树也能方便地转换为二叉树，而且二叉树的存储结构及其算法都较为简单，因此，二叉树显得特别重要。

6.1.1 二叉树的基本概念

1. 二叉树的定义

二叉树是有限个元素的集合，该集合或者为空，或者由一个称为根（root）的元素及两个不相交的、被分别称为左子树和右子树的二叉树组成。当集合为空时，称该二叉树为空二叉树。在二叉树中，一个元素也称作一个结点。

二叉树是有序的，即若将其左、右子树颠倒，就成为另一棵不同的二叉树；即使树中结点只有一棵子树，也要区分它是左子树还是右子树。因此，二叉树具有 5 种基本形态，如图 6-1 所示。

图 6-1　二叉树的 5 种基本形态

2．二叉树的相关概念

① 结点的度：结点所拥有的子树的个数称为该结点的度。

② 叶结点：度为 0 的结点称为叶结点，或者称为终端结点。

③ 分支结点：度不为 0 的结点称为分支结点，或者称为非终端结点。一棵树的结点除叶结点外，其余的都是分支结点。

④ 左孩子、右孩子、双亲、兄弟：树中一个结点的子树的根结点称为这个结点的孩子。在二叉树中，左子树的根称为左孩子，右子树的根称为右孩子。这个结点称为它孩子结点的双亲。具有同一个双亲的孩子结点互称为兄弟。

⑤ 路径、路径长度：如果一棵树的一串结点 $n_1, n_2, \cdots, n_k$ 有如下关系：结点 n_i 是 n_i+1 的父结点（$1 \leqslant i < k$），就把 $n_1, n_2, \cdots, n_k$ 称为一条由 $n_1 \sim n_k$ 的路径。这条路径的长度是 $k-1$。

⑥ 祖先、子孙：在树中，如果有一条路径从结点 M 到结点 N，那么 M 就称为 N 的祖先，而 N 称为 M 的子孙。

⑦ 结点的层数：规定树的根结点的层数为 1，其余结点的层数等于它的双亲结点的层数加 1。

⑧ 树的深度：树中所有结点的最大层数称为树的深度。

⑨ 树的度：树中各结点度的最大值称为该树的度。

⑩ 满二叉树：在一棵二叉树中，如果所有分支结点都存在左子树和右子树，并且所有叶子结点都在同一层上，这样的一棵二叉树称作满二叉树，如图 6-2（a）所示。若所有结点要么是含有左、右子树的分支结点，要么是叶子结点，但由于其叶子结点未在同一层上，则不是满二叉树，如图 6-2（b）所示。

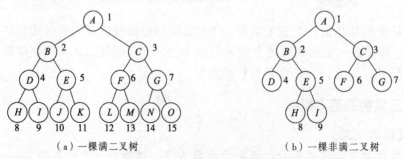

（a）一棵满二叉树　　　　　　　（b）一棵非满二叉树

图 6-2　满二叉树和非满二叉树

⑪ 完全二叉树：一棵深度为 k，有 n 个结点的二叉树，对树中的结点按从上至下、从左到右的顺序进行编号，如果编号为 i（$1 \leqslant i \leqslant n$）的结点与满二叉树中编号为 i 的结点在二叉树中的位置相同，则这棵二叉树称为完全二叉树。完全二叉树的特点：叶子结点只能出现在最下层和次最下层，且最下层的叶子结点集中在树的左部。显然，一棵满二叉树必定是一棵完全二叉树，而完全二叉树未必是满二叉树。图 6-3（a）所示为一棵完全二叉树，图 6-2（b）和图 6-3（b）都不是完全二叉树。

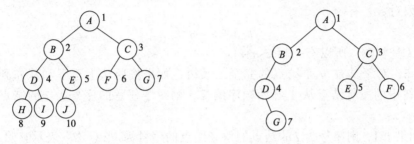

（a）一棵完全二叉树 　　　　　　　　（b）一棵非完全二叉树

图 6-3 完全二叉树和非完全二叉树

6.1.2 二叉树的主要性质

性质 1：一棵非空二叉树的第 i 层上最多有 2^{i-1} 个结点（$i \geqslant 1$）。

证明：该性质可由数学归纳法证明。

当 $i=1$ 时，只有一个根结点，这时 $2^{i-1}=2^0=1$，命题成立。

假设当 $i=k$ 时，命题成立，即第 k 层最多有 2^{k-1} 个结点；那么当 $i=k+1$ 时，由于二叉树的每个结点最多有两个孩子结点，因此第 $k+1$ 层的结点数最多是第 k 层的 2 倍，即

$$2 \times 2^{k-1} = 2^{(k+1)-1}，命题成立。$$

性质 2：一棵深度为 k 的二叉树中，最多具有 2^k-1 个结点。

证明：设第 i 层的结点数为 x_i（$1 \leqslant i \leqslant k$），深度为 k 的二叉树的结点数为 M，由性质 1 可知，x_i 最多为 2^{i-1}，则有

$$M = \sum_{i=1}^{k} x_i \leqslant \sum_{i=1}^{k} 2^{i-1} = 2^k - 1$$

性质 3：对于一棵非空二叉树，如果叶子结点数为 n_0，度数为 2 的结点数为 n_2，则有：$n_0=n_2+1$。

证明：设 n 为二叉树的结点总数，n_1 为二叉树中度为 1 的结点数，则有

$$n=n_0+n_1+n_2 \tag{6-1}$$

在二叉树中，除根结点外，其余结点都有唯一的一个进入分支。设 B 为二叉树中的分支数，那么有

$$B=n-1 \tag{6-2}$$

这些分支是由度为 1 和度为 2 的结点发出的，一个度为 1 的结点发出一个分支，一个度为 2 的结点发出两个分支，所以有

$$B=n_1+2n_2 \tag{6-3}$$

综合（6-1）、（6-2）和（6-3）式可以得到

$$n_0=n_2+1$$

性质 4：具有 n 个结点的完全二叉树的深度 k 为 $\lfloor \log_2 n \rfloor + 1$。

证明：根据完全二叉树的定义和性质 2 可知，当一棵完全二叉树的深度为 k，结点个数为 n 时，有

$$2^{k-1}-1 < n \leq 2^k - 1$$

即

$$2^{k-1} \leq n < 2^k$$

对不等式取对数，有

$$k-1 \leq \log_2 n < k$$

由于 k 是整数，所以有 $k = \lfloor \log_2 n \rfloor + 1$。

性质 5：对于具有 n 个结点的完全二叉树，如果按照从上至下和从左到右的顺序对二叉树中的所有结点从 1 开始顺序编号，则对于任意的序号为 i 的结点，有如下性质：

① 如果 $i>1$，则序号为 i 的结点的双亲结点的序号为 $i/2$（"/"表示整除）；如果 $i=1$，则序号为 i 的结点是根结点，无双亲结点。

② 如果 $2i \leq n$，则序号为 i 的结点的左孩子结点的序号为 $2i$；如果 $2i>n$，则序号为 i 的结点无左孩子。

③ 如果 $2i+1 \leq n$，则序号为 i 的结点的右孩子结点的序号为 $2i+1$；如果 $2i+1>n$，则序号为 i 的结点无右孩子。

④ 如果对二叉树的根结点从 0 开始编号，则相应的 i 号结点的双亲结点的编号为 $(i-1)/2$，左孩子的编号为 $2i+1$，右孩子的编号为 $2i+2$。

证明：因为①可以由②和③推导出，所以这里只需证明②和③。

当 $i=1$ 时，该结点为根结点，若 $2 \leq n$，则由编码规则可知，编号为 2 的结点必是根结点的左孩子，若 $2>n$，则不存在编号为 2 的结点，即此时根结点没有左孩子。同样若 $3 \leq n$，编号为 3 的结点必是根结点的右孩子，若 $3>n$，则不存在编号为 3 的结点，即根结点没有右孩子。

当 $i>1$ 时，分两种情况讨论：

① 当编号为 i 的结点为第 j 层的第一个结点时，由编码规则和性质 2 可知，$i=2^{j-1}$，而其左孩子必为第 $j+1$ 层的第一个结点，编号为 2^j，$2^j = 2 \times 2^{j-1} = 2i$，若 $2i>n$，则其没有左孩子；其右孩子必为第 $j+1$ 层的第二个结点，编号为 2^j+1，$2^j+1 = 2 \times 2^{j-1}+1 = 2i+1$，若 $2i+1>n$，则其没有右孩子。

② 当编号为 i 的结点为第 j 层（$1 \leq j < \lfloor \log_2 n \rfloor$）的某个结点（$2^{j-1} \leq i < 2^j$ 时），假设命题成立，即若 $2i<n$，则其左孩子编号为 $2i$，若 $2i+1<n$，则其右孩子编号为 $2i+1$。那么编号为 $i+1$ 的结点，或者为编号为 i 的结点的右兄弟或堂兄弟，或者是第 $j+1$ 层的第一个结点，其左孩子的编号为 $2i+2 = 2(i+1)$，左孩子的编号为 $2i+3 = 2(i+1)+1$，命题成立。

若对二叉树的根结点从 0 开始编号，则相应的 i 号结点的双亲结点的编号为 $(i-1)/2$，左孩子的编号为 $2i+1$，右孩子的编号为 $2i+2$。

本书中，如无特别声明，二叉树根结点的编号从 1 开始。

6.2 二叉树的基本操作与存储实现

二叉树既可以采用顺序存储结构，也可以采用链式存储结构，不论采用哪种存储结构，都应能体现二叉树中结点之间的逻辑关系，即双亲和左右孩子之间的关系。二叉树的基本操作也是以这些逻辑关系为基础实现的。

6.2.1 二叉树的存储

1. 顺序存储结构

所谓二叉树的顺序存储，就是用一组连续的存储单元存放二叉树中的结点。一般是按照二叉树结点从上至下、从左到右的顺序存储。这样结点在存储位置上的前驱，后继关系并不一定就是它们在逻辑上的邻接关系，只有通过一些方法确定某结点在逻辑上的前驱结点和后继结点，这种存储才有意义。因此，依据二叉树的性质，完全二叉树和满二叉树采用顺序存储比较合适，树中结点的序号可以唯一地反映出结点之间的逻辑关系，这样既能够最大可能地节省存储空间，又可以利用数组元素的下标值确定结点在二叉树中的位置及结点之间的关系。图 6-3（a）所示的完全二叉树的顺序存储如图 6-4 所示。

A	B	C	D	E	F	G	H	I	J

数组下标　0　1　2　3　4　5　6　7　8　9

图 6-4　完全二叉树的顺序存储

对于一般的二叉树，如果仍按从上至下和从左到右的顺序将树中的结点顺序存储在一维数组中，则数组元素下标之间的关系不能够反映二叉树中结点之间的逻辑关系，只有增添一些并不存在的空结点，使之成为一棵完全二叉树的形式，然后再用一维数组顺序存储。图 6-5 给出了一棵一般二叉树改造后的完全二叉树形态和其顺序存储状态示意图。显然，这种需增加许多空结点才能将一棵二叉树改造成为一棵完全二叉树的存储，会造成空间的大量浪费，不宜采用顺序存储结构。最坏的情况是右单支树，如图 6-6 所示，一棵深度为 k 的右单支树，只有 k 个结点，却需分配 2^k-1 个存储单元。

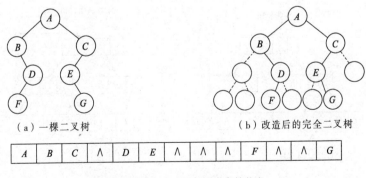

（a）一棵二叉树　　　　　　　　（b）改造后的完全二叉树

A	B	C	$\wedge$	D	E	$\wedge$	$\wedge$	$\wedge$	F	$\wedge$	$\wedge$	G

（c）改造后的完全二叉树顺序存储状态

图 6-5　一般二叉树及其顺序存储

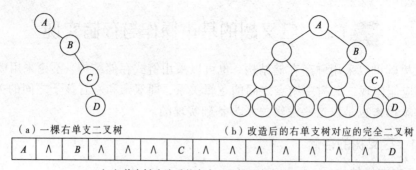

（a）一棵右单支二叉树　　　　（b）改造后的右单支树对应的完全二叉树

| A | ∧ | B | ∧ | ∧ | ∧ | C | ∧ | ∧ | ∧ | ∧ | ∧ | ∧ | ∧ | D |

（c）单支树改造后的完全二叉树顺序存储状态

图 6-6　右单支二叉树及其顺序存储

二叉树的顺序存储表示可描述为：

```
template<class DataType ,int Maxnode >
class SqBiTree{
    DataType bt[Maxnode];
    int length;
};
```

即将 bt 定义为含有 Maxnode 个 DataType 类型元素的一维数组。

2．链式存储结构

所谓二叉树的链式存储结构，是指用链表来表示一棵二叉树，即用链来指示元素的逻辑关系。通常有下面两种形式：

（1）二叉链表存储

链表中每个结点由 3 个域组成，除了数据域外，还有两个指针域，分别用来给出该结点左孩子和右孩子所在的链结点的存储地址。结点的存储结构为：

| lchild | data | rchild |

其中，data 域存放某结点的数据信息；lchild 与 rchild 分别存放指向左孩子和右孩子的指针，当左孩子或右孩子不存在时，相应指针域值为空（用符号 ∧ 或 NULL 表示）。

图 6-7（a）给出了图 6-3（b）所示的一棵二叉树的二叉链表表示。

二叉链表也可以带头结点的方式存放，如图 6-7（b）所示。

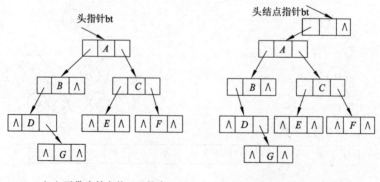

（a）不带头结点的二叉链表　　　　（b）带头结点的二叉链表

图 6-7　图 6-3（b）所示二叉树的二叉链表

（2）三叉链表存储

每个结点由 4 个域组成，具体结构为：

lchild	data	rchild	parent

其中，data、lchild 以及 rchild 这 3 个域的意义与二叉链表结构相同；parent 域为指向该结点双亲结点的指针。这种存储结构既便于查找孩子结点，又便于查找双亲结点；但是，相对于二叉链表存储结构而言，它增加了空间开销。

图 6-8 给出了图 6-3（b）所示的二叉树的三叉链表表示。

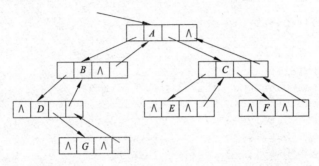

图 6-8　图 6-3（b）所示二叉树的三叉链表表示

尽管在二叉链表中无法由结点直接找到其双亲，但由于二叉链表结构灵活，操作方便，对于一般情况的二叉树，甚至比顺序存储结构还节省空间。因此，二叉链表是最常用的二叉树存储方式。如果不加特殊说明，本书后面所涉及的二叉树的链式存储结构都是指二叉链表结构。

二叉树的二叉链表结构可描述如下：

```
template<class DataType>
struct BiTNode{
    DataType data;              //存储数据信息的数据域
    BiTNode<DataType> *lchild   //左孩子指针
    BiTNode<DataType> *rchild;  //右孩子指针
};
```

6.2.2　二叉树的基本操作及实现

1．二叉树的基本操作

二叉树的基本操作通常有以下几种：

① Initiate(bt)：建立一棵空二叉树。

② Create(x,lbt,rbt)：生成一棵以 x 为根结点的数据域信息，以二叉树 lbt 和 rbt 为左子树和右子树的二叉树。

③ InsertL(bt,x,parent)：将数据域信息为 x 的结点插入到二叉树 bt 中作为结点 parent 的左孩子结点。如果结点 parent 原来有左孩子结点，则将结点 parent 原来的左孩子结点作为结点 x 的左孩子结点。

④ InsertR(bt,x,parent)：将数据域信息为 x 的结点插入到二叉树 bt 中作为结点 parent 的右孩子结点。如果结点 parent 原来有右孩子结点，则将结点 parent 原来的右

孩子结点作为结点 x 的右孩子结点。

⑤ DeleteL(bt,parent)：在二叉树 bt 中删除结点 parent 的左子树。

⑥ DeleteR(bt,parent)：在二叉树 bt 中删除结点 parent 的右子树。

⑦ Search(bt,x)：在二叉树 bt 中查找数据元素 x。

⑧ Traverse(bt)：按某种方式遍历二叉树 bt 的全部结点。

因此基于前面定义的 BiTNode，可将二叉树的类模板描述如下：

```
template<class DataType>
class BiTree{
    private:
        BiTNode<DataType> *bt;
        ...
    Public:
        int Initiate(bt);
        BiTNode<DataType> *Create(x,lbt,rbt);
        BiTNode<DataType> *InsertL(bt,x,parent);
        BiTNode<DataType> *InsertR(bt,x,parent);
        BiTNode<DataType> *DeleteL(bt,parent);
        BiTNode<DataType> *Search(bt,x);
        void Traverse(bt);
        ...
}
```

2．算法的实现

算法的实现依赖于具体的存储结构，当二叉树采用不同的存储结构时，上述各种操作的实现算法是不同的。下面讨论基于二叉链表存储结构的上述操作的实现算法。

① Initiate(bt)：初始建立二叉树 bt，并使 bt 指向头结点。在二叉树根结点前建立头结点，就如同在单链表前建立头结点，可以方便后面的一些操作实现。

【算法 6-1】 建立二叉树算法。

```
int  BiTree::Initiate(BiTNode *bt){
//初始建立一棵带头结点的二叉树
    bt=new BiTNode;                        //申请头结点空间
    if(!bt)
        return 0;                          //没有存储空间，返回错误代码0
    bt->lchild=NULL;
    bt->rchild=NULL;
    return 1;                              //返回成功代码1
}
```

② Create(x,lbt,rbt)：建立一棵以 x 为根结点的数据域信息，以二叉树 lbt 和 rbt 为左、右子树的二叉树。建立成功时返回所建二叉树结点的指针；建立失败时返回空指针。

【算法 6-2】 建立一棵已生成左右子树的二叉树的算法。

```
BiTNode<DataType> *BiTree::Create(DataType x,BiTree lbt,BiTree rbt){
    //生成一棵以 x 为根结点的数据域值，以 lbt 和 rbt 为左右子树的二叉树
    BiTree p;
    P=new BiTNode;                         //申请一个结点空间
    if(!p)
```

```
        return NULL;                    //没有存储空间，返回空指针
    p->data=x;                          //结点数据域值置为 x
    p->lchild=lbt;
    p->rchild=rbt;                      //lbt 和 rbt 分别成为其左、右孩子
    return p;                           //返回根结点地址
}
```

③ InsertL(bt,x,parent)：在二叉树 bt 中的 parent 所指结点和其左子树之间插入数据元素为 x 的结点。

【算法 6-3】给二叉树某结点插入一个左孩子算法。

```
BiTNode<DataType> *BiTree::InsertL(BiTree bt,DataType x,BiTree parent){
    //在二叉树 bt 中的 parent 所指结点和其左子树之间插入数据元素为 x 的结点
    BiTree p;
    if(parent==NULL)
        return NULL;       //不存在 parent 结点，不能进行插入操作，返回空指针
    p=new BiTNode;         //申请一个结点空间
    if(!p)
        return NULL;       //没有存储空间，返回空指针
    p->data=x;
    p->lchild=NULL;
    p->rchild=NULL;        //建立待插结点
    if(parent->lchild==NULL)        //parent 结点没有左孩子
        parent->lchild=p;
    else{
        p->lchild=parent->lchild;   //parent 的左孩子作为 p 的左孩子
        parent->lchild=p;
    }
    return bt;                       //插入成功，返回根结点地址
}
```

④ InsertR(bt,x,parent)：功能类似于③，算法略。

⑤ DeleteL(bt,parent)：在二叉树 bt 中删除结点 parent 的左子树。当 parent 或 parent 的左孩子结点为空时，删除失败。删除成功时，返回根结点指针；删除失败时，返回空指针。

【算法 6-4】删除二叉树中某结点的左子树算法。

```
BiTNode<DataType> *BiTree::DeleteL(BiTree bt,BiTree parent){
    //在二叉树 bt 中删除结点 parent 的左子树
    BiTree  p;
    if(parent==NULL||parent->lchild==NULL)
        return NULL;//没有 parent 结点或 parent 结点没有左孩子,不能进行删除操
                    //作，返回空指针
    p=parent->lchild;
    parent->lchild=NULL;
    delete p;      //当 p 为非叶子结点时，这样删除仅释放了所删子树根结点的空间，若
                   //要删除子树分支中的结点，需用后面介绍的遍历操作来实现
    return bt;
}
```

⑥ DeleteR(bt,parent)：功能类同于⑤，只是删除结点 parent 的右子树。算法略。
操作 Search(bt,x)实际是遍历操作 Traverse(bt)的特例，关于二叉树的遍历操作的实现，将在下一节中重点介绍。

6.3 二叉树的遍历

二叉树的遍历是指按照某种顺序访问二叉树中的每个结点，使每个结点被访问一次且仅被访问一次。遍历是二叉树中经常要用到的一种操作。因为在实际应用问题中，常常需要按一定顺序对二叉树中的每个结点逐个进行访问，或查找具有某一特点的结点，然后对这些满足条件的结点进行处理。通过一次完整的遍历，可使二叉树中结点信息由非线性排列变为某种意义上的线性序列。也就是说，遍历操作使非线性结构线性化。

6.3.1 二叉树的遍历方法及递归实现

由二叉树的定义可知，一棵二叉树由根结点、根结点的左子树和根结点的右子树 3 部分组成。因此，只要依次遍历这 3 部分，就可以遍历整个二叉树。若以 D、L、R 分别表示访问根结点、遍历根结点的左子树、遍历根结点的右子树，则二叉树的遍历方式有 6 种：DLR、LDR、LRD、DRL、RDL 和 RLD。如果限定先左后右，则只有前 3 种方式，即 DLR（称为先序遍历）、LDR（称为中序遍历）和 LRD（称为后序遍历）。

1. 先序遍历

先序遍历（DLR）的递归过程为：若二叉树为空，遍历结束；否则，步骤如下：
① 访问根结点。
② 先序遍历根结点的左子树。
③ 先序遍历根结点的右子树。
先序遍历二叉树的递归算法如下：

【算法 6-5】二叉树先序遍历算法。

```
void BiTree::PreOrder(BiTree bt){
    //先序遍历二叉树 bt
    if(bt==NULL)
        return;                 //递归调用的结束条件
    Visit(bt->data);            //访问结点的数据域
    PreOrder(bt->lchild);       //先序递归遍历 bt 的左子树
    PreOrder(bt->rchild);       //先序递归遍历 bt 的右子树
}
```

对于图 6-3（b）所示的二叉树，按先序遍历所得到的结点序列为：

```
A B D G C E F
```

2. 中序遍历

中序遍历（LDR）的递归过程为：若二叉树为空，遍历结束；否则，步骤如下：
① 中序遍历根结点的左子树。
② 访问根结点。
③ 中序遍历根结点的右子树。
中序遍历二叉树的递归算法如下：

【算法 6-6】二叉树中序遍历算法

```
void BiTree::InOrder(BiTree bt){
    //中序遍历二叉树 bt
```

```
    if(bt==NULL)
        return;                  //递归调用的结束条件
    InOrder(bt->lchild);         //中序递归遍历 bt 的左子树
    Visit(bt->data);             //访问结点的数据域
    InOrder(bt->rchild);         //中序递归遍历 bt 的右子树
}
```

对于图 6-3（b）所示的二叉树，按中序遍历所得到的结点序列为：

```
D G B A E C F
```

3. 后序遍历

后序遍历（LRD）的递归过程为：若二叉树为空，遍历结束；否则，步骤如下：

① 后序遍历根结点的左子树。

② 后序遍历根结点的右子树。

③ 访问根结点。

后序遍历二叉树的递归算法如下：

【算法 6-7】二叉树后序遍历算法

```
void BiTree::PostOrder(BiTree bt){
    //后序遍历二叉树 bt
    if(bt==NULL)
        return;                  //递归调用的结束条件
    PostOrder(bt->lchild);       //后序递归遍历 bt 的左子树
    PostOrder(bt->rchild);       //后序递归遍历 bt 的右子树
    Visit(bt->data);             //访问结点的数据域
}
```

对于图 6-3（b）所示的二叉树，按后序遍历所得到的结点序列为：

```
G D B E F C A
```

4. 层次遍历

所谓二叉树的层次遍历，是指从二叉树的第一层（根结点）开始，从上至下逐层遍历，在同一层中，则按从左到右的顺序对结点逐个访问。对于图 6-3（b）所示的二叉树，按层次遍历所得到的结点序列为：

```
A B C D E F G
```

下面讨论层次遍历的算法。

由层次遍历的定义可以推知，在进行层次遍历时，对一层结点访问完后，再按照它们的访问次序对各个结点的左孩子和右孩子顺序访问，这样一层一层进行，先遇到的结点先访问，这与队列的操作原则比较吻合。因此，在进行层次遍历时，可设置一个队列结构，遍历从二叉树的根结点开始，首先将根结点指针入队列，然后从队首取出一个元素，每取一个元素，执行下面两个操作：

① 访问该元素所指结点。

② 若该元素所指结点的左、右孩子结点非空，则将该元素所指结点的左孩子指针和右孩子指针顺序入队。

此过程不断进行，当队列为空时，二叉树的层次遍历结束。

在下面的层次遍历算法中，二叉树以二叉链表存放，一维数组 Queue[Maxnode] 用以实现队列，变量 front 和 rear 分别表示队首和队尾指针，记录当前队首元素和队尾元素在数组中的位置。

【算法 6-8】二叉树层次遍历算法。

```cpp
void BiTree::LevelOrder(BiTree bt){
    //层次遍历二叉树 bt
    BiTree Queue[Maxnode];
    int front,rear;
    if (bt==NULL)
        return;                                  //空二叉树，返回
    front=-1;
    rear=0;
    queue[rear]=bt;                              //根结点入队
    while(front!=rear){
        front++;
        Visit(queue[front]->data);               //访问队首结点的数据域
        if(queue[front]->lchild!=NULL){          //将队首结点的左孩子结点入队列
            rear++;
            queue[rear]=queue[front]->lchild;
        }
        if(queue[front]->rchild!=NULL){          //将队首结点的右孩子结点入队列
            rear++;
            queue[rear]=queue[front]->rchild;
        }
    }
}
```

6.3.2　二叉树遍历的非递归实现

前面给出的二叉树先序、中序和后序遍历算法都是递归算法。当给出二叉树的链式存储结构以后，用具有递归功能的程序设计语言很方便地实现上述算法。然而，并非所有程序设计语言都允许递归；另一方面，递归程序虽然简洁，但可读性一般不好，执行效率也不高。因此，就存在如何把一个递归算法转化为非递归算法的问题。解决这个问题的方法可以通过对 3 种遍历方法的实质过程的分析得到。

对于图 6-3（b）所示的二叉树，其先序、中序和后序遍历都是从根结点 A 开始的，且在遍历过程中经过结点的路线也是一样的，只是访问的时机不同而已。图 6-9 中所示的从根结点左外侧开始到根结点右外侧结束的曲线为遍历图 6-3（b）所示二叉树的路线。沿着该路线按△标记的结点读得的序列为先序序列，按*标记读得的序列为中序序列，按⊕标记读得的序列为后序序列。

然而，这一路线正是从根结点开始沿左子树深入下去，当深入到最左端，无法再深入下去时，则返回，再逐一进入刚才深入时遇到结点的右子树，再进行如此的深入和返回，直到最后从根结点的右子树返回到根结点为止。先序遍历是在深入时遇到结点就访

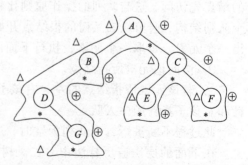

图 6-9　遍历图 6-3（b）所示二叉树的路线

问，中序遍历是在从左子树返回时遇到结点访问，后序遍历是在从右子树返回时遇到结点访问。

在这一过程中，返回结点的顺序与深入结点的顺序相反，即后深入先返回，正好符合栈结构后进先出的特点。因此，可以用栈来帮助实现这一遍历路线。

在沿左子树深入时，深入一个结点入栈一个结点，若为先序遍历，则在入栈之前访问它；当沿左分支深入不下去时，则返回，即从堆栈中弹出前面压入的结点。若为中序遍历，则此时访问该结点，然后从该结点的右子树继续深入；若为后序遍历，则将此结点再次入栈，然后从该结点的右子树继续深入，与前面类似，仍为深入一个结点入栈一个结点，深入不下去时再返回，直到第二次从栈里弹出该结点，即从右子树返回时，才访问之。

（1）先序遍历的非递归实现

在下面算法中，二叉树以二叉链表存放，一维数组 stack[Maxnode]用以实现栈，变量 top 用来表示当前栈顶的位置。

【算法 6-9】先序遍历的非递归算法。

```
int BiTree::NRPreOrder(BiTree bt){
    //非递归先序遍历二叉树
    BiTree stack[Maxnode],p;
    int top;
    if(bt==NULL)
        return 1;                        //空树
    top=-1;                              //栈顶指针初始化
    p=bt;
    while(!(p==NULL&&top==-1)){
        if(p!=NULL){
            Visit(p->data);             //访问结点的数据域
            top++;                       //将当前指针 p 压栈
            stack[top]=p;
            p=p->lchild;                 //指针指向 p 的左孩子结点
        }
            else{
            p=stack[top];               //从栈中弹出栈顶元素
            top--;
            p=p->rchild;                 //指针指向 p 的右孩子结点
        }
    }
}
```

对于图 6-3（b）所示的二叉树，用该算法进行遍历的过程中，栈 stack 和当前指针 p 的变化情况及树中各结点的访问次序如表 6-1 所示。

表 6-1 二叉树先序非递归遍历过程

步　　骤	指　针　p	栈 stack 内容	访问结点值
初态	A	空	
1	B	A	A

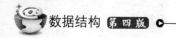
步　骤	指　针 p	栈 stack 内容	访问结点值
2	D	A、B	B
3	∧	A、B、D	D
4	G	A、B	
5	∧	A、B、G	G
6	∧	A、B	
7	∧	A	
8	C	空	
9	E	C	C
10	∧	C、E	E
11	∧	C	
12	F	空	
13	∧	F	F
14	∧	空	

（2）中序遍历的非递归实现

中序遍历的非递归算法的实现，只需将先序遍历的非递归算法中的 Visit(p->data) 移到 p=stack[top]和 p=p->rchild 之间即可。

（3）后序遍历的非递归实现

由前面的讨论可知，后序遍历与先序遍历和中序遍历不同，在后序遍历过程中，结点在第一次出栈后，还需再次入栈，也就是说，结点要入两次栈，出两次栈，而访问结点是在第二次出栈时访问。因此，为了区别同一个结点指针的两次出栈，设置一个标志 flag，令：

$$flag=\begin{cases}1 & \text{第一次出栈，结点不能访问}\\2 & \text{第二次出栈，结点可以访问}\end{cases}$$

当结点指针进、出栈时，其标志 flag 也同时进、出栈。因此，可将栈中元素的数据类型定义为具有指针域和标志 flag 域的结构体类型。定义如下：

```
typedef struct{
    BiTree link;
    int flag;
}StackType;
```

后序遍历二叉树的非递归算法如下：在算法中，一维数组 stack[Maxnode]用于实现栈的结构，指针变量 p 指向当前要处理的结点，整型变量 top 为栈顶指针，用来表示当前栈顶的位置，整型变量 sign 为结点 p 的标志量。

【算法6-10】后序遍历的非递归算法。

```
int BiTree::NRPostOrder(BiTree bt){
    //非递归后序遍历二叉树 bt
    StackType stack[Maxnode];
    BiTree p;
    int top,sign;
```

```
        if(bt==NULL)                          //空树
            return 1;
        top=-1;                               //栈顶指针初始化
        p=bt;
        while(!(p==NULL&&top==-1)){
            if(p!=NULL){                      //结点第一次进栈
                top++;
                stack[top].link=p;
                stack[top].flag=1;
                p=p->lchild;                  //找该结点的左孩子
            }
            else{
                p=stack[top].link;
                sign=stack[top].flag;
                top--;
                if(sign==1){                  //结点第二次进栈
                    top++;
                    stack[top].link=p;
                    stack[top].flag=2;        //标记第二次进栈
                    p=p->rchild;              //找该结点的右孩子
                }
                else{
                    Visit(p->data);           //访问该结点数据域值
                    p=NULL;
                }
            }
        }
        return 1;                             //遍历结束，返回
    }
```

6.3.3 由遍历序列恢复二叉树

从前面讨论的二叉树的遍历知道，任意一棵二叉树结点的先序序列和中序序列都是唯一的。反过来，若已知结点的先序序列和中序序列，能否确定这棵二叉树呢？这样确定的二叉树是否是唯一的呢？回答是肯定的。

根据定义，二叉树的先序遍历是先访问根结点，其次再按先序遍历方式遍历根结点的左子树，最后按先序遍历方式遍历根结点的右子树。这就是说，在先序序列中，第一个结点一定是二叉树的根结点。另一方面，中序遍历是先遍历左子树，然后访问根结点，最后再遍历右子树。这样，根结点在中序序列中必然将中序序列分割成两个子序列，前一个子序列是根结点的左子树的中序序列，而后一个子序列是根结点的右子树的中序序列。根据这两个子序列，在先序序列中找到对应的左子序列和右子序列。在先序序列中，左子序列的第一个结点是左子树的根结点，右子序列的第一个结点是右子树的根结点。这样，就确定了二叉树的3个结点。同时，左子树和右子树的根结点又可以分别把左子序列和右子序列划分成两个子序列，如此递归下去，当取尽先序序列中的结点时，便可以得到一棵二叉树。

同样的道理，由二叉树的后序序列和中序序列也可唯一地确定一棵二叉树。因为依据后序遍历和中序遍历的定义，后序序列的最后一个结点，就如同先序序列的第一个结点一样，可将中序序列分成两个子序列，分别为这个结点的左子树的中序序列和

右子树的中序序列，再拿出后序序列的倒数第二个结点，并继续分割中序序列，如此递归下去，当倒着取尽后序序列中的结点时，便可以得到一棵二叉树。

下面通过一个例子，给出由二叉树的先序序列和中序序列构造唯一的一棵二叉树的实现算法。

已知一棵二叉树的先序序列与中序序列分别为：

A B C D E F G H I 和 B C A E D G H F I

试恢复该二叉树。

首先，由先序序列可知，结点 A 是二叉树的根结点。其次，根据中序序列，在 A 之前的所有结点都是根结点左子树的结点，在 A 之后的所有结点都是根结点右子树的结点，由此得到图 6-10（a）所示的状态。然后，再对左子树进行分解，得知 B 是左子树的根结点，又从中序序列知道，B 的左子树为空，B 的右子树只有一个结点 C。接着对 A 的右子树进行分解，得知 A 的右子树的根结点为 D，而结点 D 把其余结点分成两部分，即左子树为 E，右子树为 F、G、H、I，如图 6-10（b）所示。接下去的工作就是按上述原则对 D 的右子树继续分解下去，最后得到如图 6-10（c）所示的二叉树。

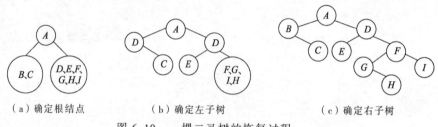

（a）确定根结点　　　　　（b）确定左子树　　　　　（c）确定右子树

图 6-10　一棵二叉树的恢复过程

上述过程是一个递归过程，其递归算法的思想是：先根据先序序列的第一个元素建立根结点；然后在中序序列中找到该元素，确定根结点的左、右子树的中序序列；再在先序序列中确定左、右子树的先序序列；最后由左子树的先序序列与中序序列建立左子树，由右子树的先序序列与中序序列建立右子树。

下面给出该算法描述。假设二叉树的先序序列和中序序列分别存放在一维数组preod[]与inod[]中，并假设二叉树各结点的数据值均不相同。

【算法 6-11】由先序和中序序列构造二叉树算法。

```
void BiTree::PreInOd(char preod[],char inod[],int i,int j,int k,int
    h,BiTree *t){
    int m;
    (*t)=new BiTNode;                    //建立根结点
    (*t)->data=preod[i];
    m=k;
    while(inod[m]!=preod[i])
        m++;
    if(m==k)                            //左子树序列为空
        (*t)->lchild=NULL;
    else
        PreInOd(preod,inod,i+1,i+m-k,k,m-1,&((*t)->lchild));
    if(m==h)                            //右子树序列为空
        (*t)->rchild=NULL;
    else
```

```
        PreInOd(preod,inod,i+m-k+1,j,m+1,h,&((*t)->rchild));
}

void ReBiTree(char preod[],char inod[],int n,BiTree root){
    //n 为二叉树的结点个数, root 为二叉树根结点的存储地址
    if(n<=0)                        //空树
        root=NULL;
    else
        PreInod(preod,inod,1,n,1,n,&root);
}
```

需要说明的是，数组 preod 和 inod 的元素类型可根据实际需要来设定，这里设为字符型。另外，如果只知道二叉树的先序序列和后序序列，则不能唯一地确定一棵二叉树。读者可以思考一下其中的原因。

6.3.4　不用栈的二叉树遍历的非递归方法

前面介绍的二叉树的遍历算法可分为两类：一类是依据二叉树结构的递归性，采用递归调用的方式来实现；另一类非递归处理则是通过堆栈或队列（层次）来辅助实现。采用这两类方法对二叉树进行遍历时，栈或队列的使用都会带来额外空间的增加，递归调用的深度和栈的大小是动态变化的，都与二叉树的高度有关。因此，在最坏的情况下，即二叉树退化为单支树的情况下，递归的深度或栈需要的存储空间等于二叉树中的结点数。

还有一类二叉树的遍历算法，就是不用栈也不用递归来实现。常用的不用栈的二叉树遍历的非递归方法有以下 3 种：

① 对二叉树采用三叉链表存放，即在二叉树的每个结点中增加一个双亲域 parent，这样，在遍历深入到不能再深入时，可沿着走过的路径退回到任何一棵子树的根结点，并再向另一方向走。由于这一方法的实现是在每个结点的存储上又增加一个双亲域，故其存储开销也会增加。

② 用逆转链的方法，即在遍历深入时，每深入一层，就将其再深入的孩子结点的地址取出，并将其双亲结点的地址存入，当深入不下去需返回时，可逐级取出双亲结点的地址，沿原路返回。虽然此种方法是在二叉链表上实现的，没有增加过多的存储空间，但在执行遍历的过程中改变子女指针的值，这既是以时间换取空间，同时当有几个用户同时使用这个算法对同一棵二叉树进行操作时将会发生问题。

③ 在线索二叉树上的遍历，即利用具有 n 个结点的二叉树中的叶子结点和度为 1 的结点的 $n+1$ 个空指针域来存放线索，然后在这种具有线索的二叉树上遍历时，就可不需要栈，也不需要递归了。

6.4　线索二叉树

利用上述几种遍历方式对二叉树进行遍历后，可将二叉树中所有结点都按照某种次序排列在一个有序（前序、中序和后序）的序列中。有时我们希望从某个结点出发可以很容易地找到它在某种次序下的前驱和后继，这时可在原来的二叉树二叉链表中利用原有的空指针域来存放结点的前驱和后继指针，这就是线索二叉树。

6.4.1 线索二叉树的定义及结构

1. 线索二叉树的定义

按照某种遍历方式对二叉树进行遍历,可以把二叉树中所有结点排列为一个线性序列。在该序列中,除第一个结点外,每个结点有且仅有一个直接前驱结点;除最后一个结点外,每个结点有且仅有一个直接后继结点。但是,二叉树中每个结点在这个序列中的直接前驱结点和直接后继结点是什么,在二叉树的存储结构中并没有反映出来,只能在对二叉树遍历的动态过程中得到这些信息。为了保留结点在某种遍历序列中直接前驱和直接后继的位置信息,可以利用二叉树的二叉链表存储结构中的那些空指针域来指示。这些指向直接前驱结点和指向直接后继结点的指针被称为线索,加了线索的二叉树称为线索二叉树。

线索二叉树将为二叉树的遍历提供许多方便。

2. 线索二叉树的结构

一个具有 n 个结点的二叉树若采用二叉链表存储结构,在 $2n$ 个指针域中只有 $n-1$ 个指针域是用来存储结点孩子的地址,而另外 $n+1$ 个指针域存放的都是 NULL。因此,可以利用某结点空的左指针域(lchild)指出该结点在某种遍历序列中的直接前驱结点的存储地址;利用结点空的右指针域(rchild)指出该结点在某种遍历序列中的直接后继结点的存储地址;对于那些非空的指针域,则仍然存放指向该结点左、右孩子的指针。这样,就得到了一棵线索二叉树。

由于序列可由不同的遍历方法得到,因此,线索树有先序线索二叉树、中序线索二叉树和后序线索二叉树 3 种。把二叉树改造成线索二叉树的过程称为线索化。

对图 6-3(b)所示的二叉树进行线索化,得到先序线索二叉树、中序线索二叉树和后序线索二叉树分别如图 6-11(a)、图 6-11(b)和图 6-11(c)所示。图中实线表示指针,虚线表示线索。

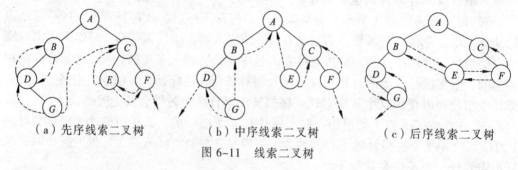

（a）先序线索二叉树　　（b）中序线索二叉树　　（c）后序线索二叉树

图 6-11　线索二叉树

那么,下面的问题是:在存储中,如何区别某结点的指针域内存放的是指针还是线索?通常可以采用下面两种方法来实现。

① 为每个结点增设两个标志位域 ltag 和 rtag,令:

$$ltag=\begin{cases} 0 & \text{lchild 指向结点的左孩子} \\ 1 & \text{lchild 指向结点的前驱结点} \end{cases}$$

$$rtag=\begin{cases} 0 & \text{rchild 指向结点的右孩子} \\ 1 & \text{rchild 指向结点的后继结点} \end{cases}$$

令每个标志位只占一个 bit，这样就只需增加很少的存储空间。结点的结构为：

ltag	lchild	data	rchild	rtag

② 不改变结点结构，仅在作为线索的地址前加一个负号，即负的地址表示线索，正的地址表示指针。

这里按第一种方法来介绍线索二叉树的存储。为了将二叉树中所有空指针域都利用上，以及操作便利的需要，在存储线索二叉树时往往增设一个头结点，其结构与其他线索二叉树的结点结构一样，只是其数据域不存放信息，其左指针域指向二叉树的根结点，右指针域指向遍历序列的最后一个结点。而原二叉树在某种遍历下的第一个结点的前驱线索和最后一个结点的后继线索都指向该头结点。

如图 6-12 给出了图 6-11（b）所示的中序线索二叉树的存储结构。

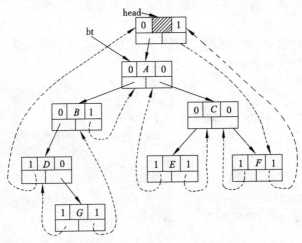

图 6-12 中序线索二叉树的存储

6.4.2 线索二叉树的基本操作实现

在线索二叉树中，结点的结构可以定义为如下形式：

```cpp
template<class DataType>
struct BiThrNode{
    DataType data;
    struct BiThrNode *lchild;
    struct BiThrNode *rchild;
    unsigned ltag;
    unsigned rtag;
}
```

线索二叉树的类模板可定义如下：

```cpp
template<class DataType>
class BiThrTree{
    private:
        BiThrNode<DataType> *bt;
        ...
    public:
        int InOrderThr(BiThrTree *head,BiThrTree T);
```

```
        BiThrNode<DataType> *InPreNode(BiThrTree p);
        ...
}
```

下面以中序线索二叉树为例，讨论线索二叉树的建立、线索二叉树的遍历及在线索二叉树上查找前驱结点、查找后继结点、插入结点和删除结点等操作的实现算法。

1. 建立一棵中序线索二叉树

建立线索二叉树，或者说对二叉树线索化，实质上就是遍历一棵二叉树。在遍历过程中，访问结点的操作是检查当前结点的左、右指针域是否为空，如果为空，将它们改为指向前驱结点或后继结点的线索。为实现这一过程，设指针 pre 始终指向刚刚访问过的结点，即若指针 p 指向当前结点，则 pre 指向它的前驱，以便增设线索。

另外，在对一棵二叉树加线索时，必须首先申请一个头结点，建立头结点与二叉树的根结点的指向关系，对二叉树线索化后，还需要建立最后一个结点与头结点之间的线索。

下面是建立中序线索二叉树的递归算法，其中 pre 为全局变量。

【算法 6-12】建立中序线索二叉树算法。

```
BiThrTree pre;
int BiThrTree<DataType>::InOrderThr(BiThrTree *head,BiThrTree T){
    //中序遍历二叉树T，并将其中序线索化，*head 指向头结点，pre 为全局变量。
    (*head)=new BiThrNode;              //申请头结点空间
    if(!(*head))
        return 0;                       //不能建立头结点，返回错误代码 0
    (*head)->ltag=0;
    (*head)->rtag=1;                    //建立头结点
    (*head)->rchild=*head;              //右指针回指
    if(!T)
        (*head)->lchild=*head;          //若二叉树为空，则左指针回指
    else{
        (*head)->lchild=T;
        pre=*head;
        InThreading(T);                 //中序遍历进行中序线索化
        pre->rchild=*head;
        pre->rtag=1;                     //最后一个结点线索化
        (*head)->rchild=pre;
    }
    return 1;
}

void InTreading(BiThrTree p){
    //中序遍历进行中序线索化
    if(p){
        InThreading(p->lchild);         //左子树线索化
        if(!p->lchild){                 //前驱线索
            p->ltag=1;
            p->lchild=pre;
        }
        if(!pre->rchild){               //后继线索
            pre->rtag=1;
```

```
                pre->rchild=p;
            }
        pre=p;
        InThreading(p->rchild);          //右子树线索化
    }
}
```

2. 在中序线索二叉树上查找任意结点的中序前驱结点

对于中序线索二叉树上的任一结点，寻找其中序的前驱结点，有以下两种情况：

① 如果该结点的左标志为 1，那么其左指针域所指向的结点便是它的前驱结点。

② 如果该结点的左标志为 0，表明该结点有左孩子，根据中序遍历的定义，它的前驱结点是以该结点的左孩子为根结点的子树的最右结点，即沿着其左子树的右指针链向下查找，当某结点的右标志为 1 时，它就是所要找的前驱结点。

在中序线索二叉树上寻找结点 p 的中序前驱结点的算法如下：

【算法 6-13】中序线索二叉树上寻找结点 p 的中序前驱结点的算法。

```
BiThrNode<DataType> * BiThrTree<DataType>::InPreNode(BiThrTree p){
    //在中序线索二叉树上寻找结点 p 的中序前驱结点
    BiThrTree pre;
    pre=p->lchild;
    if(p->ltag!=1)
        while(pre->rtag==0)
            pre=pre->rchild;
    return pre;
}
```

3. 在中序线索二叉树上查找任意结点的中序后继结点

对于中序线索二叉树上的任一结点，寻找其中序的后继结点，有以下两种情况：

① 如果该结点的右标志为 1，那么其右指针域所指向的结点便是它的后继结点。

② 如果该结点的右标志为 0，表明该结点有右孩子，根据中序遍历的定义，它的后继结点是以该结点的右孩子为根结点的子树的最左结点，即沿着其右子树的左指针链向下查找，当某结点的左标志为 1 时，它就是所要找的后继结点。

在中序线索二叉树上寻找结点 p 的中序后继结点的算法如下：

【算法 6-14】在中序线索二叉树上寻找结点 p 的中序后继结点算法。

```
BiThrNode<DataType> * BiThrTree<DataType>::InPostNode(BiThrTree p){
    //在中序线索二叉树上寻找结点 p 的中序后继结点
    BiThrTree post;
    post=p->rchild;
    if(p->rtag!=1)
        while(post->ltag==0)
            post=post->lchild;
    return post;
}
```

以上给出的仅是在中序线索二叉树中寻找某结点的前驱结点和后继结点的算法。在前序线索二叉树中寻找结点的后继结点，以及在后序线索二叉树中寻找结点的前驱结点可以采用同样的方法分析和实现，在此不再讨论。

4．在中序线索二叉树上查找任意结点在先序下的后继

这一操作的实现依据：若一个叶子结点是某子树在中序下的最后一个结点，则它必是该子树在先序下的最后一个结点。该结论可以用反证法证明。

下面就依据这一结论，讨论在中序线索二叉树上查找某结点在先序下后继结点的情况。设开始时，指向某结点的指针为 p。

① 若该结点为分支结点，则又有两种情况：

● 当 p->ltag=0 时，p->lchild 为 p 在先序下的后继。

● 当 p->ltag=1 时，p->rchild 为 p 在先序下的后继。

② 若该结点为叶子结点，则也有两种情况：

● 若 p->rchild 是头结点，则无后继。

● 若 p->rchild 不是头结点，则 p 结点一定是以 p->rchild 结点为根的左子树中在中序遍历下的最后一个结点，因此 p 结点也是在该子树中按先序遍历的最后一个结点。此时，若 p->rchild 结点有右子树，则所找结点在先序下的后继结点的地址为 p->rchild->rchild；若 p->rchild 为线索，则让 p=p->rchild，重复执行情况②的判定。

在中序线索二叉树上寻找结点 p 的先序下后继结点的算法如下：

【算法 6-15】在中序线索二叉树上寻找结点 p 的先序后继结点算法。

```
BiThrNode<DataType> * BiThrTree<DataType>::IprePostNode(BiThrTree head,
    BiThrTree p){
    //在中序线索二叉树上寻找结点 p 的先序的后继结点，head 为线索树的头结点
    BiThrTree post;
    if(p->ltag==0)
        post=p->lchild;
    else{
        post=p;
        while(post->rtag==1 && post->rchild!=head)
            post=post->rchild;
        post=post->rchild;
    }
    return post;
}
```

5．在中序线索二叉树上查找任意结点在后序下的前驱

这一操作的实现依据：若一个叶子结点是某子树在中序下的第一个结点，则它必是该子树在后序下的第一个结点。该结论可以用反证法证明。

下面就依据这一结论，讨论在中序线索二叉树上查找某结点在后序下前驱结点的情况。设开始时，指向某结点的指针为 p。

① 若该结点为分支结点，则又有两种情况：

● 当 p->rtag=0 时，p->rchild 为 p 在后序下的前驱。

● 当 p->rtag=1 时，p->lchild 为 p 在后序下的前驱。

② 若该结点为叶子结点，则也有两种情况：

● 若 p->lchild 是头结点，则无前驱。

- 若 p->lchild 不是头结点，则 p 结点一定是以 p->lchild 结点为根的右子树中在中序遍历下的第一个结点，因此 p 结点也是在该子树中按后序遍历的第一个结点。此时，若 p->lchild 结点有左子树，则所找结点在后序下的前驱结点的地址为 p->lchild->lchild；若 p->lchild 为线索，则让 p=p->lchild，重复执行情况②的判定。

在中序线索二叉树上寻找结点 p 的后序下前驱结点的算法如下：

【算法 6-16】在中序线索二叉树上寻找结点 p 的后序前驱结点的算法.

```
BiThrNode<DataType> * BiThrTree<DataType>::IpostPretNode(
    BiThrTree head,BiThrTree p){
    //在中序线索二叉树上寻找结点p的后序的前驱结点，head为线索树的头结点
    BiThrTree pre;
    if(p->rtag==0)
        pre=p->rchild;
    else{
        pre=p;
        while(pre->ltag==1&&pre->lchild!=head)
            pre=pre->lchild;
        pre=pre->lchild;
    }
    return pre;
}
```

6. 在中序线索二叉树上查找值为 x 的结点

利用在中序线索二叉树上寻找后继结点和前驱结点的算法，就可以遍历到二叉树的所有结点。例如，先找到按某种遍历的第一个结点，然后再依次查询其后继；或先找到按某种遍历的最后一个结点，然后再依次查询其前驱。这样，既不用栈也不用递归就可以访问到二叉树的所有结点。

在中序线索二叉树上查找值为 x 的结点，实质上就是在线索二叉树上进行遍历，将访问结点的操作具体写为用当前结点的值与 x 比较的语句。下面给出其算法。

【算法 6-17】在中序线索二叉树上查找值为 x 的结点算法。

```
BiThrNode<DataType> * BiThrTree<DataType>::Search(BiThrTree head,
    DataType x){
    //在以 head 为头结点的中序线索二叉树中查找值为 x 的结点
    BiThrTree p;
    p=head->lchild;
    while(p->ltag==0&&p!=head)
        p=p->lchild;                    //找左下角结点
    while(p!=head&&p->data!=x)
        p=InPostNode(p);
    if(p==head)
        return NULL;                    //没有找到符合要求结点，查找失败，返回空指针
    else
        return p;
}
```

7. 在中序线索二叉树上的更新

线索二叉树的更新是指：在线索二叉树中插入一个结点或者删除一个结点。一般情况下，这些操作有可能破坏原来已有的线索，因此，在修改指针时，还需要对线索做相

应的修改。一般来说，这个过程的代价几乎与重新进行线索化相同。这里仅讨论一种比较简单的情况，即在中序线索二叉树中插入一个结点 p，使它成为结点 s 的右孩子。

下面分两种情况来分析：

① 若 s 的右子树为空，如图 6-13（a）所示，则插入结点 p 之后成为图 6-13（b）所示的情形。在这种情况下，s 的后继将成为 p 的中序后继，s 成为 p 的中序前驱，而 p 成为 s 的右孩子。二叉树中其他部分的指针和线索不发生变化。

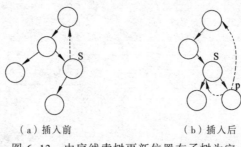

（a）插入前　　　　　　　　（b）插入后

图 6-13　中序线索树更新位置右子树为空

② 若 s 的右子树非空，如图 6-14（a）所示，插入结点 p 之后如图 6-14（b）所示。s 原来的右子树变成 p 的右子树，由于 p 没有左子树，故 s 成为 p 的中序前驱，p 成为 s 的右孩子；又由于 s 原来的后继成为 p 的后继，因此还要将本来指向 s 的前驱左线索，改为指向 p。

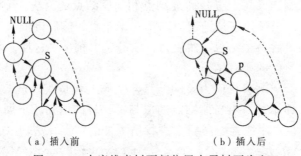

（a）插入前　　　　　　　　（b）插入后

图 6-14　中序线索树更新位置右子树不为空

【算法 6-18】在中序线索二叉树上插入一个结点算法。

```
void BiThrTree<DataType>::InsertThrRight(BiThrTree s,BiThrTree p){
    //在中序线索二叉树中插入结点 p 使其成为结点 s 的右孩子
    BiThrTree w;
    p->rchild=s->rchild;
    p->rtag=s->rtag;
    p->lchild=s;
    p->ltag=1;                    //将 s 变为 p 的中序前驱
    s->rchild=p;
    s->rtag=0;                    //p 成为 s 的右孩子
    if(p->rtag==0){
        //当 s 原来右子树不空时，找到 s 的后继 w，变 w 为 p 的后继，p 为 w 的前驱
        w=InPostNode(p);          //在以 p 为根结点的子树上找中序遍历下的第一个结点
        w->lchild=p;
    }
}
```

读者可依据线索树的特点，思考先序线索树和后序线索树上的遍历实现。

6.5 二叉树的应用举例

在以上讨论的遍历算法中，访问结点的数据域信息，即操作 Visit(p->data)具有更一般的意义，需根据具体问题，对 p 结点数据进行不同的操作。下面介绍几个遍历操作的典型应用。

6.5.1 查找数据元素

Search(bt,x)：在 bt 为根结点指针的二叉树中查找数据元素 x。查找成功时，返回该结点的指针；查找失败时，返回空指针。

算法实现如下，注意遍历算法中的 Visit(p->data)等同于其中的一组操作步骤。

【算法 6-19】在 bt 二叉树中查找数据元素 x 的算法。

```
BiTree  Search(BiTNode *bt,DataType x){
    //在 bt 为根结点指针的二叉树中查找数据元素 x
    BiTNode *p;
    if(bt){
        if(bt->data==x)
            return bt;                    //查找成功返回
        if(bt->lchild!=NULL){
            //在 bt->lchild 为根结点指针的二叉树中查找数据元素 x
            p=Search(bt->lchild,x);
            if(p)
                return p;
        }
        if(bt->rchild!=NULL){
            //在 bt->rchild 为根结点指针的二叉树中查找数据元素 x
            p=Search(bt->rchild,x);
            if(p)
                return p;
        }
    }
    return NULL;                          //查找失败返回
}
```

6.5.2 统计给定二叉树中叶结点的数目

1. 顺序存储结构的实现

【算法 6-20】统计给定二叉树中叶子结点的数目算法。

```
int CountLeaf1(SqBiTree bt,int k)
    //一维数组 bt[2^k-1]为二叉树存储结构，k 为二叉树深度，函数返回值为叶子数
    int i,total;
    total=0;
    for(i=1;i<=2^k-1;i++)
        if(bt[i-1]!=0)                //bt[i-1]=0 表示编号为 i 的结点为虚结点
            if((i>(2^k-1)/2-1)||(bt[2*i-1]==0&&bt[2*i]==0))
```

```
                total++;
    return total;
}
```

2. 二叉链表存储结构的实现

【算法 6-21】 统计给定二叉树中叶子结点的数目算法。

```
int CountLeaf2(BiNode *bt){
    //开始时，bt 为根结点所在链结点的指针，返回值为 bt 的叶子数
    if(!bt)                              //空二叉树
        return 0;
    if(bt->lchild==NULL&&bt->rchild==NULL)
        return 1;                        //只有根结点
    return (CountLeaf2(bt->lchild)+CountLeaf2(bt->rchild));
}
```

6.5.3 创建二叉树的二叉链表存储

设创建时，按二叉树带空指针的先序次序输入结点值，结点值类型为字符型；按中序遍历顺序输出。

① CreateBiTree(BiTree *bt)：以二叉链表为存储结构建立一棵二叉树 *T* 的存储，bt 为指向二叉树 *T* 根结点指针的指针。设建立如图 6-3（b）所示的二叉树存储，建立时，输入序列为：ABD0G000CE00F00（0 表示空）。

② InOrderOut(bt)：按中序输出二叉树 bt 的结点。

算法实现如下：注意在创建算法中，遍历算法中的 Visit(p->data)被读入结点、申请空间存储的操作所代替；在输出算法中，遍历算法中的 Visit(p->data)被 Visual C++语言中的格式输出语句所代替。

【算法 6-22】 建立二叉树的二叉链表存储算法。

```
void CreateBiTree(BiTNode **T){
    //以加入结点的先序序列输入，构造二叉链表
    char ch;
    cin>>ch;
    if(ch=='0')
        (*T)=NULL;                       //读入 0 时，将相应结点置空
    else{
        (*T)=new BiTNode;                //生成结点空间
        (*T)->data=ch;
        CreateBiTree(&(*T)->lchild);     //构造二叉树的左子树
        CreateBiTree(&(*T)->rchild);     //构造二叉树的右子树
    }
}
void InOrderOut(BiTNode *T){
    //中序遍历输出二叉树 T 的结点值
    if(T){
        InOrderOut(T->lchild);           //中序遍历二叉树的左子树
        cout<<T->data<<endl;             //访问结点的数据
        InOrderOut(T->rchild);           //中序遍历二叉树的右子树
    }
}
```

```
void main(){
    BiTree bt;
    CreateBiTree(&bt);
    InOrderOut(bt);
}
```

6.5.4 表达式运算

可以把任意一个算术表达式用一棵二叉树表示，图 6-15 所示为表达式 $3x^2+x-1/x+5$ 的二叉树表示。在表达式二叉树中，每个叶子结点都是操作数，每个非叶子结点都是运算符。对于一个非叶子结点，它的左、右子树分别是它的两个操作数。

对该二叉树分别进行先序、中序和后序遍历，可以得到表达式的 3 种不同的表示形式：

① 前缀表达式：$+-+*3*xxx/1x5$。

② 中缀表达式：$3*x*x+x-1/x+5$。

③ 后缀表达式：$3xx**x+1x/-5+$。

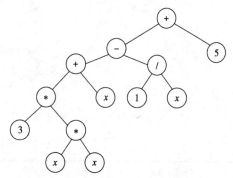

图 6-15 表达式 $3x^2+x-1/x+5$ 的二叉树表示

中缀表达式是经常使用的算术表达式，前缀表达式和后缀表达式分别称为波兰式和逆波兰式，它们在编译程序中有着非常重要的作用。

6.6 哈 夫 曼 树

在二叉树的许多应用问题中，特别是涉及算法分析和数据编码的应用中，路径长度是一个很重要的概念。哈夫曼树就是带权路径长度最小的二叉树。

6.6.1 问题引入

先看一个例子。

例如，要编制一个将百分制转换为五级分制的程序。显然，此程序很简单，利用条件语句便可完成，例如：

```
if(a<60)
    b="bad";
else
    if(a<70)
        b="pass";
    else
        if(a<80)
            b="general";
        else
            if(a<90)
                b="good";
            else
                b="excellent";
```

这个判定过程可用图 6-16（a）所示的判定树来表示。如果上述程序需反复使用，而且每次的输入量很大，则应考虑程序的质量问题，即其操作所需要的时间。因为在实际中，学生的成绩在 5 个等级上的分布是不均匀的，假设其分布规律如表 6-2 所示。

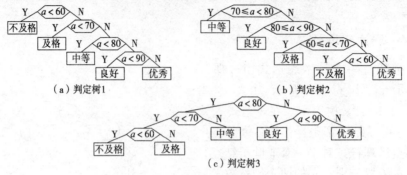

图 6-16　转换五级分制的判定过程

表 6-2　成绩在等级上的分布表

分　　　数	比　例　数	分　　　数	比　例　数
0～59	0.05	80～89	0.30
60～69	0.15	90～100	0.10
70～79	0.40		

此时，80%以上的数据需进行 3 次或 3 次以上的比较才能得出结果。

若按图 6-16（b）所示的判定过程进行判定，可使大部分的数据经过较少的比较次数就能得出结果。但由于每个判定框都有两次比较，将这两次比较分开，得到如图 6-16（c）所示的判定树，按此判定树可写出相应的程序。

假设有 10 000 个输入数据，若按图 6-16（a）的判定过程进行操作，则总共需进行 31 500 次比较；而若按图 6-16（c）的判定过程进行操作，则总共仅需进行 22 000 次比较。

由此可见，同一个问题采用不同的判定树来解决，效率是不一样的。如果希望出现概率高的结果能够更快地被搜索到，就提出了一个问题：以怎样的顺序搜索效率最高？这就是最优树要解决的问题。

6.6.2　哈夫曼树的基本概念及其构造方法

最优二叉树，也称哈夫曼树，是指对于一组带有确定权值的叶子结点，构造的具有最小带权路径长度的二叉树。

那么什么是二叉树的带权路径长度呢？

前面介绍过路径和结点的路径长度的概念，而二叉树的路径长度则是指由根结点到所有叶子结点的路径长度之和。如果二叉树中的叶子结点都具有一定的权值，则可将这一概念加以推广。设二叉树具有 n 个带权值的叶子结点，那么从根结点到各个叶子结点的路径长度与相应结点权值的乘积之和叫作二叉树的带权路径长度，记为

$$\text{WPL}=\sum_{k=1}^{n} W_k L_k$$

其中，W_k 为第 k 个叶子结点的权值，L_k 为第 k 个叶子结点的路径长度。图 6-17 所示

的二叉树，它的带权路径长度值 WPL=2×2+4×2+5×2+3×2=28。

给定一组具有确定权值的叶子结点，可以构造出不同的带权二叉树。例如，给出 4 个叶子结点，设其权值分别为 1、3、5、7，则可以构造出形状不同的多个二叉树。这些形状不同的二叉树的带权路径长度将各不相同。图 6-18 给出了其中 5 个不同形态的二叉树。

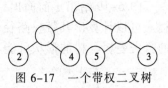

图 6-17 一个带权二叉树

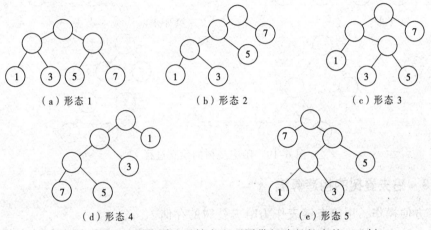

（a）形态 1　　　　　　（b）形态 2　　　　　　（c）形态 3

（d）形态 4　　　　　　　　（e）形态 5

图 6-18 具有相同叶子结点和不同带权路径长度的二叉树

这 5 棵树的带权路径长度分别为：

① WPL=1×2+3×2+5×2+7×2=32。

② WPL=1×3+3×3+5×2+7×1=29。

③ WPL=1×2+3×3+5×3+7×1=33。

④ WPL=7×3+5×3+3×2+1×1=43。

⑤ WPL=7×1+5×2+3×3+1×3=29。

由此可见，由相同权值的一组叶子结点所构成的二叉树有不同的形态和不同的带权路径长度，那么如何找到带权路径长度最小的二叉树（即哈夫曼树）呢？根据哈夫曼树的定义，一棵二叉树要使其 WPL 值最小，必须使权值越大的叶子结点越靠近根结点，而权值越小的叶子结点越远离根结点。哈夫曼（Haffman）依据这一特点提出了一种方法，这种方法的基本思想如下：

① 由给定的 n 个权值$\{W_1,W_2,\cdots,W_n\}$构造 n 棵只有一个叶子结点的二叉树，从而得到一个二叉树的集合 $F=\{T_1,T_2,\cdots,T_n\}$。

② 在 F 中选取根结点的权值最小和次小的两棵二叉树作为左、右子树构造一棵新的二叉树，这棵新的二叉树根结点的权值为其左、右子树根结点权值之和。

③ 在集合 F 中删除作为左、右子树的两棵二叉树，并将新建立的二叉树加入到集合 F 中。

④ 重复②、③两步，当 F 中只剩下一棵二叉树时，这棵二叉树便是所要建立的哈夫曼树。

图 6-19 给出了前面提到的叶子结点权值集合为 $W=\{1,3,5,7\}$ 的哈夫曼树的构造过程。可以计算出其带权路径长度为 29。由此可见，对于同一组给定叶子结点所构造的哈夫曼树，树的形状可能不同，但带权路径长度值是相同的，一定是最小的。

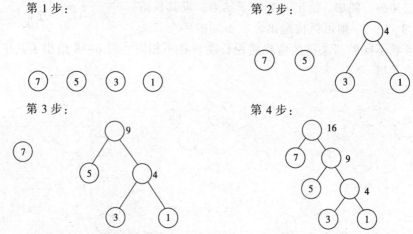

图 6-19　哈夫曼树的建立过程

6.6.3　哈夫曼树的构造算法

为了方便操作，用静态链表作为哈夫曼树的存储。

在构造哈夫曼树时，设置一个结构数组 HuffNode 保存哈夫曼树中各结点的信息，根据二叉树的性质可知，具有 n 个叶子结点的哈夫曼树共有 $2n-1$ 个结点，所以数组 HuffNode 的大小设置为 $2n-1$，结点的结构形式如下：

weight	lchild	rchild	parent

其中，weight 域保存结点的权值，lchild 和 rchild 域分别保存该结点的左、右孩子结点在数组 HuffNode 中的序号，从而建立起结点之间的关系。为了判定一个结点是否已加入到要建立的哈夫曼树中，可通过 parent 域的值来确定。初始时 parent 的值为-1，当结点加入到树中时，该结点 parent 的值为其双亲结点在数组 HuffNode 中的序号，就不会是-1 了。

构造哈夫曼树时，首先将由 n 个字符形成的 n 个叶子结点存放到数组 HuffNode 的前 n 个分量中，然后根据前面介绍的哈夫曼方法的基本思想，不断将两个较小的子树合并为一个较大的子树，每次构成的新子树的根结点顺序放到 HuffNode 数组中的前 n 个分量的后面。

【算法 6-23】哈夫曼树的构造算法。

```
#define Maxvalue ...                //定义最大权值整数常量
#define Maxleaf ...                 //定义哈夫曼树中叶子结点个数整数常量
#define Maxnode  Maxleaf*2-1        //定义哈夫曼树中结点个数整数常量
typedef struct{
    int weight;
    int parent;
    int lchild;
    int rchild;
}HNodeType;
```

```
HNodeType *HaffmanTree(){
HNodeType HuffNode[Maxnode];
int i,j,n;
int m1,m2,x1,x2;
cin>>n;                              //输入叶子结点个数
for(i=0;i<2*n-1;i++){                //数组HuffNode[]初始化
    HuffNode[i].weight=0;
    HuffNode[i].parent=-1;
    HuffNode[i].lchild=-1;
    HuffNode[i].rchild=-1;
}
for(i=0;i<n;i++)
    cin>>HuffNode[i].weight;         //输入n个叶子结点的权值
for(i=0;i<n-1;i++){                  //构造哈夫曼树
    m1=m2=Maxvalue;
    x1=x2=0;
    for(j=0;j<n+i;j++){              //选取最小和次小两个权值
        if(HuffNode[j].parent==-1&&HuffNode[j].weight<m1){
            m2=m1;
            x2=x1;
            m1=HuffNode[j].weight;
            x1=j;
        }
        else
            if(HuffNode[j].parent==-1&&HuffNode[j].weight<m2){
                m2=HuffNode[j].weight;
                x2=j;
            }
    }
    //将找出的两棵子树合并为一棵子树
    HuffNode[x1].parent=n+i;
    HuffNode[x2].parent=n+i;
    HuffNode[n+i].weight=Huff
Node[x1].weight+HuffNode
[x2].weight;
    HuffNode[n+i].lchild=x1;
    HuffNode[n+i].rchild=x2;
}
return HuffNode;
}
```

图 6-19 所示的哈夫曼树最后的 HuffNode 如右侧所示。

	weight	lchild	rchild	Parent
0	7	-1	-1	6
1	5	-1	-1	5
2	3	-1	-1	4
3	1	-1	-1	4
4	4	3	2	5
5	9	4	1	6
6	16	0	5	-1

6.6.4 哈夫曼编码

在数据通信中，经常需要将传送的文字转换成由二进制字符 0、1 组成的二进制串，称之为编码。例如，假设要传送的电文为 ABACCDA，电文中只含有 A、B、C、D 字符，若这 4 种字符采用表 6-3（a）所示的编码，则电文的代码为 000010000100100111000，长度为 21。在传送电文时，人们总是希望传送时间尽可能短，这就要求电文代码尽可能短，显然，这种编码方案产生的电文代码不够短。表 6-3（b）所示为另一种编码方案，用此编码对上述电文进行编码所建立的代码为

00010010101100，长度为 14。在这种编码方案中，4 种字符的编码均为两位，是一种等长编码。如果在编码时考虑字符出现的频率，让出现频率高的字符采用尽可能短的编码，出现频率低的字符采用稍长的编码，构造一种不等长编码，则电文的代码就可能更短。例如，当字符 A、B、C、D 采用表 6-3（c）所示的编码时，上述电文的代码为 0110010101110，长度仅为 13。

表 6-3　字符的 4 种不同的编码方案

字　符	编　码	字　符	编　码	字　符	编　码	字　符	编　码
A	000	A	00	A	0	A	01
B	010	B	01	B	110	B	010
C	100	C	10	C	10	C	001
D	111	D	11	D	111	D	10
（a）		（b）		（c）		（d）	

等长编码的编码和译码比较简单，如果每个字符的使用频率相等，等长编码是空间效率最高的编码方法。如果字符使用的频率不同，可以让频率高的字符采用尽可能短的编码，相应地，让频率低的字符采用稍长的编码来构造不等长编码，则会获得更好的空间效率。而不等长编码如果设计得不合理，会给解码带来困难，同一个编码有可能在译码时出现多种可能，例如，表 6-3（d）的编码方案，字符 A 的编码 01 是字符 B 的编码 010 的前缀部分，这样对于代码串 0101001，既是 AAC 的代码，也是 ABD 和 BDA 的代码，这样的编码不能保证译码的唯一性，称为具有二义性的译码。因此，在设计不等长编码时必须使任何一个字符的编码都不是另一个字符编码的前缀，这样才能保证译码的唯一性。

从上面的讨论可以看出，构造编码的时候人们希望解决的两个问题是：

① 编码总长最短。

② 译码的唯一性。

哈夫曼树可用于构造使电文的编码总长最短的编码方案。具体做法如下：设需要编码的字符集合为 $\{d_1, d_2, \cdots, d_n\}$，它们在电文中出现的次数或频率集合为 $\{w_1, w_2, \cdots, w_n\}$，以 d_1，d_2，$\cdots$，d_n 作为叶子结点，w_1，w_2，$\cdots$，w_n 作为它们的权值，构造一棵哈夫曼树，规定哈夫曼树中的左分支代表 0，右分支代表 1，则从根结点到每个叶子结点所经过的路径分支组成的 0 和 1 的序列便为该结点对应字符的编码，称为哈夫曼编码。

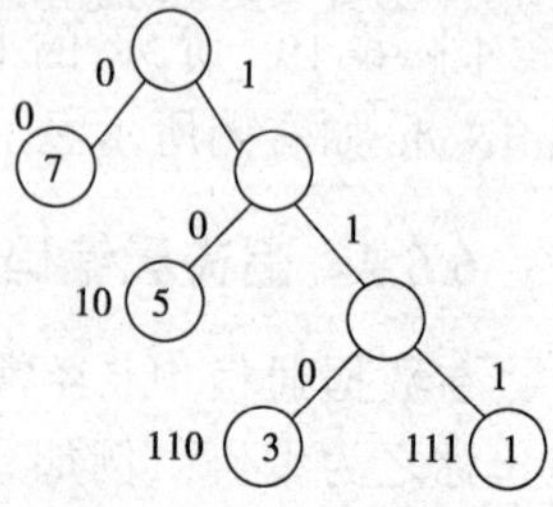

例如，对图 6-19 所得到的哈夫曼树进行编码的过程如图 6-20 所示。其中权值为 7 的字符编码为 0，权值为 5 的字符编码为 10，权值为 3 的字符编码为 110，权值为 1 的字符编码为 111。可看出，权值越大编码长度越短，权值越小编码长度越长。

图 6-20　对图 6-19 所得哈夫曼树的叶结点进行编码

在哈夫曼编码树中，树的带权路径长度的含义是各个字符的码长与其出现次数或频度的乘积之和，也就是电文的代码总长或平均码长，所以采用哈夫曼树构造的编码是一种能使电文代码总长最短的不等长编码。

采用哈夫曼树进行编码，不会产生上述二义性问题。因为，在哈夫曼树中，每个字符结点都是叶结点，它们不可能在根结点到其他字符结点的路径上，所以一个字符的哈夫曼编码不可能是另一个字符的哈夫曼编码的前缀，从而保证了译码的非二义性。

下面讨论实现哈夫曼编码的算法。实现哈夫曼编码的算法可分为两大部分：

① 构造哈夫曼树。

② 在哈夫曼树上求叶结点的编码。

求哈夫曼编码，实质上就是在已建立的哈夫曼树中，从叶子结点开始，沿结点的双亲链域退回到根结点，每退回一步，就走过了哈夫曼树的一个分支，从而得到一位哈夫曼码值。由于一个字符的哈夫曼编码是从根结点到相应叶子结点所经过的路径上各分支所组成的 0、1 序列，因此先得到的分支代码为所求编码的低位码，后得到的分支代码为所求编码的高位码。可以设置一结构数组 HuffCode 用来存储各字符的哈夫曼编码信息，数组元素的结构如下：

bit	start

其中，分量 bit 为一维数组，用来保存字符的哈夫曼编码，start 表示该编码在数组 bit 中的开始位置。所以，对于第 i 个字符，它的哈夫曼编码存放在 HuffCode[i].bit 中的从 HuffCode[i]. start 到 n 的分量上。

【算法 6-24】哈夫曼编码算法。

```
#define Maxbit …                   //定义哈夫曼编码的最大长度整数常量
typedef struct{
    int bit[Maxbit];
    int start;
}HCodeType;
void HaffmanCode(){
    HNodeType HuffNode[Maxnode];
    HCodeType HuffCode[Maxleaf],cd;
    int i,j,c,p;
    HuffNode=HuffmanTree();             //建立哈夫曼树
    for(i=0;i<n;i++){                    //求每个叶子结点的哈夫曼编码
        cd.start=n-1;
        c=i;
        p=HuffNode[c].parent;
        while(p!=-1){                    //由叶子结点向上直到树根
            if(HuffNode[p].lchild==c)
                cd.bit[cd.start]=0;
            else
                cd.bit[cd.start]=1;
            cd.start--;
            c=p;
            p=HuffNode[c].parent;
        }
        for(j=cd.start+1;j<n;j++)
                        //保存求出的每个叶结点的哈夫曼编码和编码的起始位
            HuffCode[i].bit[j]=cd.bit[j];
        HuffCode[i].start=cd.start;
    }
```

```
for(i=0;i<n;i++){          //输出每个叶子结点的哈夫曼编码
    for(j=HuffCode[i].start+1;j<n;j++)
        cout<<HuffCode[i].bit[j];
    cout<<endl;
}
}
```

对于图 6-20 所示的各字符的编码表示如下：

Huffcode	Bit				start
	0	1	2	3	
0				0	3
1			1	0	2
2		1	1	0	1
3		1	1	1	1

小　结

　　二叉树是有限个元素的集合，该集合或者为空，或者由一个称为根（Root）的元素及两个不相交的、被分别称为左子树和右子树的二叉树组成。当集合为空时，称该二叉树为空二叉树。在二叉树中，一个元素也称作一个结点。

　　二叉树是度为 2 的有序树，若一棵深度为 h 的二叉树，其前 $h-1$ 层都是充满的，即没有空缺位置，最后一层可以满，也可以不满，并且允许在任何位置出现空缺，则称此二叉树为理想二叉树；若前述条件都相同，但只允许最后一层的右边位置出现空缺，左边必须是连续存在结点，则称此二叉树为完全二叉树；若最后一层也都是充满的，不空缺任何位置，则称此二叉树为满二叉树。

　　二叉树具有顺序和链式两种存储结构，对于完全二叉树通常采用顺序存储结构，对于普通二叉树通常采用链式存储结构。

　　遍历是二叉树的主要运算，它包括先序、中序、后序和层次 4 种不同的遍历次序，前 3 种通过递归算法或使用栈的非递归算法实现，后一种通过使用队列的非递归算法实现，每一种遍历算法的时间复杂度均为 $O(n)$。

　　一个具有 n 个结点的二叉树若采用二叉链表存储结构，在 $2n$ 个指针域中只有 $n-1$ 个指针域是用来存储结点孩子的地址，而另外 $n+1$ 个指针域存放的都是 NULL。因此，可以利用某结点空的左指针域（lchild）指出该结点在某种遍历序列中的直接前驱结点的存储地址；利用结点空的右指针域（rchild）指出该结点在某种遍历序列中的直接后继结点的存储地址；对于那些非空的指针域，则仍然存放指向该结点左、右孩子的指针。这样，就得到了一棵线索二叉树。

习　题

一、选择题

1. 下列说法正确的是（　　　）。

　　A. 二叉树中任何一个结点的度都为 2

B. 二叉树的度为 2

C. 任一棵二叉树中至少有一个结点的度为 2

D. 二叉树的度可小于 2

2. 以二叉链表作为二叉树的存储结构，在具有 n 个结点的二叉链表中（n>0），空链域的个数为（　　　）。

　　A. 2n-1　　　　　　B. n-1　　　　　　C. n+1　　　　　　D. 2n+1

3. 线索化二叉树中，某结点*p 没有孩子的充要条件是（　　　）。

　　A. p->lchild=NULL　　　　　　　　B. p->ltag=1 且 p->rtag=1

　　C. p->ltag=0　　　　　　　　　　D. p->lchild=NULL 且 p->ltag=1

4. 如果结点 A 有 3 个兄弟，而且 B 是 A 的双亲，则 B 的度是（　　　）。

　　A. 3　　　　　　　　B. 4　　　　　　　C. 5　　　　　　　D. 1

5. 某二叉树 T 有 n 个结点，设按某种顺序对 T 中的每个结点进行编号，编号值为 1,2,...,n。且有如下性质：T 中任意结点 v，其编号等于左子树上的最小编号减 1，而 v 的右子树的结点中，其最小编号等于 v 左子树上结点的最大编号加 1，这是按（　　　）编号的。

　　A. 中序遍历序列　　　　　　　　B. 先序遍历序列

　　C. 后序遍历序列　　　　　　　　D. 层次顺序

6. 任何一棵二叉树的叶结点在先序、中序、后序遍历序列中的相对次序（　　　）。

　　A. 不发生改变　　　　　　　　　B. 发生改变

　　C. 不能确定　　　　　　　　　　D. 以上都不对

7. 一棵完全二叉树上有 1001 个结点，其中叶子结点的个数是（　　　）。

　　A. 500　　　　　　B. 501　　　　　　C. 490　　　　　　D. 495

8. 若一棵二叉树的后序遍历序列为 dabec，中序遍历序列为 debac，则先序遍历序列为（　　　）。

　　A. cbed　　　　　B. decab　　　　　C. deabc　　　　　D. cedba

9. 若一棵二叉树的先序遍历序列为 abdgcefh，中序遍历的序列为 dgbaechf，则后序遍历的结果为（　　　）。

10. 一棵非空二叉树的先序遍历序列与后序遍历序列正好相反，则该二叉树一定满足（　　　）。

　　A. 所有的结点均无左孩子

　　B. 所有的结点均无右孩子

　　C. 只有一个叶子结点

　　D. 是一棵满二叉树

二、简答题

1. 对于如图 6-21 所示的二叉树，试给出：

（1）它的顺序存储结构示意图。

（2）它的二叉链表存储结构示意图。

（3）它的三叉链表存储结构示意图。

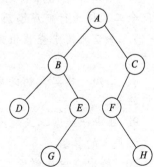

图 6-21　题 1 图

2. 证明：在结点数多于 1 的哈夫曼树中不存在度为 1 的结点。

3. 证明：若哈夫曼树中有 n 个叶结点，则树中共有 $2n-1$ 个结点。

4. 证明：由二叉树的前序序列和中序序列可以唯一地确定一棵二叉树。

5. 已知一棵度为 m 的树中有 n_1 个度为 1 的结点，n_2 个度为 2 的结点，…，n_m 个度为 m 的结点，问该树中共有多少个叶子结点？有多少个非终端结点？

6. 设高度为 h 的二叉树上只有度为 0 和度为 2 的结点，问该二叉树的结点数可能达到的最大值和最小值。

7. 求表达式 $(a+b*(c-d))-e/f$ 的波兰式（前缀式）和逆波兰式（后缀式）。

8. 画出和下列已知序列对应的二叉树。

（1）二叉树的先序次序访问序列为：$GFKDAIEBCHJ$。

（2）二叉树的中序访问次序为：$DIAEKFCJHBG$。

9. 画出和下列已知序列对应的二叉树。

（1）二叉树的后序次序访问序列为：$CFEGDBJLKIHA$。

（2）二叉树的中序访问次序为：$CBEFDGAJIKLH$。

10. 画出和下列已知序列对应的二叉树。

（1）二叉树的层次序列为：$ABCDEFGHIJ$。

（2）二叉树的中序次序为：DBGEHJACIF。

三、算法设计题

1. 给定一棵用二叉链表表示的二叉树，其根指针为 root。试写出求二叉树结点的数目的算法（递归算法或非递归算法）。

2. 设计一个算法，要求该算法把二叉树的叶结点按从左至右的顺序链成一个单链表。二叉树按二叉链表方式存储，链接时用叶结点的 rchild 域存放链指针。

3. 给定一棵用二叉链表表示的二叉树，其根指针为 root。试写出求二叉树的深度的算法。

4. 给定一棵用二叉链表表示的二叉树，其根指针为 root。试写出求二叉树各结点的层数的算法。

5. 给定一棵用二叉链表表示的二叉树，其根指针为 root。试写出将二叉树中所有结点的左、右子树相互交换的算法。

6. 一棵 n 个结点的完全二叉树以一维数组作为存储结构，试设计非递归算法对该完全二叉树进行前序遍历。

7. 在二叉树中查找值为 x 的结点，试设计打印值为 x 的结点的所有祖先结点的算法。

8. 已知一棵二叉树的后序遍历序列和中序遍历序列，写出可以唯一确定一棵二叉树的算法。

9. 在中序线索二叉树上插入一个结点 p 作为树中某结点 q 的左孩子，试给出实现上述要求的算法。

10. 给出在中序线索二叉树上删除某结点 p 的左孩子结点的算法。

第 7 章

树 与 森 林 ⋘

重点与难点：

- 树和森林的概念、存储表示。
- 树、森林与二叉树之间的相互转化。
- 树和森林的遍历。
- 根据遍历序列恢复树或森林的方法。
- 树的实际应用。

树是一般的树形结构。本章所讨论的树，其结点可以有任意数目的子结点，这使其在存储及操作实现上要比二叉树更为复杂。

7.1　树的概念与表示

树结构从自然界中的树抽象而来，有树根、从根发源类似枝权的分支关系以及作为分支终点的叶子等。生活中存在大量的树结构，如家谱、Windows 操作系统的文件目录管理等，虽然表现形式各不相同，但本质上结构是相同的。

7.1.1　树的定义及相关术语

1. 树的定义

树是 n（$n \geq 0$）个有限数据元素的集合。当 $n=0$ 时，称这棵树为空树。在一棵非空树 T 中：

① 有一个特殊的数据元素称为树的根结点，根结点没有前驱结点。

② 若 $n>1$，除根结点之外的其余数据元素被分成 m（$m>0$）个互不相交的集合 $T_1,T_2,\cdots,T_m$，其中每一个集合 T_i（$1 \leq i \leq m$）本身又是一棵树。树 $T_1,T_2,\cdots,T_m$ 称为这个根结点的子树。

可以看出，在树的定义中用了递归概念，即用树来定义树。因此，树结构的算法类同于二叉树结构的算法，也可以使用递归方法。

树的定义还可形式化地描述为二元组的形式

$$T=(D,R)$$

其中，D 为树 T 中结点的集合，R 为树中结点之间关系的集合。

当树为空树时，$D=\varnothing$；当树 T 不为空树时，有

$$D = \{\text{root}\} \cup D_F$$

其中，root 为树 T 的根结点，D_F 为树 T 的根 root 的子树集合。D_F 可由下式表示

$$D_F = D_1 \cup D_2 \cup \cdots \cup D_m \text{ 且 } D_i \cap D_j = \varnothing \ (\ i \neq j, 1 \leqslant i \leqslant m, 1 \leqslant j \leqslant m\ )$$

当树 T 中结点个数 $n \leqslant 1$ 时，$R = \varnothing$；当树 T 中结点个数 $n > 1$ 时，有

$$R = \{<root, r_i>, \ i = 1, 2, \cdots, m\}$$

其中，root 为树 T 的根结点，r_i 是树 T 的根结点 root 的子树 T_i 的根结点。

树定义的形式化，主要用于树的理论描述。

图 7-1（a）是一棵具有 9 个结点的树，即 $T = \{A, B, C, \cdots, H, I\}$，结点 A 为树 T 的根结点，除根结点 A 之外的其余结点分为两个不相交的集合：$T_1 = \{B, D, E, F, H, I\}$ 和 $T_2 = \{C, G\}$，T_1 和 T_2 构成了结点 A 的两棵子树，T_1 和 T_2 本身也分别是一棵树。例如，子树 T_1 的根结点为 B，其余结点又分为 3 个不相交的集合：$T_{11} = \{D\}$，$T_{12} = \{E, H, I\}$ 和 $T_{13} = \{F\}$。T_{11}、T_{12} 和 T_{13} 构成了子树 T_1 的根结点 B 的 3 棵子树。如此可继续向下分为更小的子树，直到每棵子树只有一个根结点为止。

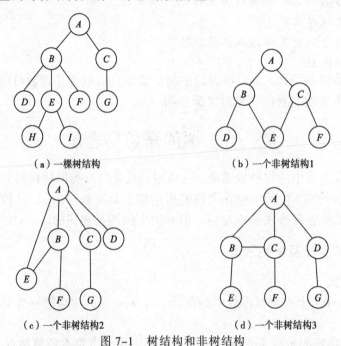

（a）一棵树结构　　　　　　　　　　（b）一个非树结构1

（c）一个非树结构2　　　　　　　　　（d）一个非树结构3

图 7-1　树结构和非树结构

从树的定义和图 7-1（a）的示例可以看出，树具有下面两个特点：

① 树的根结点没有前驱结点，除根结点之外的所有结点有且只有一个前驱结点。

② 树中所有结点可以有零个或多个后继结点。

由此特点可知，图 7-1（b）、图 7-1（c）和图 7-1（d）所示的都不是树结构。

2．相关术语

在二叉树中介绍的有关概念在树中仍然适用。除此之外，再介绍两个关于树的术语。

① 有序树和无序树：如果一棵树中结点的各子树从左到右是有次序的，即若交换了某结点各子树的相对位置，则构成不同的树，称这棵树为有序树；反之，则称为无序树。

② 森林：零棵或有限棵不相交的树的集合称为森林。自然界中树和森林是不同的概念，但在数据结构中，树和森林只有很小的差别。任何一棵树，删去根结点就变成了森林。

7.1.2 树的表示

树的表示方法有以下 4 种，各用于不同的目的。

1．直观表示法

树的直观表示法就是以倒着的分支树的形式表示，图 7–1（a）就是一棵树的直观表示。其特点就是对树的逻辑结构的描述非常直观，是数据结构中最常用的树的描述方法。

2．嵌套集合表示法

所谓嵌套集合是指一些集合的集体，对于其中任何两个集合，或者不相交，或者一个包含另一个。用嵌套集合的形式表示树，就是将根结点视为一个大的集合，其若干棵子树构成这个大集合中若干个互不相交的子集，如此嵌套下去，即构成一棵树的嵌套集合表示。图 7–2（a）就是图 7–1（a）这棵树的嵌套集合表示。

3．广义表表示法

树用广义表表示，就是将根作为由子树森林组成的表的名字写在表的左边，这样依次将树表示出来。图 7–2（b）就是广义表表示。

4．凹入表示法

树的凹入表示法如图 7–2（c）所示。

每个结点对应一个矩形，所有结点的矩形都右对齐，根结点用最长的矩形表示，同一层的结点的矩形长度相同，层次越高，矩形长度越短。

树的凹入表示法主要用于树的屏幕和打印输出。

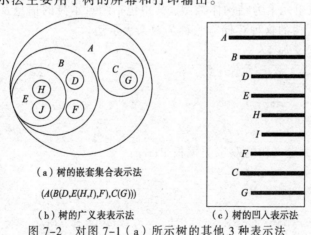

（a）树的嵌套集合表示法

$(A(B(D,E(H,I),F),C(G)))$

（b）树的广义表表示法

（c）树的凹入表示法

图 7–2 对图 7–1（a）所示树的其他 3 种表示法

7.2 树的基本操作与存储

在计算机中，树的存储有多种方式，既可以采用顺序存储结构，也可以采用链式存储结构，但无论采用何种存储方式，都要求存储结构不但能存储各结点本身的数据信息，还要能唯一地反映树中各结点之间的逻辑关系。树的基本操作也是以这些逻辑关系为基础实现的。

7.2.1 树的基本操作

树的基本操作通常有以下几种：

① Tree(t)：初始化一棵空树 t。

② Root(x)：求结点 x 所在树的根结点。

③ Parent(t,x)：求树 t 中结点 x 的双亲结点。

④ Child(t,x,i)：求树 t 中结点 x 的第 i 个孩子结点。

⑤ RightSibling(t,x)：求树 t 中结点 x 的第一个右边兄弟结点。

⑥ Insert(t,x,i,s)：把以 s 为根结点的树插入到树 t 中作为结点 x 的第 i 棵子树。

⑦ Delete(t,x,i)：在树 t 中删除结点 x 的第 i 棵子树。

⑧ Tranverse(t)：树的遍历操作，即按某种方式访问树 t 中的每个结点，且使每个结点只被访问一次。

7.2.2 树的存储结构

在计算机中，树的存储有多种方式，既可以采用顺序存储结构，也可以采用链式存储结构，但无论采用何种存储方式，都要求存储结构不但能存储各结点本身的数据信息，还要能唯一地反映树中各结点之间的逻辑关系。下面介绍几种基本树的存储方式。

1. 双亲表示法

由树的定义可以知道，树中的每个结点都有唯一的双亲结点，根据这一特性，可用一组连续的存储空间（一维数组）存储树中的各个结点，数组中的一个元素表示树中的一个结点，数组元素为结构体类型，其中包括结点本身的信息及结点的双亲结点在数组中的序号，树的这种存储方法称为双亲表示法。

树的结点类定义如下：

```
Template<class DataType>
struct PTNode{
    DataType  data;
    int  parent;
};
```

基于 PTNode，定义树的双亲类模板 PTree：

```
Template<class DataType>
class  PTree{
    private:
        PTNode<DataType> *t;       //结点的存储空间
        int size;                  //存储空间的大小
        int n;                     //结点数
    public:
        PTree();                   //初始化一棵空树
        ~PTree();                  //撤销一棵树
        DataType  Parent(t,x);     //求树 t 中结点 x 的双亲
```

```
        DataType  Child(t,x,i);        //求树 t 中结点 x 的第 i 个孩子
        ...
};
```

图 7-1（a）所示的树的双亲表示法如图 7-3 所示。图中用 parent 域的值为-1 表示该结点无双亲结点，即该结点是一个根结点。

序号	data	parent
0	A	-1
1	B	0
2	C	0
3	D	1
4	E	1
5	F	1
6	G	2
7	H	4
8	I	4

图 7-3　图 7-1（a）所示树的双亲表示法

树的双亲表示法对于实现 Parent(t,x) 操作和 Root(x) 操作很方便，但若求某结点的孩子结点，即实现 Child(t,x,i) 操作时，则需要查询整个数组。此外，这种存储方式不能反映各兄弟结点之间的关系，所以实现 RightSibling(t,x) 操作也比较困难。在实际中，如果需要实现这些操作，可在结点结构中增设存放第一个孩子的域和存放第一个右兄弟的域，就能较方便地实现上述操作。

2. 孩子表示法

（1）多重链表法

由于树中每个结点都有零个或多个孩子结点，因此，可以令每个结点包括一个结点信息域和多个指针域，每个指针域指向该结点的一个孩子结点，通过各个指针域值反映出树中各结点之间的逻辑关系。在这种表示法中，树中每个结点有多个指针域，形成了多条链表，所以这种方法又常称为多重链表法。

在一棵树中，各结点的度数各异，因此结点的指针域个数的设置有两种方法：

① 每个结点指针域的个数等于该结点的度数。

② 每个结点指针域的个数等于树的度数。

对于方法①，它虽然在一定程度上节约了存储空间，但由于树中各结点是不同构的，各种操作不容易实现，因此这种方法很少采用；方法②中各结点是同构的，各种操作相对容易实现，但为此付出的代价是存储空间的浪费。图 7-4 是图 7-1（a）所示的树采用这种方法的存储结构示意图。显然，方法②适用于各结点的度数相差不大的情况。

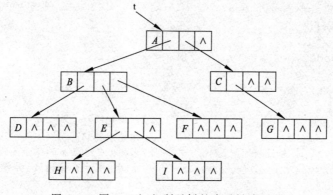

图 7-4　图 7-1（a）所示树的多重链表示法

多重链表表示法的缺点是造成许多指针域的浪费。若树中结点数为 n，树的度为 k，那么采用方法②存储时，需要用到 $n \times k$ 个指针域，非空指针域只使用了 $n-1$ 个，造成比较大的空间浪费。因此一般采用下面介绍的孩子链表表示法实现。

（2）孩子链表表示法

孩子链表法是将树按如图 7-5 所示的形式存储。其主体是一个与结点个数一样大小的一维数组，数组的每一个元素由两个域组成，一个域用来存放结点信息，另一个域用来存放指针，该指针指向由该结点孩子组成的单链表。单链表的结构也由两个域组成，一个存放孩子结点在一维数组中的序号，另一个是指针域，指向下一个孩子。

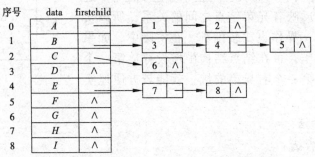

图 7-5　图 7-1（a）所示树的孩子链表表示法

在孩子链表法中查找双亲比较困难，查找孩子却十分方便，故适用于对孩子操作多的应用。

孩子链表的结点结构可描述为：

```cpp
template<class DataType>
struct ChildNode{
    int childcode;
    struct ChildNode *nextchild;
};
struct CTNodeType {
    DataType  data;
    struct ChildNode *firstchild;
};
```

在 ChildNode 和 CTNodeType 的基础上，定义孩子链表的类模板如下：

```cpp
template<class DataType>
class CTree{
    private:
        CTNodeType<DataType>  *tree;
        int size;
        int n;
    public:
        CTree();                    //初始化一棵空树
        ~CTree();                   //撤销一棵树
        DataType Parent(t,x);       //求树t中结点x的双亲
        DataType Child(t,x,i);      //求树t中结点x的第i个孩子
        ...

};
```

3. 双亲孩子表示法

双亲孩子表示法是将双亲表示法和孩子链表法相结合的结果。其仍将各结点的孩子结点分别组成单链表，同时用一维数组顺序存储树中的各结点，数组元素除了包括结点本身的信息和该结点的孩子结点链表的头指针之外，还增设一个域，存储该结点的双亲结点在数组中的序号。图 7-6 给出了图 7-1（a）所示的树采用这种方法的存储示意图。

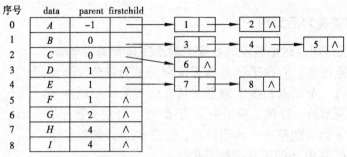

图 7-6　图 7-1（a）所示树的双亲孩子表示法

4. 孩子兄弟表示法

这是一种常用的存储结构。其方法是在树中，每个结点除其信息域外，再增加两个分别指向该结点的第一个孩子结点和下一个兄弟结点的指针。在这种存储结构下，树中结点的存储表示可描述为：

```
template<class DataType>
struct CSTNode{
    Datatype data;
    CSTNode<DataType> *lchild;
    CSTNode<DataType> *nextsibling;
}
```

基于 CSTNode，定义孩子兄弟表示法的类模板如下：

```
template<class DataType>
class CSTree{
    private:
        CSTNode<DataType>  *root;
    Public:
        CSTree();                   //初始化一棵空树
        ~CSTree();                  //撤销一棵树
        ...
}
```

如图 7-7 所示给出了图 7-1（a）所示的树采用孩子兄弟表示法时的存储示意图。

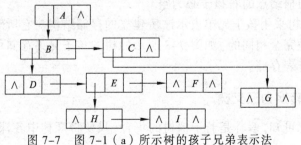

图 7-7　图 7-1（a）所示树的孩子兄弟表示法

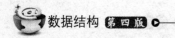

7.3 树、森林与二叉树的转换

从树的孩子兄弟表示法可以看到，如果设定一定规则，就可用二叉树结构表示树和森林，这样，对树的操作实现就可以借助二叉树存储，利用二叉树上的操作来实现。本节将讨论树、森林与二叉树之间的转换方法。

7.3.1 树转换为二叉树

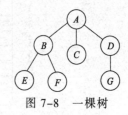

对于一棵无序树，树中结点的各孩子的次序是无关紧要的，而二叉树中结点的左、右孩子结点是有区别的。为避免发生混淆，约定树中每一个结点的孩子结点按从左到右的次序顺序编号。如图 7-8 所示的一棵树，根结点 A 有 B、C、D 三个孩子，可以认为结点 B 为 A 的第一个孩子结点，结点 C 为 A 的第二个孩子结点，结点 D 为 A 的第三个孩子结点。

图 7-8 一棵树

将一棵树转换为二叉树的方法如下：

① 树中所有相邻兄弟之间加一条连线。

② 对树中的每个结点，只保留它与第一个孩子结点之间的连线，删去它与其他孩子结点之间的连线。

③ 以树的根结点为轴心，将整棵树顺时针转动一定的角度，使之结构层次分明。

可以证明，树做这样的转换所构成的二叉树是唯一的。图 7-9（a）、图 7-9（b）和图 7-9（c）给出了图 7-8 所示的树转换为二叉树的过程示意图。

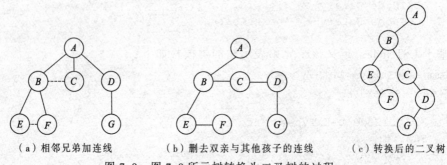

（a）相邻兄弟加连线　　　（b）删去双亲与其他孩子的连线　　　（c）转换后的二叉树

图 7-9 图 7-8 所示树转换为二叉树的过程

由上面的转换可以看出，在二叉树中，左分支上的各结点在原来的树中是父子关系，而右分支上的各结点在原来的树中是兄弟关系。由于树的根结点没有兄弟，所以变换后的二叉树的根结点的右孩子必为空。

事实上，一棵树采用孩子兄弟表示法所建立的存储结构与它所对应的二叉树的二叉链表存储结构是完全相同的。如图 7-8 所示的树的孩子兄弟存储可以解释为它对应的二叉树的二叉链表存储。

7.3.2 森林转换为二叉树

由森林的概念可知，森林是若干棵树的集合，只要将森林中各棵树的根视为兄弟，每棵树又可以用二叉树表示，这样，森林也同样可以用二叉树表示。

森林转换为二叉树的方法如下：

① 将森林中的每棵树转换成相应的二叉树。

② 第一棵二叉树不动，从第二棵二叉树开始，依次把后一棵二叉树的根结点作为前一棵二叉树根结点的右孩子，当所有二叉树连起来后，此时所得到的二叉树就是由森林转换得到的二叉树。

这一方法可形式化描述如下：

如果 $F=\{T_1,T_2,\cdots,T_m\}$ 是森林，则可按如下规则转换成一棵二叉树 $B=(\text{root,LB,RB})$。

① 若 F 为空，即 $m=0$，则 B 为空树。

② 若 F 非空，即 $m\neq 0$，则 B 的根 root 即为森林中第一棵树的根 $\text{Root}(T_1)$；B 的左子树 LB 是从 T_1 中根结点的子树森林 $F_1=\{T_{11},T_{12},\cdots,T_{1m}\}$ 转换而成的二叉树；其右子树 RB 是从森林 $F'=\{T_2,T_3,\cdots,T_m\}$ 转换而成的二叉树。

如图 7-10 所示给出了森林及其转换为二叉树的过程。

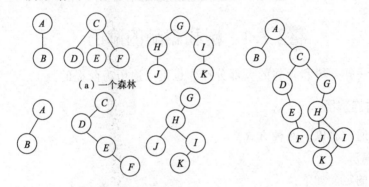

（a）一个森林

（b）森林中每棵树转换为二叉树　　　　（c）所有二叉树连接后的二叉树

图 7-10　森林及其转换为二叉树的过程

7.3.3　二叉树转换为树和森林

树和森林都可以转换为二叉树，两者不同的是：树转换成的二叉树，其根结点无右分支；而森林转换后的二叉树，其根结点有右分支。显然这一转换过程是可逆的，即可以依据二叉树的根结点有无右分支，将一棵二叉树还原为树或森林，具体方法如下：

① 若某结点是其双亲的左孩子，则把该结点的右孩子、右孩子的右孩子……都与该结点的双亲结点用线连起来。

② 删去原二叉树中所有的双亲结点与右孩子结点的连线。

③ 整理由①、②两步所得到的树或森林，使之结构层次分明。

这一方法可形式化描述为：

如果 $B=(\text{root,LB,RB})$ 是一棵二叉树，则可按如下规则转换成森林 $F=\{T_1,T_2,\cdots,T_m\}$。

① 若 B 为空，则 F 为空。

② 若 B 非空，则森林中第一棵树 T_1 的根 $\text{Root}(T_1)$ 即为 B 的根 root；T_1 中根结点的子树森林 F_1 是由 B 的左子树 LB 转换而成的森林；F 中除 T_1 之外其余树组成的森

林 $F'=\{T_2,T_3,\cdots,T_m\}$ 是由 B 的右子树 RB 转换而成的森林。

图 7-11 所示给出了一棵二叉树还原为森林的过程示意图。

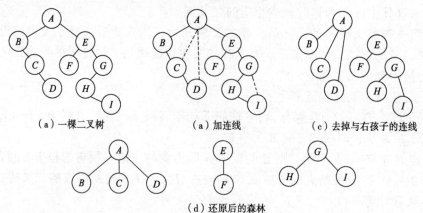

（a）一棵二叉树　　　　　（a）加连线　　　　　（c）去掉与右孩子的连线

（d）还原后的森林

图 7-11　二叉树还原为森林的过程

7.4　树和森林的遍历

同二叉树一样，树和森林的大部分操作也是以遍历为前提的。

7.4.1　树的遍历

树的遍历通常有以下两种方式。

1. 先根遍历

先根遍历的定义如下：

① 访问根结点。

② 按照从左到右的顺序先根遍历根结点的每一棵子树。

按照树的先根遍历的定义，对图 7-8 所示的树进行先根遍历，得到的结果序列为：

$$A\ B\ E\ F\ C\ D\ G$$

2. 后根遍历

后根遍历的定义如下：

① 按照从左到右的顺序后根遍历根结点的每一棵子树。

② 访问根结点。

按照树的后根遍历的定义，对图 7-8 所示的树进行后根遍历，得到的结果序列为：

$$E\ F\ B\ C\ G\ D\ A$$

根据树与二叉树的转换关系以及树和二叉树的遍历定义可以推知，树的先根遍历与其转换的相应二叉树的先序遍历的结果序列相同；树的后根遍历与其转换的相应二叉树的中序遍历的结果序列相同。因此，树的遍历算法是可以采用相应二叉树的遍历算法来实现的。

7.4.2 森林的遍历

森林的遍历有前序遍历和中序遍历两种方式。

1. 前序遍历

前序遍历的定义如下：

① 访问森林中第一棵树的根结点。

② 前序遍历第一棵树的根结点的子树。

③ 前序遍历去掉第一棵树后的子森林。

对如图 7-10（a）所示的森林进行前序遍历，得到的结果序列为：

$$A\ B\ C\ D\ E\ F\ G\ H\ J\ I\ K$$

2. 中序遍历

中序遍历的定义如下：

① 中序遍历第一棵树的根结点的子树。

② 访问森林中第一棵树的根结点。

③ 中序遍历去掉第一棵树后的子森林。

对于图 7-10（a）所示的森林进行中序遍历，得到的结果序列为：

$$B\ A\ D\ E\ F\ C\ J\ H\ K\ I\ G$$

根据森林与二叉树的转换关系及森林和二叉树的遍历定义可以推知，森林的前序遍历和中序遍历与所转换的相应二叉树的先序遍历和中序遍历的结果序列相同。

7.5 树的应用举例

树的应用十分广泛，在后面介绍的排序和查找这两项常用的技术中，就有以树结构组织数据进行操作的。本节仅讨论树在判定树、集合表示与运算方面的应用。

7.5.1 判定树

在前面介绍了最优二叉树，即哈夫曼树在判定问题中的应用，在实际应用中，树也可用于判定问题的描述和解决，著名的 8 枚硬币问题就是其中一例。

设有 8 枚硬币，分别表示为 a、b、c、d、e、f、g、h，其中有一枚且仅有一枚硬币是伪造的，假硬币的重量与真硬币的重量不同，可能轻，也可能重。现要求以天平为工具，用最少的比较次数挑选出假硬币，并同时确定这枚硬币的重量比其他真硬币是轻还是重。

问题的解决过程如图 7-12 所示，解决过程中的一系列判断构成了树结构，称这样的树为判定树。

图中大写字母 H 和 L 分别表示假硬币较其他真硬币重或轻。下面对这一判定方法加以说明，并分析它的正确性。

从 8 枚硬币中任取 6 枚，假设是 a、b、c、d、e 和 f，在天平两端各放 3 枚进行比较。假设 a、b、c 三枚放在天平的一端，d、e、f 三枚放在天平的另一端，可能出现如下 3 种比较结果。

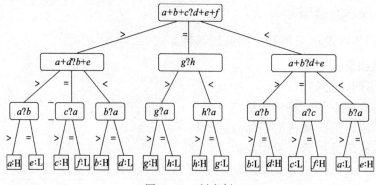

图 7-12　判定树

①　$a+b+c>d+e+f$。

②　$a+b+c=d+e+f$。

③　$a+b+c<d+e+f$。

这里，只以第一种结果为例进行讨论。

若 $a+b+c>d+e+f$，根据题目的假设，可以肯定这 6 枚硬币中必有一枚为假币，同时也说明 g、h 为真币。这时可将天平两端各去掉一枚硬币，假设它们是 c 和 f，同时将天平两端的硬币各换一枚，假设硬币 b、d 作了互换，然后进行第二次比较，那么比较的结果同样可能有如下 3 种情况：

①　$a+d>b+e$，这种情况表明天平两端去掉硬币 c、f 且硬币 b、d 互换后，天平两端的轻重关系保持不变，从而说明了假币必然是 a、e 中的一个，这时只要用一枚真币（b、c、d、f、g、h）和 a 或 e 进行比较，就能找出假币。例如，用 b 和 a 进行比较，若 $a>b$，则 a 是较重的假币；若 $a=b$，则 e 为较轻的假币；不可能出现 $a<b$ 的情况。

②　$a+d=b+e$，此时天平两端由不平衡变为平衡，表明假币一定在去掉的两枚硬币 c、f 中，a、b、d、e、g、h 必定为真硬币，同样的方法，用一枚真币和 c 或 f 进行比较，例如，用 a 和 c 进行比较，若 $c>a$，则 c 是较重的假币；若 $a=c$，则 f 为较轻的假币；不可能出现 $c<a$ 的情况。

③　$a+d<b+e$，此时表明由于天平两端两枚硬币 b、d 的对换，引起了两端轻重关系的改变，那么可以肯定 b 或 d 中有一枚是假硬币，再只要用一枚真币和 b 或 d 进行比较，就能找出假币。例如，用 a 和 b 进行比较，若 $a<b$，则 b 是较重的假币；若 $a=b$，则 d 为较轻的假币；不可能出现 $a>b$ 的情况。

对于结果②和③的各种情况，可按照上述方法做类似的分析。图 7-12 所示的判定树包括了所有可能发生的情况，8 枚硬币中，每一枚硬币都可能是或轻或重的假币，因此共有 16 种结果，反映在树中，则有 16 个叶子结点，从图中可看出，每种结果都需要经过 3 次比较才能得到。

7.5.2　集合的表示

集合是一种常用的数据表示方法，对集合可以做多种操作。假设集合 S 由若干个元素组成，可以按照某一规则把集合 S 划分成若干个互不相交的子集合，例如，集合

$S=\{1,2,3,4,5,6,7,8,9,10\}$，可以被分成如下 3 个互不相交的子集合。

$$S_1=\{1,2,4,7\}$$
$$S_2=\{3,5,8\}$$
$$S_3=\{6,9,10\}$$

集合$\{S_1,S_2,S_3\}$就被称为集合 S 的一个划分。

此外，在集合上还有最常用的一些运算，例如，集合的交、并、补、差及判定一个元素是否是集合中的元素等。

为了有效地对集合执行各种操作，可以用树结构表示集合。用树中的一个结点表示集合中的一个元素，树结构采用双亲表示法存储。例如，集合 S_1、S_2 和 S_3 可分别表示为图 7-13（a）、图 7-13（b）和图 7-13（c）所示的结构。将它们作为集合 S 的一个划分，存储在一维数组中，如图 7-14 所示。

序号	data	parent
0	1	−1
1	2	0
2	3	−1
3	4	0
4	5	2
5	6	−1
6	7	0
7	8	2
8	9	5
9	10	5

（a）集合S_1　（b）集合S_2　（c）集合S_3

图 7-13　集合的树结构表示　　　图 7-14　集合 S_1、S_2 和 S_3 的树结构存储

数组元素结构的存储表示描述如下：

```
typedef struct{
    DataType  data;
    int parent;
}NodeType;
```

其中，data 域存储结点本身的数据，parent 域为指向双亲结点的指针，即存储双亲结点在数组中的序号。

当集合采用这种存储表示方法时，很容易实现集合的一些基本操作。例如，求两个集合的并集，就可以简单地把一个集合的树根结点作为另一个集合的树根结点的孩子结点。例如，求上述集合 S_1 和 S_2 的并集，可以表示为：

$$S_1 \cup S_2 = \{1,2,3,4,5,7,8\}$$

该结果的树结构表示如图 7-15 所示。

图 7-15　$S_1 \cup S_2$集合的树结构

【算法 7-1】集合合并运算算法

```
int Union(NodeType a[],int i,int j){
    //合并以数组a的第i个元素和第j个元素为树根结点
    的集合
    if (a[i].parent!=-1||a[j].parent!=-1)
```

```
    return 0;              //调用参数不正确，返回错误代码 0
    a[j].parent=i;         //将 i 置为两个集合共同的根结点
    return 1;              //合并完成，返回成功代码 1
}
```

如果要查找某个元素所在的集合，可以沿着该元素的双亲域向上查找，当查到某个元素的双亲域值为−1 时，该元素就是所查元素所属集合的树根结点，算法如下：

【算法 7-2】查找元素所在集合算法。

```
#define Maxnode …        //整数常量 Maxnode 为数组 a 的最大容量
int Find(NodeType a[],DataType x){
    //在数组 a 中查找值为 x 的元素所属的集合
    int i,j;
    i=0;
    while(i<MAXNODE&&a[i].data!=x)
                         //当还有结点可以查找并且当前结点数据值不等于 x 时
        i++;
    if(i>=Maxnode)
        return -1;       //值为 x 的元素不属于该组集合，返回错误代码−1
    j=i;
    while(a[j].parent!=-1)
                         //如果当前结点 j 的双亲不是根结点，沿着它的双亲向上回溯
        j=a[j].parent;
    return j;            //j 为该集合的树根结点在数组 a 中的序号
}
```

7.5.3 等价问题

1. 问题描述

已知集合 S 及其上的等价关系 R，求 R 在 S 上的一个划分$\{S_1,S_2,\cdots,S_n\}$，其中，$S_1,S_2,\cdots,S_n$ 分别为 R 的等价类，它们满足：

$$\bigcup_{i=1}^{n} S_i=S \quad 且 \quad S_i\cap S_j=\varnothing（i\neq j）$$

设集合 S 中有 n 个元素，关系 R 中有 m 个序偶对。

2. 算法思想

① 令 S 中每个元素各自形成一个单元素的子集，记作 $S_1,S_2,\cdots,S_n$。

② 重复读入 m 个序偶对，对每个读入的序偶对<x,y>，判定 x 和 y 所属子集。为了不失一般性，假设 $x\in S_i$，$y\in S_j$，若 $S_i\neq S_j$，则将 S_i 并入 S_j，并置 S_i 为空（或将 S_j 并入 S_i，并置 S_j 为空）；若 $S_i=S_j$，则不做任何操作，接着读入下一序偶对。直到 m 个序偶对都被处理过后，$S_1,S_2,\cdots,S_n$ 中所有非空子集即为 S 的 R 等价类，这些等价类的集合即为集合 S 的一个划分。

3. 数据的存储结构

对集合的存储采用 7.5.2 节中介绍的集合的存储方式，即采用双亲表示法来存储本算法中的集合。

4．算法实现

通过前面的分析可知，本算法在实现过程中所用到的基本操作有以下两个：

① Find(S,x)查找函数。确定集合S中的单元素x所属子集S_i，函数的返回值为该子集树根结点在双亲表示法数组中的序号。

② Union(S,i,j)集合合并函数。将集合S的两个互不相交的子集合并，i和j分别为两个子集用树表示的根结点在双亲表示法数组中的序号。合并时，将一个子集的根结点的双亲域的值由没有双亲改为指向另一个子集的根结点。

这两个操作的实现在7.5.2节中已经介绍过，下面就解决本问题的算法步骤给出描述：

① k=1。

② 若$k>m$则转⑦，否则转③。

③ 读入一序偶对<x,y>。

④ i=Find(S,x)；j=Find(S,y)。

⑤ 若$i \neq j$，则Union(S,i,j)。

⑥ k++，转②。

⑦ 输出结果，结束。

5．算法的时间复杂度

集合元素的查找算法和不相交集合的合并算法的时间复杂度分别为$O(d)$和$O(1)$，其中d是树的深度。这种表示集合的树的深度和树的形成过程有关。在极端的情况下，每读入一个序偶对，就需要合并一次，即最多进行m次合并。若假设每次合并都是将含成员多的根结点指向含成员少的根结点，则最后得到的集合树的深度为n，而树的深度与查找有关。这样全部操作的时间复杂度可估计为$O(m \times n)$。

若将合并算法进行改进，即合并时将含成员少的根结点指向含成员多的根结点，这样会减少树的深度，从而减少了查找时的比较次数，促使整个算法效率的提高。

小　　结

树既是一种递归结构，也是一种层次结构，它的第一层只有一个结点，就是根结点，其后每一层都是上一层相应结点的后继结点，每个结点可以有任意多个后继结点，但除根结点外，每个结点有且仅有一个前驱结点，根结点没有前驱结点。

树中同一结点的孩子结点之间可以是有序的，也可以是无序的，相应地被称为有序树和无序树，任何无序树都可以人为地按一次序规定为有序树，同样按有序树进行存储和运算。

同二叉树一样，树叶可以采用顺序和链式两种存储结构。

遍历也是树的主要运算，它包括先根、后根遍历，因为树是由根结点和每个孩子结点所构成的一种递归结构，所以对树的其他运算通常也是以递归的形式实现。

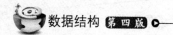

习　题

一、选择题

1. 设 F 是一个森林，B 是由 F 转换得到的二叉树，F 中有 n 个非终端结点，B 中右指针域为空的结点有（　　　）个。

    A. n-1　　　　　　B. n　　　　　　　C. n+1　　　　　D. n+2

2. 设森林 F 中有三棵树，第一、第二和第三棵树的结点个数分别为 N_1，N_2 和 N_3。与森林 F 对应的二叉树根结点的右子树上的结点个数是（　　　）。

    A. N_1　　　　　　B. N_1+N_2　　　　C. N_2　　　　　D. N_2+N_3

3. 若一个森林具有 N 个结点，K 条边，且 $N>K$，则该森林中必有（　　　）棵树。

    A. K　　　　　　B. N　　　　　　　C. N-K　　　　D. 1

4. 下面的说法正确的是（　　　）。

    A. 树的后序遍历与其对应的二叉树的后序遍历相同

    B. 树的后序遍历与其对应的二叉树的中序遍历相同

    C. 树的先序遍历与其对应的二叉树的中序遍历相同

    D. 树的先序遍历与其对应的二叉树的层次遍历相同

5. 设树 T 的度为 4，其中度为 1、2、3 和 4 的结点个数分别为 4、2、1、1　则 T 中的叶子结点个数为（　　　）。

    A. 5　　　　　　　B. 6　　　　　　　C. 7　　　　　　D. 8

二、简答题

1. 一棵度为 2 的树与一棵二叉树有何区别？树与二叉树之间有何区别？

2. 对于图 7-16 所示的树，试给出：

（1）双亲数组表示法示意图。

（2）孩子链表表示法示意图。

（3）孩子兄弟链表表示法示意图。

3. 画出图 7-17 所示的森林经转换后所对应的二叉树，并指出在二叉链表中某结点所对应的森林中结点为叶子结点的条件。

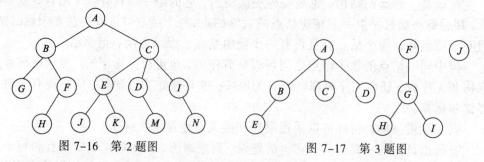

图 7-16　第 2 题图　　　　　　　　　　图 7-17　第 3 题图

4. 将如图 7-18 所示的二叉树转换成相应的森林。

5. 在具有 n（n>1）个结点的各棵树中，其中深度最小的那棵树的深度是多少？它共有多少叶子和非叶子结点？其中深度最大的那棵树的深度是多少？它共有多少叶子和非叶子结点？

6. 画出和下列已知序列对应的树 T。

（1）树的先根次序访问序列为：*GFKDAIEBCHJ*。

（2）树的后根次序访问次序为：*DIAEKFCJHBG*。

7. 画出和下列已知序列对应的森林 F。

（1）森林的前序次序访问序列为：*ABCDEFGHIJKL*。

（2）森林的中序次序访问次序为：*CBEFDGAJIKLH*。

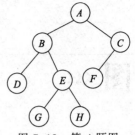

图 7-18　第 4 题图

三、算法设计题

1. 对以孩子兄弟链表表示的树编写计算树的深度的算法。

2. 对以孩子链表表示的树编写计算树的深度的算法。

3. 对以双亲链表表示的树编写计算树的深度的算法。

第 8 章

图 ‹‹‹

重点与难点：

- 图的存储表示及存储结构。
- 图的深度优先和广度优先遍历。
- 连通图的最小生成树。
- Dijkstra 算法。
- 拓扑排序。
- 关键路径。

图形结构是一种比树形结构更复杂的非线性结构。在树形结构中，结点间具有分支层次关系，每一层上的结点只能和上一层中的至多一个结点相关，但可能和下一层的多个结点相关。而在图形结构中，任意两个结点之间都可能相关，即结点之间的邻接关系可以是任意的。因此，图形结构被用于描述各种复杂的数据对象，在自然科学、社会科学和人文科学等许多领域有着非常广泛的应用。

8.1 图的基本概念

在现代科技领域中，图的应用非常广泛，如电路分析、通信工程、网络理论、人工智能、形式语言、系统工程、控制论和管理工程等学科和领域都广泛应用了图的理论。图的理论几乎在所有工程技术中都有应用。

8.1.1 图的定义和术语

1. 图的定义

图是由非空的顶点集合和一个描述顶点之间关系——边（或者弧）的集合组成，其形式化定义为：

$$G=(V,E)$$
$$V=\{v_i|\ v_i \in \text{dataObject}\}$$
$$E=\{(v_i,v_j)|\ v_i,v_j \in V \wedge P(v_i,v_j)\}$$

其中，G 表示一个图，V 是图 G 中顶点的集合，E 是图 G 中边的集合，集合 E 中 $P(v_i,v_j)$ 表示顶点 v_i 和顶点 v_j 之间有一条直接连线，即偶对 (v_i,v_j) 表示一条边。图 8-1 给出了一个图的示例，在该图中：集合 $V=\{v_1,v_2,v_3,v_4,v_5\}$；集合 $E=\{(v_1,v_2),(v_1,v_4),(v_2,v_3),(v_3,v_4),(v_3,v_5),(v_2,v_5)\}$。

2. 图的相关术语

① 无向图。在一个图中，如果任意两个顶点构成的偶对 $(v_i,v_j) \in E$ 是无序的，即顶点之间的连线是没有方向的，则称该图为无向图，图 8-1 所示为一个无向图 G_1。

② 有向图。在一个图中，如果任意两个顶点构成的偶对 $(v_i,v_j) \in E$ 是有序的，即顶点之间的连线是有方向的，则称该图为有向图。图 8-2 所示为一个有向图 G_2。

$$G_2=(V_2,E_2)$$
$$V_2=\{v_1,v_2,v_3,v_4\}$$
$$E_2=\{<v_1,v_2>,<v_1,v_3>,<v_3,v_4>,<v_4,v_1>\}$$

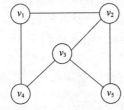 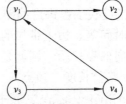

图 8-1　无向图 G_1　　　　　图 8-2　有向图 G_2

③ 顶点、边、弧、弧头、弧尾。图 8-2 中，数据元素 v_i 称为顶点（Vertex）；$P(v_i,v_j)$ 表示在顶点 v_i 和顶点 v_j 之间有一条直接连线。如果是在无向图中，则称这条连线为边；如果是在有向图中，一般称这条连线为弧。边用顶点的无序偶对 (v_i,v_j) 来表示，称顶点 v_i 和顶点 v_j 互为邻接点，边 (v_i,v_j) 依附于顶点 v_i 与顶点 v_j；弧用顶点的有序偶对 $<v_i,v_j>$ 来表示，有序偶对的第一个结点 v_i 被称为始点（或弧尾），在图 8-2 中就是不带箭头的一端；有序偶对的第二个结点 v_j 被称为终点（或弧头），在图 8-2 中就是带箭头的一端。

④ 无向完全图。在一个无向图中，如果任意两顶点都有一条边直接连接，则称该图为无向完全图。可以证明，在一个含有 n 个顶点的无向完全图中，有 $n(n-1)/2$ 条边。

⑤ 有向完全图。在一个有向图中，如果任意两顶点之间都有方向互为相反的两条弧相连接，则称该图为有向完全图。在一个含有 n 个顶点的有向完全图中，有 $n(n-1)$ 条弧。

⑥ 稠密图、稀疏图。若一个图接近完全图，称为稠密图；边数很少的图称为稀疏图。

⑦ 顶点的度、入度、出度。顶点的度是指依附于某顶点 v 的边数，通常记为 $TD(v)$。在有向图中，要区别顶点的入度与出度的概念。顶点 v 的入度是指以顶点 v 为终点的弧的数目，记为 $ID(v)$；顶点 v 的出度是指以顶点 v 为始点的弧的数目，记为 $OD(v)$。有 $TD(v)=ID(v)+OD(v)$。

例如，在 G_1 中有：

$TD(v_1)=2$；$TD(v_2)=3$；$TD(v_3)=3$；$TD(v_4)=2$；$TD(v_5)=2$

在 G_2 中有：

$ID(v_1)=1$；$OD(v_1)=2$；$TD(v_1)=3$

$ID(v_2)=1$；$OD(v_2)=0$；$TD(v_2)=1$

$ID(v_3)=1$；$OD(v_3)=1$；$TD(v_3)=2$

$ID(v_4)=1$；$OD(v_4)=1$；$TD(v_4)=2$

可以证明，对于具有 n 个顶点、e 条边的图，顶点 v_i 的度 $TD(v_i)$ 与顶点的个数及边的数目满足关系：

$$e = (\sum_{i=1}^{n} TD(v_i))/2$$

⑧ 边的权、网图。与边有关的数据信息称为权。在实际应用中，权值可以有某种含义。例如，在一个反映城市交通线路的图中，边上的权值可以表示该条线路的长度或者等级；对于一个电子线路图，边上的权值可以表示两个端点之间的电阻、电流或电压值；对于反映工程进度的图而言，边上的权值可以表示从前一个工程到后一个工程所需要的时间等。边上带权的图称为网图或网络，图 8-3 所示为一个无向网图。如果边是有方向的带权图，则就是一个有向网图。

⑨ 路径、路径长度。顶点 v_p 到顶点 v_q 之间的路径是指顶点序列 $v_p, v_{i1}, v_{i2}, \cdots, v_{im}, v_q$。其中，$(v_p, v_{i1})$，$(v_{i1}, v_{i2})$，$\cdots$，$(v_{im}, v_q)$ 分别为图中的边。路径上边的数目称为路径长度。图 8-1 所示的无向图 G_1 中，$v_1 \rightarrow v_4 \rightarrow v_3 \rightarrow v_5$ 与 $v_1 \rightarrow v_2 \rightarrow v_5$ 是从顶点 v_1 到顶点 v_5 的两条路径，路径长度分别为 3 和 2。

⑩ 回路、简单路径、简单回路。若一条路径的始点和终点是同一个点，则该路径为回路或者环；若路径中的顶点不重复出现，则该路径称为简单路径。在图 8-1 中，前面提到的 v_1 到 v_5 的两条路径都为简单路径。除第一个顶点与最后一个顶点之外，其他顶点不重复出现的回路称为简单回路或者简单环，如图 8-2 中的 $v_1 \rightarrow v_3 \rightarrow v_4 \rightarrow v_1$。

⑪ 子图。对于图 $G=(V,E)$，$G'=(V',E')$，若存在 V' 是 V 的子集，E' 是 E 的子集，且 E' 中的边都依附于 V' 中的点，则称图 G' 是 G 的一个子图。图 8-4 给出了 G_2 和 G_1 的两个子图 G' 和 G''。

⑫ 连通的、连通图、连通分量。在无向图中，如果从一个顶点 v_i 到另一个顶点 v_j（$i \neq j$）有路径，则称顶点 v_i 和 v_j 是连通的。如果图中任意两顶点都是连通的，则称该图是连通图。无向图的极大连通子图称为连通分量。图 8-5（a）中有两个连通分量，如图 8-5（b）所示。

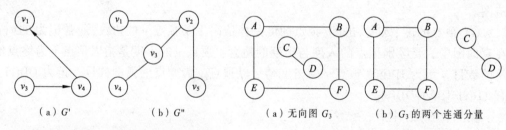

（a）G'　　　　（b）G''　　　（a）无向图 G_3　　（b）G_3 的两个连通分量

图 8-4　图 G_2 和 G_1 的两个子图 G' 和 G''　　　　图 8-5　无向图及连通分量

⑬ 强连通图、强连通分量。对于有向图来说，若图中任意一对顶点 v_i 和 v_j（$i \neq j$），从一个顶点 v_i 到另一个顶点 v_j 有路径，从 v_j 到 v_i 也有路径，则称该有向图是强连通

图。有向图的极大强连通子图称为强连通分量。图 8-2 中有两个强连通分量，分别是$\{v_1, v_2, v_3\}$和$\{v_4\}$，如图 8-6 所示。

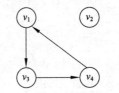

图 8-6　有向图 G_2 的两个
强连通分量

⑭ 生成树。所谓连通图 G 的生成树，是 G 中包含其全部 n 个顶点的一个极小连通子图。它必定包含且仅包含 G 的 $n-1$ 条边。图 8-4（b）中的 G'' 表示了图 8-1（a）中 G_1 的一棵生成树。在生成树中添加任意一条属于原图中的边必定会产生回路，因为新添加的边使其所依附的两个顶点之间有了第 2 条路径。若生成树中减少任意一条边，则必然成为非连通的。

⑮ 生成森林。在非连通图中，由每个连通分量都可得到一个极小连通子图，即一棵生成树。这些连通分量的生成树就组成了一个非连通图的生成森林。

8.1.2　图的基本操作及类定义

图的基本操作通常有以下几种：

① CreateGraph(G)：输入图 G 的顶点和边，建立图 G 的存储。

② DestroyGraph(G)：释放图 G 占用的存储空间。

③ GetVex(G,v)：在图 G 中找到顶点 v，并返回顶点 v 的相关信息。

④ PutVex(G,v,value)：在图 G 中找到顶点 v，并将 value 值赋给顶点 v。

⑤ InsertVex(G,v)：在图 G 中增添新顶点 v。

⑥ DeleteVex(G,v)：在图 G 中，删除顶点 v 及所有和顶点 v 相关联的边或弧。

⑦ InsertArc(G,v,w)：在图 G 中增添一条从顶点 v 到顶点 w 的边或弧。

⑧ DeleteArc(G,v,w)：在图 G 中删除一条从顶点 v 到顶点 w 的边或弧。

⑨ DFSTraverse(G,v)：在图 G 中，从顶点 v 出发深度优先遍历图 G。

⑩ BFSTtaverse(G,v)：在图 G 中，从顶点 v 出发广度优先遍历图 G。

在一个图中，顶点是没有先后次序的，但当采用某一种确定的存储方式存储后，存储结构中顶点的存储次序构成了顶点之间的相对次序，这里用顶点在图中的位置表示该顶点的存储顺序；同样的道理，对一个顶点的所有邻接点，采用该顶点的第 i 个邻接点表示与该顶点相邻接的某个顶点的存储顺序。在这种意义下，图的基本操作还有以下几种：

① LocateVex(G,u)：在图 G 中找到顶点 u，返回该顶点在图中位置。

② FirstAdjVex(G,v)：在图 G 中，返回 v 的第一个邻接点。若顶点在 G 中没有邻接顶点，则返回"空"。

③ NextAdjVex(G,v,w)：在图 G 中，返回 v 的（相对于 w 的）下一个邻接顶点。若 w 是 v 的最后一个邻接点，则返回"空"。

```
#define MaxVerNum ...
                              //整数常量 MaxVerNum 为根据实际需要设定的最大顶点数
#define MaxEdge   ...
                              //整数常量 MaxEdge 为根据实际需要设定的图中的最大边数

typedef char VertexType;                  //顶点类型设为字符型
```

```
typedef int WeightType;                   //边的权值设为整型
typedef struct
{
    DataType v1;
    DataType v2;
    WeightType cost;
}EdgeType;
```

下面给出图类定义，之后不同存储结构下的图可以从此类继承：

```
class Gragh
//Gragh 是图的抽象类
{
pulic:
      void  DFS(int v);              //从第 v 个顶点出发递归地深度优先遍历图
      void  BFS();                   //按广度优先非递归遍历图

      void  DFSTree(int v,CSTree *T);
                       //从第 v 个顶点出发深度优先遍历图，建立以 T 为根的生成树
      void  DFSForest(CSTree *T);
                              //建立无向图的深度优先生成森林的孩子兄弟链表 T
      void  GetVex(VertexType& v)=0;    //在图中找到顶点 v,并返回其相关信息
      int  Find(int father[],int v);    //寻找顶点 v 所在树的根结点
      void  Kruskal(EdgeType edges[],int n);
                                      //用 Kruskal 方法构造图的最小生成树
      virtual void  InsertArc(VertexType u, VertexType v, EdgeType w) =0;
                                  //在图中增添权值为 w 的新边(u,v)
      virtual void  DeleteArc(VertexType u, VertexType v)=0;
                                          //在图中删除一条边(u,v)
      virtual void  DeleteVex(VertexType v)=0;//在图中删除顶点 v
      virtual void  InsertVex(VertexType v)=0;//在图中增添一个顶点 v
      virtual  VertexType  FirstAdjVex(VertexType v)=0;
                                       //返回顶点 v 的第一个邻接点
      virtual VertexType  NextAdjVex(VertexType v, VertexType w)=0;
                                       //返回顶点 v 相对于 w 的下一个邻接点
      virtual void  DFSTraverse(VertexType v)=0;
                                       //从顶点 v 出发深度优先遍历图
      virtual void  BFSTtaverse(VertexType v)=0;
                                       //从顶点 v 出发广度优先遍历图
      virtual int   LocateVex(VertexType v)=0;
                                       //确定顶点 v 在表头向量中的位置
private:
      int vnum, enum;                   //顶点数和边数
      VertexType vexs[MaxVerNum];       //顶点表
      EdgeType edges[MaxEdge];          //边表
      int visited[MaxVerNum];           //顶点的访问标志数组

}
```

8.2　图的存储结构

图是一种结构复杂的数据结构，表现在不仅各个顶点的度可以千差万别，而且顶点之间的逻辑关系也错综复杂。从图的定义可知，一个图的信息包括两部分，即图中顶点的信息及描述顶点之间的关系——边或者弧的信息。因此，无论采用什么方法建立图的存储结构，都要完整、准确地反映这两方面的信息。

下面介绍几种常用的图的存储结构。

8.2.1　邻接矩阵

所谓邻接矩阵的存储结构，就是用一维数组存储图中顶点的信息，用矩阵表示图中各顶点之间的邻接关系。假设图 $G=(V,E)$ 有 n 个确定的顶点，即 $V=\{v_0,v_1,\cdots,v_{n-1}\}$，则表示 G 中各顶点邻接关系为一个 $n\times n$ 的矩阵，矩阵的元素为：

$$A[i][j]=\begin{cases} 1 & \text{若}(v_i,v_j)\text{或}<v_i,v_j>\text{是 }E(G)\text{中的边} \\ 0 & \text{若}(v_i,v_j)\text{或}<v_i,v_j>\text{不是 }E(G)\text{中的边} \end{cases}$$

若 G 是网图，则邻接矩阵可定义为：

$$A[i][j]=\begin{cases} w_{ij} & \text{若}(v_i,v_j)\text{或}<v_i,v_j>\text{是 }E(G)\text{中的边} \\ 0\text{ 或 }\infty & \text{若}(v_i,v_j)\text{或}<v_i,v_j>\text{不是 }E(G)\text{中的边} \end{cases}$$

其中，w_{ij} 表示边 (v_i,v_j) 或 $<v_i,v_j>$ 上的权值；∞ 表示一个计算机允许的、大于所有边上权值的数（或者是一个其他的特殊值）。

图的邻接矩阵表示如图 8-7 所示。

图 8-7　一个无向图的邻接矩阵表示

网图的邻接矩阵表示如图 8-8 所示。

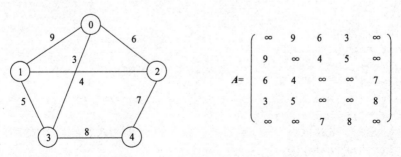

图 8-8　一个网图的邻接矩阵表示

从图的邻接矩阵存储方法容易看出这种表示具有以下特点：

① 无向图的邻接矩阵一定是一个对称矩阵。因此，在具体存放邻接矩阵时只需存放上（或下）三角矩阵的元素即可。

② 对于无向图，邻接矩阵的第 i 行（或第 i 列）非零元素（或非 ∞ 元素）的个数正好是第 i 个顶点的度 $TD(v_i)$。

③ 对于有向图，邻接矩阵的第 i 行（或第 i 列）非零元素（或非 ∞ 元素）的个数正好是第 i 个顶点的出度 $OD(v_i)$（或入度 $ID(v_i)$）。

④ 用邻接矩阵方法存储图，很容易确定图中任意两个顶点之间是否有边相连；但是，要确定图中有多少条边，则必须按行、按列对每个元素进行检测，所花费的时间代价很大。这是用邻接矩阵存储图的局限性。

在用邻接矩阵存储图时，除了用一个二维数组存储用于表示顶点间相邻关系的邻接矩阵外，还需用一个一维数组来存储顶点信息，另外还有图的顶点数和边数。故可将其形式描述如下：

```
class MGragh:Gragh
//MGragh 是以邻接矩阵存储的图类
{
pulic:
    MGraph(int v,int e);
                                //根据图的顶点数和边数建立图邻接矩阵存储
    ~MGraph();                        //释放图的存储空间
    void  InsertArc(VertexType u, VertexType v, EdgeType w);
    void  DeleteArc(VertexType u, VertexType v);
    void  DeleteVex(VertexType v);
    void  InsertVex(VertexType v);
    VertexType  FirstAdjVex(VertexType v);
    VertexType  NextAdjVex(VertexType v, VertexType w);
    void  DFSTraverse(VertexType v);
    void  BFSM(int k);
    void  BFSTtaverse(VertexType v);
    int   LocateVex(VertexType v);
private:
    EdgeType  edges[MaxVerNum][MaxVerNum];        //邻接矩阵
}
```

【算法 8-1】建立图的邻接矩阵存储。

```
MGragh::MGraph(int v, int e)
{
    int i,j,k;
    char ch;
    vnum=v;
    enum=e;
    cout<<"请输入顶点信息(输入格式为:顶点号<CR>):"<<endl;
    for(i=0;i<vnum;i++)
        cin>>vexs[i];                        //输入顶点信息，建立顶点表
    for(i=0;i<vnum;i++)
        for(j=0;j<vnum;j++)
            edges[i][j]=0;                    //初始化邻接矩阵
```

```
    cout<<"请输入每条边对应的两个顶点的序号（输入格式为:i,j):"<<endl;
    for(k=0;k<enum;k++)
    {
        cin>>i>>j;                        //输入 e 条边，建立邻接矩阵
        edges[i][j]=1;
                        //若加入 edges[j][i]=1;，则为无向图的邻接矩阵存储建立
    }
}//MGraph
```

【算法 8-2】 释放图的邻接矩阵存储空间。

```
MGragh:: ~MGraph(){
    for (int i=0;i<vnum;i++)
    delete []edges[i];
    delete []edges;
    delete []vexs;
}
```

8.2.2 邻接表

邻接表是图的一种顺序存储与链式存储相结合的存储方法。邻接表表示法类似于树的孩子链表表示法。就是对于图 G 中的每个顶点 v_i，将所有邻接于 v_i 的顶点 v_j 链成一个单链表，这个单链表就称为顶点 v_i 的邻接表，再将所有点的邻接表表头放到数组中，就构成了图的邻接表。在邻接表表示中有两种结点结构，如图 8-9 所示。

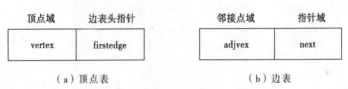

（a）顶点表　　　　　　　　　（b）边表

图 8-9　邻接表表示的结点结构

一种是顶点表的结点结构，它由顶点域（vertex）和指向第一条邻接边的指针域（firstedge）构成；另一种是边表（即邻接表）结点，它由邻接点域（adjvex）和指向下一条邻接边的指针域（next）构成。对于网图的边表需再增设一个存储边上信息（如权值等）的域(info)，网图的边表结构如图 8-10所示。

图 8-10　网图的边表结构

图 8-11 给出了无向图 8-7 对应的邻接表表示。

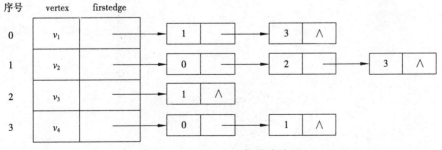

图 8-11　图 8-7 的邻接表表示

邻接表表示的形式描述如下：

```
typedef struct Node{
//边表结点
    int adjvex;                     //邻接点域
     struct Node *next;             //指向下一个邻接点的指针域
                                     //若要表示边上信息，则应增加一个数据域 info
}EdgeNode;
typedef struct{
//顶点表结点
    int indegree;                       //存放顶点入度
 VertexType vertex;                     //顶点域
    EdgeNode *firstedge;               //边表头指针
}VertexNode;

class  ALGraph:Graph{              //ALGragh 是以邻接表存储的图类
pulic:
    ALGraph(int v,int e);
                                   //根据图的顶点数和边数建立图邻接表存储
    ~ALGraph();                     //释放图的存储空间
    void  InsertArc(VertexType u, VertexType v, EdgeType w);
    void  DeleteArc(VertexType u, VertexType v);
    void  DeleteVex(VertexType v);
    void  InsertVex(VertexType v);
    VertexType  FirstAdjVex(VertexType v);
    VertexType  NextAdjVex(VertexType v, VertexType w);
    void  DFSAL(int i);
    void  DFSTraverse(VertexType v);
    void  BFSTtaverse(VertexType v);
    int   LocateVex(VertexType v);
private:
    VertexNode adjlist[MaxVerNum];     //邻接表
}
```

【算法 8-3】建立图的邻接表存储的算法。

```
ALGraph::ALGraph(int v,int e){
//建立有向图的邻接表存储
    int i,j,k;
    EdgeNode *s;
    vnum=v;                         //读入顶点数
    enum=e;                         //读入边数
    cout<<"请输入顶点信息（输入格式为:顶点号<CR>): "<<endl;
    for(i=0;i<vnum;i++)
    //建立有 n 个顶点的顶点表{
        cin>>adjlist[i].vertex;        //读入顶点信息
        adjlist[i].firstedge=NULL;     //顶点的边表头指针设为空
    }
    cout<<"请输入边的信息（输入格式为:i,j): "<<endl;
    for(k=0;k<enum;k++){
```

```
//建立边表
    cin>>i>>j;                          //读入边<vᵢ,vⱼ>的顶点对应序号
     s=new EdgeNode;                    //生成新边表结点 s
    s->adjvex=j;                        //邻接点序号为 j
    s->next=adjlist[i].firstedge;
                                        //将新边表结点 s 插入到顶点 vᵢ 的边表头部
    adjlist[i].firstedge=s;
    }
}//ALGraph
```

若无向图中有 n 个顶点、e 条边，则它的邻接表需 n 个头结点和 $2e$ 个表结点。显然，在边稀疏（$e \ll n(n-1)/2$）的情况下，用邻接表表示图比邻接矩阵节省存储空间，当和边相关的信息较多时更是如此。

在无向图的邻接表中，顶点 v_i 的度恰为第 i 个链表中的结点数；而在有向图中，第 i 个链表中的结点个数只是顶点 v_i 的出度，为求入度，必须遍历整个邻接表，在所有链表中其邻接点域的值为 i 的结点的个数是顶点 v_i 的入度。有时，为了便于确定顶点的入度或以顶点 v_i 为头的弧，可以建立一个有向图的逆邻接表，即对每个顶点 v_i 建立一个以 v_i 为头的弧的链表。图 8-12 所示为有向图 G_2（见图 8-2）的邻接表和逆邻接表。

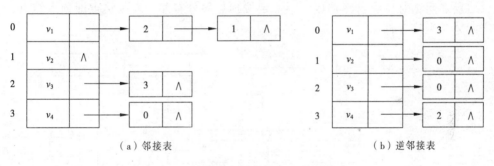

（a）邻接表　　　　　　　　　　　　　　（b）逆邻接表

图 8-12　图 8-2 的邻接表和逆邻接表

在建立邻接表或逆邻接表时，若输入的顶点信息即为顶点的编号，则建立邻接表的复杂度为 $O(n+e)$；否则，需要通过查找才能得到顶点在图中位置，则时间复杂度为 $O(n \times e)$。

在邻接表上容易找到任一顶点的第一个邻接点和下一个邻接点，但要判定任意两个顶点（v_i 和 v_j）之间是否有边或弧相连，则需搜索第 i 个或第 j 个链表，因此，不及邻接矩阵方便。

8.2.3　十字链表

十字链表是有向图的一种存储方法，它实际上是邻接表与逆邻接表的结合，即把每一条边的边结点分别组织到以弧尾顶点为头结点的链表和以弧头顶点为头顶点的链表中。在十字链表表示中，顶点表和边表的结点结构分别如图 8-13（a）和图 8-13（b）所示。

（a）十字链表顶点表结点结构

弧尾结点	弧头结点	弧上信息	指针域	指针域
tailvex	headvex	info	hlink	tlink

（b）十字链表边表的弧结点结构

图 8-13　十字链表顶点表、边表的弧结点结构

在弧结点中有 5 个域：其中尾域（tailvex）和头域（headvex）分别指示弧尾和弧头这两个顶点在图中的位置，指针域 hlink 指向弧头相同的下一条弧，指针域 tlink 指向弧尾相同的下一条弧，info 域指向该弧的相关信息。弧头相同的弧在同一链表上，弧尾相同的弧也在同一链表上。它们的头结点即为顶点结点，它由 3 个域组成：其中 vertex 域存储和顶点相关的信息，如顶点的名称等；firstin 和 firstout 为两个链域，分别指向以该顶点为弧头或弧尾的第一个弧结点。例如，图 8-14（a）中所示图的十字链表如图 8-14（b）所示。若将有向图的邻接矩阵看成是稀疏矩阵，则十字链表也可以看成是邻接矩阵的链表存储结构。在图的十字链表中，弧结点所在的链表非循环链表，结点之间相对位置自然形成，不一定按顶点序号有序；表头结点即顶点结点，它们之间才是顺序存储。

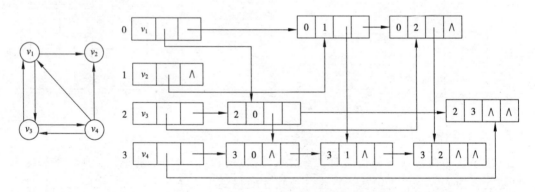

（a）一个有向图 G　　　　　　　　　　（b）有向图的十字链表

图 8-14　有向图及其十字链表表示

有向图的十字链表存储表示的形式描述如下：

```
typedef struct ArcBox{
    int tailvex,headvex;              //该弧的尾和头顶点的位置
    struct ArcBox *hlink,*tlink;      //分别为弧头相同和弧尾相同的弧的链域
    InfoType *info;                   //该弧相关信息的指针
}ArcBox;
typedef struct VexNode{
    VertexType vertex;
    ArcBox *fisrin,*firstout;         //分别指向该顶点第一条入弧和出弧
}VexNode;
```

```
class OLGraph:Graph{                    //OLGragh 是以十字链表表存储的图类
pulic:
    OLGraph(int v,int e, ,InfoType *Info);
                                        //根据图的顶点数和边数建立图邻接表存储
    ~OLGraph();                         //释放图的存储空间
    void InsertArc(VertexType u, VertexType v, WeightType w);
    void DeleteArc(VertexType u, VertexType v);
    void DeleteVex(VertexType v);
    void InsertVex(VertexType v);
    VertexType FirstAdjVex(VertexType v);
    VertexType NextAdjVex(VertexType v, VertexType w);
    void DFSTraverse(VertexType v);
    void BFSTtaverse(VertexType v);
    int LocateVex(VertexType v);
private:
    int vexnum,arcnum;                  //有向图的顶点数和弧数
    VexNode xlist[MaxVerNum];           //表头向量
}
```

下面给出建立一个有向图的十字链表存储的算法。通过该算法，只要输入 n 个顶点的信息和 e 条弧的信息，便可建立该有向图的十字链表。

【算法 8-4】建立有向图的十字链表存储的算法。

```
OLGraph::OLGraph(int vnum,int anum,InfoType *Info){
//采用十字链表表示，构造有向图
    int i,j,k;
    ArcBox p;
    VertexType v1,v2;
    InfoType *IncInfo;
    vexnum=vnum;
    arcnum=anum;
     IncInfo=Info;                      //IncInfo 为 0 则各弧不含其他信息
    for(i=0;i<vexnum;++i){
    //构造表头向量
        cin>>xlist[i].vertex;           //输入顶点值
            xlist[i].firstin=xlist[i].firstout=NULL;  //初始化指针
    }
    for(k=0;k<arcnum;++k){              //输入各弧并构造十字链表
        cin>>v1>>v2;                    //输入一条弧的始点和终点
        i=LocateVex(v1);
        j=LocateVex(v2);               //确定 v1 和 v2 在表头向量中的位置
        p=new ArcBox;                   //假定有足够空间
        *p={i,j,xlist[j].fistin,xlist[i].firstout,NULL}
            //对弧结点赋值{tailvex,headvex,hlink,tlink,info}
        xlist[j].fisrtin=xlist[i].firstout=p;
                                        //完成在入弧和出弧链头的插入
        if(IncInfo)     cin>>p->info;  //若弧含有相关信息，则输入
    }
```

}//OLGraph

在十字链表中既容易找到以 v_i 为尾的弧，也容易找到以 v_i 为头的弧，因而容易求得顶点的出度和入度（如果需要，可在建立十字链表的同时求出）。同时，由算法 8-3 可知，建立十字链表的时间复杂度和建立邻接表是相同的。在某些有向图的应用中，十字链表是很有用的工具。

8.2.4 邻接多重表

邻接多重表主要用于存储无向图。因为如果用邻接表存储无向图，每条边的两个边结点分别在以该边所依附的两个顶点为头结点的链表中，这给图的某些操作带来不便。例如，对已访问过的边做标记，或者要删除图中某一条边等，都需要找到表示同一条边的两个结点。因此，在进行这一类操作的无向图的问题中，采用邻接多重表作存储结构更为适宜。

邻接多重表的存储结构和十字链表类似，也是由顶点表和边表组成，每一条边用一个结点表示，其顶点表结点结构和边表结点结构如图 8-15 所示。

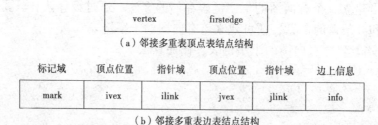

（a）邻接多重表顶点表结点结构

（b）邻接多重表边表结点结构

图 8-15 邻接多重表顶点表、边表结构

其中，顶点表由两个域组成，vertex 域存储和该顶点相关的信息，firstedge 域指示第一条依附于该顶点的边。边表结点由 6 个域组成，mark 为标记域，可用以标记该条边是否被搜索过；ivex 和 jvex 为该边依附的两个顶点在图中的位置；ilink 指向下一条依附于顶点 ivex 的边；jlink 指向下一条依附于顶点 jvex 的边；info 为指向和边相关的各种信息的指针域。例如，图 8-16 所示为图 8-1 所示无向图的邻接多重表。

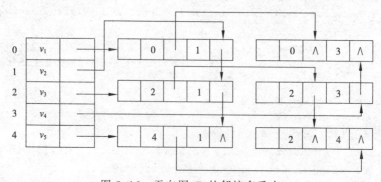

图 8-16 无向图 G_1 的邻接多重表

在邻接多重表中，所有依附于同一顶点的边串联在同一链表中，由于每条边依附

于两个顶点，则每个边结点同时链接在两个链表中。可见，对无向图而言，其邻接多重表和邻接表的差别，仅仅在于同一条边在邻接表中用两个结点表示，而在邻接多重表中只用一个结点。因此，除了在边结点中增加一个标志域外，邻接多重表所需的存储量和邻接表相同。在邻接多重表上，各种基本操作的实现亦和邻接表相似。邻接多重表存储表示的形式描述如下：

```
typedef struct EBox{
     int  visitmark;                    //访问标记
     int  ivex,jvex;                    //该边依附的两个顶点的位置
     struct EBox ilink,jlink;           //分别指向依附这两个顶点的下一条边
     InfoType *info;                    //该边信息指针
}EBox;
typedef struct VexBox{
    VertexType vertex;
    EBox  *firstedge;                   //指向第一条依附该顶点的边
}VexBox;

class AMLGraph::Graph{
//AMLGragh 是以十字链表表存储的图类
pulic:
     AMLGraph(int v,int e);
                                 //根据图的顶点数和边数建立图邻接表存储
     ~AMLGraph();                //释放图的存储空间
     void  InsertArc(VertexType u, VertexType v, WeightType w);
     void  DeleteArc(VertexType u, VertexType v);
     void  DeleteVex(VertexType v);
     void  InsertVex(VertexType v);
     VertexType  FirstAdjVex(VertexType v);
     VertexType  NextAdjVex(VertexType v, VertexType w);
     void  DFSTraverse(VertexType v);
     void  BFSTtaverse(VertexType v);
     int   LocateVex(VertexType v);
private:
     VexBox adjmulist[MaxVerNum];
}
```

8.3 图的遍历

图的遍历是指从图中的任一顶点出发，对图中的所有顶点访问一次且只访问一次。图的遍历操作和树的遍历操作功能相似。图的遍历是图的一种基本操作，图的许多其他操作都是建立在遍历操作的基础之上。

由于图结构本身的复杂性，因此图的遍历操作也较复杂，主要表现在以下4方面：

① 在图结构中，没有一个"自然"的首结点，图中任意一个顶点都可作为第一个被访问的结点。

② 在非连通图中，从一个顶点出发，只能够访问它所在的连通分量上的所有顶点。因此，还需考虑如何选取下一个出发点以访问图中其余的连通分量。

③ 在图结构中，如果有回路存在，那么一个顶点被访问之后，有可能沿回路又回到该顶点。

④ 在图结构中，一个顶点可以和其他多个顶点相连，当这样的顶点访问过后，存在如何选取下一个要访问的顶点的问题。

图的遍历通常有深度优先搜索和广度优先搜索两种方式，下面分别进行介绍。

8.3.1 深度优先搜索

深度优先搜索（Depth First Search，DFS）遍历类似于树的先根遍历，是树的先根遍历的推广。

假设初始状态是图中所有顶点未曾被访问，则深度优先搜索可从图中某个顶点 v 出发，访问此顶点，然后依次从 v 的未被访问的邻接点出发深度优先遍历图，直至图中所有和 v 有路径的顶点都被访问到；若此时图中尚有顶点未被访问，则另选图中一个未曾被访问的顶点作为起始点，重复上述过程，直至图中所有顶点都被访问到为止。

以图 8-17 的无向图 G_5 为例，进行图的深度优先搜索。假设从顶点 v_1 出发进行搜索，在访问了顶点 v_1 之后，选择邻接点 v_2。因为 v_2 未曾访问，则从 v_2 出发进行搜索。依此类推，接着从 v_4、v_8、v_5 出发进行搜索。在访问了 v_5 之后，由于 v_5 的邻接点都已被访问，则搜索回到 v_8。由于同样的理由，搜索继续回到 v_4、v_2 直至 v_1，此时由于 v_1 的另一个邻接点 v_3 未被访问，则搜索又从 v_1 到 v_3，再继续进行下去。由此，得到的顶点访问序列如下所示：

$$v_1 \rightarrow v_2 \rightarrow v_4 \rightarrow v_8 \rightarrow v_5 \rightarrow v_3 \rightarrow v_6 \rightarrow v_7$$

显然，这是一个递归的过程。为了在遍历过程中便于区分顶点是否已被访问，需附设访问标志数组 visited[$0 \cdots n$-1]，其初值为 0，一旦某个顶点被访问，则其相应的分量置为 1。

从图的某一点 v 出发，递归地进行深度优先遍历的过程如算法 8-5 所示。

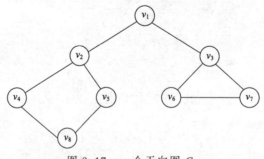

图 8-17　一个无向图 G_5

【算法 8-5】深度优先遍历算法。

```
void Graph::DFS(int v){
//从第 v 个顶点出发递归地深度优先遍历图
    int w;
    visited[v]=1;
    visit(v);                      //访问第 v 个顶点
    for(w=FisrtAdjVex(v);w;w=NextAdjVex(v,w))
```

```
            if(!visited[w])
                    DFS(w);                    //对 v 的尚未访问的邻接顶点 w 递归调用 DFS
}
```

算法 8-6 给出了对以邻接表为存储结构的整个图 G 进行深度优先遍历的算法描述。

【算法 8-6】以邻接表为存储结构的深度优先遍历算法。

```
void ALGraph::DFSAL(int i){
//以 vᵢ 为出发点对邻接表存储的图进行深度优先搜索
    EdgeNode *p;
        cout<<"visit vertex:V"<<adjlist[i].vertex<<endl;    //访问顶点 vᵢ
        visited[i]=1;                                //标记 vᵢ 已访问
        p=adjlist[i].firstedge;                      //取 vᵢ 边表的头指针
    while(p){
    //依次搜索 vᵢ 的邻接点 vⱼ, j=p->adjvex
        if(!visited[p->adjvex])        //若 vⱼ 尚未访问，则以 vⱼ 为出发点向纵深搜索
            DFSAL(p->adjvex);
        p=p->next;                                //找 vⱼ 的下一个邻接点
    }
}//DFSAL

void ALGraph::DFSTraverse(){
//深度优先遍历以邻接表存储的图
    int i;
    for(i=0;i<vnum;i++)
        visited[i]=0;                    //标志向量初始化
    for(i=0;i<vnum;i++)
        if(!visited[i])
                DFSAL(i);                //vᵢ 未访问过，从 vᵢ 开始 DFS 搜索
}//DFSTravese
```

分析上述算法，在遍历时，对图中每个顶点至多调用一次 DFS 函数，因为一旦某个顶点被标志成已被访问，就不再从它出发进行搜索。因此，遍历图的过程实质上是对每个顶点查找其邻接点的过程。其耗费的时间则取决于所采用的存储结构。当用二维数组表示邻接矩阵图的存储结构时，查找每个顶点的邻接点所需时间为 $O(n^2)$，其中 n 为图中顶点数；而当以邻接表做图的存储结构时，找邻接点所需时间为 $O(e)$，其中 e 为无向图中边的数或有向图中弧的数。因此，当以邻接表作存储结构时，深度优先搜索遍历图的时间复杂度为 $O(n+e)$。

8.3.2 广度优先搜索

广度优先搜索遍历类似于树的按层次遍历的过程。

假设从图中某顶点 v 出发，在访问了 v 之后依次访问 v 的各个未曾访问过的邻接点，然后分别从这些邻接点出发依次访问它们的邻接点，并使"先被访问的顶点的邻接点"先于"后被访问的顶点的邻接点"被访问，直至图中所有已被访问的顶点的邻接点都被访问到。若此时图中尚有顶点未被访问，则另选图中一个未曾被访问的顶点作为起始点，重复上述过程，直至图中所有顶点都被访问到为止。换句话说，广度优先搜索遍历图的过程中以 v 为起始点，由近至远，依次访问和 v 有路径相通且路径长度为 1、2、……的顶点。

例如，对图 8-17 所示无向图 G_5 进行广度优先搜索遍历，首先访问 v_1 和 v_1 的邻接点 v_2 和 v_3，然后依次访问 v_2 的邻接点 v_4 和 v_5 及 v_3 的邻接点 v_6 和 v_7，最后访问 v_4 的邻接点 v_8。由于这些顶点的邻接点均已被访问，并且图中所有顶点都被访问，因此完成了图的遍历，得到的顶点访问序列如下所示：

$$v_1 \rightarrow v_2 \rightarrow v_3 \rightarrow v_4 \rightarrow v_5 \rightarrow v_6 \rightarrow v_7 \rightarrow v_8$$

与深度优先搜索类似，在遍历的过程中也需要一个访问标志数组。并且，为了顺次访问路径长度为 2、3、……的顶点，需附设队列以存储已被访问的路径长度为 1、2、……的顶点。

从图的某一点 v 出发，进行广度优先遍历的过程如算法 8-7 所示。

【算法 8-7】 广度优先遍历算法。

```
void  Graph::BFS(){
//按广度优先非递归遍历图。使用辅助队列 Q 和访问标志数组 visited
    CirQueue Q;
    int v,u,w;
    for(v=0;v<vnum;++v)
        visited[v]=0;
        InitQueue(Q);                    //置空的队列 Q
        for ( v=0;v<vnum;++v)
        if(!visited[v]){
        //v 尚未访问
          EnQueue(Q,v);                  //v 入队列
          while(!QueueEmpty(Q)){
              DeQueue(Q,u);              //队首元素出队并置为 u
              visit(u);                  //访问 u
              visited[u]=1;
              for(w=FirstAdjVex(u);w;w=NextAdjVex(u,w))
               if(!visited[w])
                  EnQueue(Q,w);          //u 的尚未访问的邻接顶点 w 入队列 Q
          }
      }
}//BFSTraverse
```

算法 8-8 给出了对以邻接矩阵为存储结构的整个图 G 进行广度优先遍历的算法。

【算法 8-8】 以邻接矩阵为存储结构进行广度优先遍历的算法。

```
void MGraph::BFSM(int k){
//以 vk 为出发点，对邻接矩阵存储的图进行广度优先搜索
    int i,j;
    CirQueue Q;
    InitQueue(Q);
     cout<<"visit vertex:V"<<vexs[k]<<endl;    //访问原点 vk
    visited[k]=1;
     EnQueue(Q,k);                             //原点 vk 入队列
    while(!QueueEmpty(Q)){
        i=DeQueue(Q);                          //vi 出队列
        for(j=0;j<vnum;j++)                    //依次搜索 vi 的邻接点 vj
        if(edges[i][j]==1 && !visited[j]){
        //若 vj 未访问
            cout<<"visit vertex:V"<<vexs[j]<<endl; //访问 vj
            visited[j]=1;
            EnQueue(Q,j);                      //访问过的 vj 入队列
        }
```

```
    }
}//BFSM

void MGraph::BFSTraverse()
//广度优先遍历以邻接矩阵存储的图 G
{
    int i;
    for(i=0;i<vnum;i++)
            visited[i]=0;                    //标志向量初始化
    for(i=0;i<vnum;i++)
        if(!visited[i])
                BFSM(i);            //vᵢ 未访问过，从 vᵢ 开始 BFS 搜索
}//BFSTraverse
```

分析上述算法可知，每个顶点至多进一次队列。遍历图的过程实质上是通过边或弧找邻接点的过程，因此广度优先搜索遍历图的时间复杂度和深度优先搜索遍历图的时间复杂度相同，两者不同之处仅仅在于对顶点访问的顺序不同。

8.3.3 应用图的遍历判定图的连通性

判定一个图的连通性是图的一个应用问题，可以利用图的遍历算法来求解这一问题。

1．无向图的连通性

在对无向图进行遍历时，对于连通图，仅需从图中任一顶点出发，进行深度优先搜索或广度优先搜索，便可访问到图中所有顶点。对非连通图，则需要从多个顶点出发进行搜索，而每一次从一个新的起始点出发进行搜索过程中得到的顶点访问序列是包含出发点的这个连通分量中的顶点集。例如，图 8-5（a）是一个非连通图 G_3，按照图 8-18 所示的 G_3 的邻接表进行深度优先搜索遍历，需要由算法 8-5 调用两次 DFSAL（即分别从顶点 A 和 C 出发），得到的顶点访问序列分别为：

A B F E C D

这两个顶点集分别加上所有依附于这些顶点的边，便构成了非连通图 G_3 的两个连通分量，如图 8-5（b）所示。

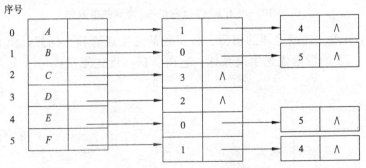

图 8-18　G_3 的邻接表

因此，要想判定一个无向图是否为连通图，或有几个连通分量，可设一个计数变量 count，初始时取值为 0，在算法 8-5 的第二个 for 循环中，每调用一次 DFSAL，就给 count 增 1。这样，当整个算法结束时，依据 count 的值就可确定图的连通性。

2．有向图的连通性

有向图的连通性不同于无向图的连通性，可分为弱连通、单侧连通和强连通。对

有向图的强连通性及强连通分量的判定，可通过对以十字链表为存储结构的有向图的深度优先搜索实现。

由于强连通分量中的结点相互可达，故可先按出度深度优先搜索，记录下访问结点的顺序和连通子集的划分，再按入度深度优先搜索，对前一步的结果再划分，最终得到各强连通分量。若所有结点在同一个强连通分量中，则该图为强连通图。

8.3.4　生成树和生成森林

在这一小节里，将通过对图的遍历得到图的生成树或生成森林的算法。

设 $E(G)$ 为连通图 G 中所有边的集合，则从图中任一顶点出发遍历图时，必定将 $E(G)$ 分成两个集合 $T(G)$ 和 $B(G)$，其中 $T(G)$ 是遍历图过程中历经的边的集合；$B(G)$ 是剩余的边的集合。显然，$T(G)$ 和图 G 中所有顶点一起构成连通图 G 的极小连通子图。按照 8.1.1 节的定义，它是连通图的一棵生成树，并且由深度优先搜索得到的为深度优先生成树，由广度优先搜索得到的为广度优先生成树。例如，图 8-19（a）和图 8-19（b）所示分别为图 8-17 所示无向连通图 G_5 的深度优先生成树和广度优先生成树。图中虚线为集合 $B(G)$ 中的边，实线为集合 $T(G)$ 中的边。

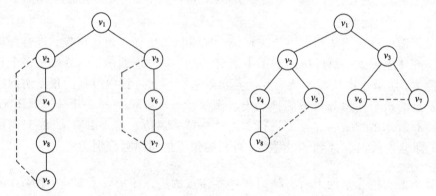

（a）G_5 的深度优先生成树　　　　　（b）G_5 的广度优先生成树

图 8-19　由图 8-17 所示的 G_5 得到的生成树

对于非连通图，通过这样的遍历，将得到的是生成森林。例如，图 8-20（b）所示为图 8-20（a）的深度优先生成森林，它由 3 棵深度优先生成树组成。

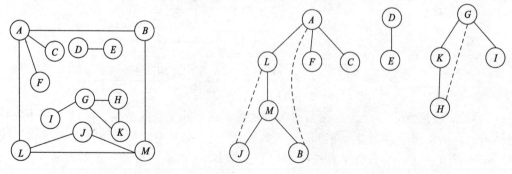

（a）一个非连通图无向图 G_6　　　　　　（b）G_6 的深度优先生成树林

图 8-20　非连通图 G_6 及其生成树林

假设以孩子兄弟链表作为生成森林的存储结构，则算法 8-9 生成非连通图的深度优先生成森林的时间复杂度和遍历相同。

【算法 8-9】 非连通图的深度优先生成森林算法。

```
void Graph::DFSTree(int v,CSTree *T){
//从第 v 个顶点出发深度优先遍历图，建立以 T 为根的生成树
    int w,first;
    CSTNode *p,*q;
    visited[v]=1;
    first=1;                            //first 用于标记是否访问了第一个孩子
    for(w=FirstAdjVex(v);w;w=NextAdjVex(v,w))
        if(!visited[w]){
            p=new CSNode; //分配孩子结点
            *p={GetVex(w),NULL,NULL};
            if(first){     //w 是 v 的第一个未被访问的邻接顶点，作为根的左孩子结点
                *T->lchild=p;
                first=0;
            }
            else            //w 是 v 的其他未被访问的邻接顶点，作为上一邻接顶点的右兄弟
                q->nextsibling=p;
            q=p;
            DFSTree(w,&q);   //从第 w 个顶点出发深度优先遍历图 G，建立生成子树*q
        }
}


void Graph::DFSForest(CSTree *T){
//建立无向图的深度优先生成森林的孩子兄弟链表 T
    int v;
    CSTNode *p,*q;                  //CSTree 是指向孩子兄弟结点的指针类型
    *T=NULL;
    for(v=0;v<vnum;++v)
        visited[v]=0;
    for(v=0;v<vnum;++v)
        if(!visited[v])
        //顶点 v 为新的生成树的根结点
        {
            p=new CSTNode;                      //分配根结点
            p={GetVex(v),NULL,NULL};            //给根结点赋值
            if(!(*T))
                *T=p;                           //T 是第一棵生成树的根
            else
                q->nextsibling=p;       //前一棵的根的兄弟是其他生成树的根
            q=p;                                //q 指示当前生成树的根
            DFSTree(v,&p);                      //建立以 p 为根的生成树
        }
}
```

8.4 最小生成树

对于一个带权的连通图，如何找出一棵生成树，使得各边上的权值总和达到最小，这是一个有实际意义的问题。

8.4.1 最小生成树的概念

由生成树的定义可知,无向连通图的生成树不是唯一的。连通图的一次遍历所经过的边的集合及图中所有顶点的集合就构成了该图的一棵生成树,对连通图的不同遍历,如遍历出发点不同或存储点的顺序不同,就可能得到不同的生成树。图 8-21(a)、图 8-21(b)和图 8-21(c)均为图 8-17 的无向连通图 G_5 的生成树。

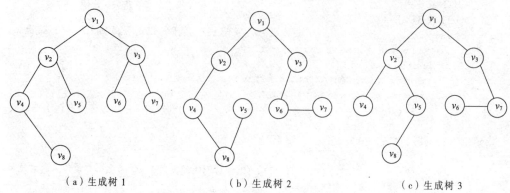

（a）生成树 1 　　　（b）生成树 2 　　　（c）生成树 3

图 8-21　无向连通图 G_5 的 3 棵生成树

可以证明,对于有 n 个顶点的无向连通图,无论其生成树的形态如何,所有生成树中都有且仅有 $n-1$ 条边。

如果无向连通图是一个网,那么,它的所有生成树中必有一棵边的权值总和最小的生成树,称这棵生成树为最小生成树（Minimum Spanning Tree,MST）。

最小生成树的概念可以应用到许多实际问题中。例如,有这样一个问题:以尽可能低的总造价建造城市间的通信网络,把 10 个城市联系在一起。在这 10 个城市中,任意两个城市之间都可以建造通信线路,通信线路的造价依据城市间的距离不同而有不同的造价,可以构造一个通信线路造价网络,在网络中,每个顶点表示城市,顶点之间的边表示城市之间可构造通信线路,每条边的权值表示该条通信线路的造价,要想使总的造价最低,实际上就是寻找该网络的最小生成树。

最小生成树的构造算法可依据下述最小生成树的 MST 性质得到。

MST 性质:设 $G=(V,E)$ 是一个连通网络,U 是顶点集 V 的一个真子集。若(u,v)是 G 中所有的一个端点在 U（即 $u \in U$）里、另一个端点不在 U（即 $v \in V-U$）里的边中,具有最小权值的一条边,则一定存在 G 的一棵最小生成树包括此边(u,v)。

MST 性质的反证法证明:假设 G 的任何一棵最小生成树中都不含边(u,v)。设 T 是 G 的一棵最小生成树,但不包含边(u,v)。由于 T 是树且是连通的,因此有一条从 u 到 v 的路径;且该路径上必有一条连接两顶点集 U 和 $V-U$ 的边(u',v'),其中 $u' \in U$,$v' \in V-U$,否则 u 和 v 不连通。当把边(u,v)加入树 T 时,得到一个含有边(u,v)的回路。若删去边(u',v'),则上述回路即被消除,由此得到另一棵生成树 T',T' 和 T 的区别仅在于用边(u,v)取代了 T 中的边(u',v')。因为(u,v)的权 $\leqslant (u',v')$的权,故 T' 的权 $\leqslant T$ 的权,因此 T' 也是 G 的最小生成树,它包含边(u,v),与假设矛盾。MST 性质得以证明。

下面介绍两种依据 MST 性质得出的常用的构造最小生成树的方法:普里姆（Prim）

算法和克鲁斯卡尔（Kruskal）算法。

8.4.2 普里姆（Prim）算法

假设 $G=(V,E)$ 为一网图，其中 V 为网图中所有顶点的集合，E 为网图中所有带权边的集合。设置两个新的集合 U 和 T，其中集合 U 用于存放 G 的最小生成树中的顶点，集合 T 存放 G 的最小生成树中的边。令集合 U 的初值为 $U=\{u_0\}$（假设构造最小生成树时，从顶点 u_0 出发），集合 T 的初值为 $T=\{\}$。Prim 算法的思想是，从所有 $u \in U$，$v \in V-U$ 的边中，选取具有最小权值的边 (u,v)，将顶点 v 加入集合 U 中，将边 (u,v) 加入集合 T 中，如此不断重复，直到 $U=V$ 时，最小生成树构造完毕，这时集合 T 中包含了最小生成树的所有边。

Prim 算法可用下述过程描述，其中用 w_{uv} 表示顶点 u 与顶点 v 边上的权值。

① $U=\{u_0\},T=\{\}$；

② while $(U \neq V)$ do

$(u,v)=\min\{w_{uv}|u \in U,v \in V-U\}$

$T=T+\{(u,v)\}$

$U=U+\{v\}$

③ 结束。

图 8-22（a）所示的一个网图，按照 Prim 方法，从顶点 v_1 出发，该网的最小生成树的产生过程如图 8-22（b）～图 8-22（h）所示。

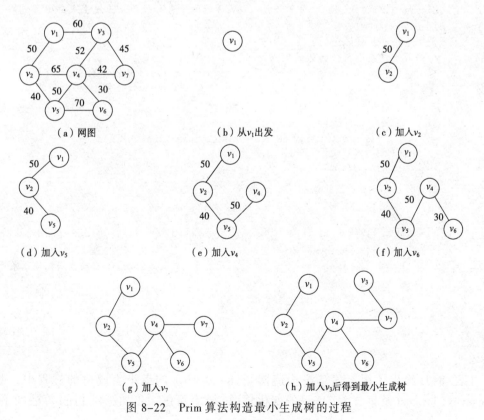

图 8-22 Prim算法构造最小生成树的过程

为实现 Prim 算法，需设置两个辅助一维数组 lowcost 和 closevex，其中 lowcost 用来保存集合 $V-U$ 中各顶点与集合 U 中各顶点构成的边中具有最小权值的边的权值；数组 closevex 用来保存依附于该边的在集合 U 中的顶点。假设初始状态时，$U=\{u_0\}$（u_0 为出发的顶点），这时有 lowcost[0]=0，它表示顶点 u_0 已加入集合 U 中，数组 lowcost 的其他各分量的值是顶点 u_0 到其余各顶点所构成的直接边的权值。然后，不断选取权值最小的边 (u_i,u_k)（$u_i \in U$，$u_k \in V-U$），每选取一条边，就将 lowcost[k] 置 0，表示顶点 u_k 已加入集合 U 中。由于顶点 u_k 从集合 $V-U$ 进入集合 U 后，这两个集合的内容发生了变化，就需依据具体情况更新数组 lowcost 和 closevex 中部分分量的内容。最后 closevex 中即为所建立的最小生成树。

当无向网采用二维数组存储的邻接矩阵存储结构时，Prim 算法描述如下：

【算法 8-10】 采用邻接矩阵存储的 Prim 算法。

```
void MGraph::Prim(int n,int closevex[]){
//从存储序号为 0 的顶点出发，建立连通网的最小生成树
//建立的最小生成树存于数组 closevex 中
    int lowcost[MaxVerNum],mincost;
    int i,j,k;
    for(i=1;i<vnum;i++){
    //初始化
        lowcost[i]=edges[0][i];
        closevex[i]=1;
    }
    lowcost[0]=0;                   //从存储序号为 0 的顶点出发生成最小生成树
    closevex[0]=1;
    for(i=1;i<vnum;i++){
     //寻找当前最小权值的边的顶点
        mincost=MAXCOST;           //MAXCOST 为一个极大的常量值
        j=1;
        k=1;
        while(j<vnum){
            if(lowcost[j]!=0 && lowcost[j]<mincost ){
                mincost=lowcost[j];
                k=j;
            }
            j++;
        }
        cout<<"边:("<<k+1<<","<<closevex[k]<<")权值: "<<mincost<<endl;
        lowcost[k]=0;
        for(j=1;j<vnum;j++)         //修改其他顶点的边的权值和最小生成树顶点序号
            if(edges[k][j]<lowcost[j]){
                lowcost[j]=edge[k][j];
                closevex[j]=k+1;
            }
    }
}
```

表 8-1 给出了用上述算法构造网图 8-22（a）的最小生成树的过程中，数组 closevex、lowcost 及集合 U、$V-U$ 的变化情况，读者可进一步加深对 Prim 算法的了解。

在 Prim 算法中，第一个 for 循环的执行次数为 $n-1$，第二个 for 循环中又包括了一个 while 循环和一个 for 循环，执行次数为 $2(n-1)^2$，所以 Prim 算法的时间复杂度为 $O(n^2)$。

表 8-1　用 Prim 算法构造最小生成树过程中各参数的变化

顶　　点		v_1	v_2	v_3	v_4	v_5	v_6	v_7	U	T
（1）	Lowcost	0	**50**	60	∞	∞	∞	∞	$\{v_1\}$	$\{\}$
	Closevex	1	1	1	1	1	1	1		
（2）	Lowcost	0	0	60	65	**40**	∞	∞	$\{v_1,v_2\}$	$\{(v_1,v_2)\}$
	Closevex	1	1	1	2	2	1	1		
（3）	Lowcost	0	0	60	**50**	0	70	∞	$\{v_1,v_2,v_5\}$	$\{(v_1,v_2),(v_2,v_5)\}$
	Closevex	1	1	1	5	2	5	1		
（4）	Lowcost	0	0	52	0	0	**30**	42	$\{v_1,v_2,v_5,v_4\}$	$\{(v_1,v_2),(v_2,v_5),(v_4,v_5)\}$
	Closevex	1	1	4	5	2	4	4		
（5）	Lowcost	0	0	52	0	0	0	**42**	$\{v_1,v_2,v_5,v_4,v_6\}$	$\{(v_1,v_2),(v_2,v_5),(v_4,v_5),(v_4,v_6)\}$
	Closevex	1	1	4	5	2	4	4		
（6）	Lowcost	0	0	**45**	0	0	0	0	$\{v_1,v_2,v_5,v_4,v_6,v_7\}$	$\{(v_1,v_2),(v_2,v_5),(v_4,v_5),(v_4,v_6),(v_4,v_7)\}$
	Closevex	1	1	7	5	2	4	4		
（7）	Lowcost	0	0	0	0	0	0	0	$\{v_1,v_2,v_5,v_4,v_6,v_7,v_3\}$	$\{(v_1,v_2),(v_2,v_5),(v_4,v_5),(v_4,v_7),(v_3,v_7)\}$
	Closevex	1	1	7	5	2	4	4		

8.4.3　克鲁斯卡尔（Kruskal）算法

Kruskal 算法是一种按照网中边的权值递增的顺序构造最小生成树的方法。其基本思想是：设无向连通网为 $G=(V,E)$，令 G 的最小生成树为 T，其初态为 $T=(V,\{\})$，即开始时，最小生成树 T 由图 G 中的 n 个顶点构成，顶点之间没有一条边，这样 T 中各顶点各自构成一个连通分量。然后，按照边的权值由小到大的顺序，考察 G 的边集 E 中的各条边。若被考察的边的两个顶点属于 T 的两个不同的连通分量，则将此边作为最小生成树的边加入到 T 中，同时把两个连通分量连接为一个连通分量；若被考察边的两个顶点属于同一个连通分量，则舍去此边，以免造成回路。如此下去，当 T 中的连通分量个数为 1 时，此连通分量便为 G 的一棵最小生成树。

对于图 8-22（a）所示的网，按照 Kruskal 方法构造最小生成树的过程如图 8-23 所示。在构造过程中，按照网中边的权值由小到大的顺序，不断选取当前未被选取的边集中权值最小的边。依据生成树的概念，n 个结点的生成树有 $n-1$ 条边，故反复上述过程，直到选了 $n-1$ 条边为止，就构成了一棵最小生成树。

下面介绍 Kruskal 算法的实现。

设置一个结构数组 edges 存储网中所有的边，边的结构类型包括构成的顶点信息和边权值，定义如下。

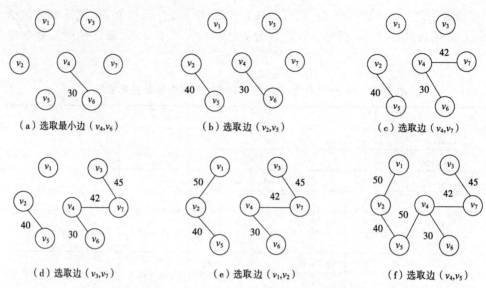

（a）选取最小边（v_4,v_6）　　　（b）选取边（v_2,v_5）　　　（c）选取边（v_4,v_7）

（d）选取边（v_3,v_7）　　　（e）选取边（v_1,v_2）　　　（f）选取边（v_4,v_5）

图 8-23　Kruskal 算法构造最小生成树的过程

在结构数组 edges 中，每个分量 edges[i]代表网中的一条边，其中 edges[i].v_1 和 edges[i].v_2 表示该边的两个顶点，edges[i].cost 表示这条边的权值。为了方便选取当前权值最小的边，事先把数组 edges 中的各元素按照其 cost 域值由小到大的顺序排列。在对连通分量合并时，采用 7.5.2 节所介绍的集合的合并方法。对于有 n 个顶点的网，设置一个数组 father[n]，其初值为 father[i]=-1（i=0,1,…,n-1），表示各个顶点在不同的连通分量上，然后，依次取出 edges 数组中的每条边的两个顶点，查找它们所属的连通分量。假设 vf$_1$ 和 vf$_2$ 为两顶点所在的树的根结点在 father 数组中的序号，若 vf$_1$ 不等于 vf$_2$，表明这条边的两个顶点不属于同一分量，则将这条边作为最小生成树的边输出，并合并它们所属的两个连通分量。

下面给出 Kruskal 算法，其中函数 Find()的作用是寻找图中顶点所在树的根结点在数组 father 中的序号。需要说明的是，在程序中将顶点的数据类型定义成整型，而在实际应用中，可依据实际需要来设定。

【算法 8-11】Kruskal 算法。

```
int Graph::Find(int father[],int v){
//寻找顶点 v 所在树的根结点
    int t;
    t=v;
    while(father[t]>=0)
        t=father[t];
    return t;
}
void Graph::Kruskal(EdgeType edges[],int n){
//用 Kruskal 方法构造有 n 个顶点的图 edges 的最小生成树
    //edge[]中的数据已按 cost 值由小到大排序
    int father[MAXEDGE];
    int i,j,vf1,vf2;
    for(i=0;i<n;i++)
```

```
        father[i]=-1;
    i=0;
    j=0;
    while(i<MaxEdge&&j<n-1){
        vf1=Find(father,edges[i].v1);
        vf2=Find(father,edges[i].v2);
        if(vf1!=vf2){
            father[vf2]=vf1;
            j++;
            cout<<edges[i].v1<<edges[i].v2<<endl;
        }
        i++;
    }
}
```

在 Kruskal 算法中，第二个 while 循环是影响时间效率的主要操作，其循环次数最多为 MaxEdge，其内部调用的 Find() 函数的内部循环次数最多为 n，所以 Kruskal 算法的时间复杂度为 $O(n \times MaxEdge)$。

8.5 最短路径

最短路径问题是图的又一个比较典型的应用问题。例如，某一地区的一个公路网，给定了该网内的 n 个城市及这些城市之间的相通公路的距离，能否找到城市 A 到城市 B 之间一条距离最近的通路呢？如果将城市用点表示，城市间的公路用边表示，公路的长度作为边的权值，那么，这个问题就可归结为在网图中求点 A 到点 B 的所有路径中边的权值之和最短的那一条路径。这条路径就是两点之间的最短路径，并称路径上的第一个顶点为源点，最后一个顶点为终点。在非网图中，最短路径是指两点之间经历的边数最少路径。下面讨论两种最常见的最短路径问题。

8.5.1 迪杰斯特拉（Dijkstra）算法

先来讨论单源点的最短路径问题：给定带权有向图 $G=(V,E)$ 和源点 $v \in V$，求从 v 到 G 中其余各顶点的最短路径。在下面的讨论中假设源点为 v。

下面就介绍解决这一问题的算法，即由迪杰斯特拉（Dijkstra）提出的一个按路径长度递增的次序产生最短路径的算法。该算法的基本思想是：设置两个顶点的集合 S 和 T（$T=V-S$），集合 S 中存放已找到最短路径的顶点，集合 T 存放当前还未找到最短路径的顶点。初始状态时，集合 S 中只包含源点 v，然后不断从集合 T 中选取到顶点 v 路径长度最短的顶点 u 加入到集合 S 中，集合 S 每加入一个新的顶点 u，都要修改顶点 v 到集合 T 中剩余顶点的最短路径长度值，集合 T 中各顶点新的最短路径长度值为原来的最短路径长度值与顶点 u 的最短路径长度值加上 u 到该顶点的路径长度值中的较小值。此过程不断重复，直到集合 T 的顶点全部加入到 S 中为止。

Dijkstra 算法的正确性可以用反证法加以证明。假设下一条最短路径的终点为 x，那么，该路径必然或者是弧 $<v,x>$，或者是中间只经过集合 S 中的顶点而到达顶点 x 的路径。因为假若此路径上除 x 之外有一个或一个以上的顶点不在集合 S 中，那么必然存在另外的终点不在 S 中而路径长度比此路径还短的路径,这与按路径长度递增的顺序产生最短路径的前提相矛盾,所以此假设不成立。

下面介绍 Dijkstra 算法的实现。

首先,引进一个辅助数组 D,它的每个分量 $D[i]$ 表示当前所找到的从源点 v 到每个终点 v_i 的最短路径的长度。它的初态为:若从 v 到 v_i 有弧,则 $D[i]$ 为弧上的权值;否则置 $D[i]$ 为 ∞。显然,长度为

$$D[j]=\text{Min}\{D[i]\mid v_i \in V\}$$

的路径就是从 v 出发的长度最短的一条最短路径。此路径为 (v,v_j)。

那么,下一条长度次短的最短路径是哪一条呢?假设该次短路径的终点是 v_k,可想而知,这条路径或者是 (v,v_k),或者是 (v,v_j,v_k)。它的长度或者是从 v 到 v_k 的弧上的权值,或者是 $D[j]$ 与从 v_j 到 v_k 的弧上的权值之和。

依据前面介绍的算法思想,在一般情况下,下一条长度次短的最短路径的长度必是

$$D[j]=\text{Min}\{D[i]\mid v_i \in V-S\}$$

其中,$D[i]$ 或者是弧 $<v,v_i>$ 上的权值,或者是 $D[k]$($v_k \in S$)与弧 $<v_k,v_i>$ 上的权值之和。

根据以上分析,可以得到如下描述的算法:

① 假设用带权的邻接矩阵 edges 来表示带权有向图,edges$[i][j]$ 表示弧 $<v_i,v_j>$ 上的权值。若 $<v_i,v_j>$ 不存在,则置 edges$[i][j]$ 为 ∞(在计算机上可用允许的最大值代替)。S 为已找到的从 v 出发的最短路径的终点的集合,它的初始状态为空集。那么,从 v 出发到图上其余各顶点(终点)v_i 可能达到最短路径长度的初值为

$$D[i]=\text{edges}[\text{LocateVex}(G,v)][i] \quad v_i \in V$$

② 选择 v_j,使得

$$D[j]=\text{Min}\{D[i]\mid v_i \in V-S\}$$

v_j 就是当前求得的一条从 v 出发的最短路径的终点。令

$$S=S\cup\{v_j\}$$

③ 修改从 v 出发到集合 $V-S$ 上任一顶点 v_k 可达的最短路径长度。如果

$$D[j]+\text{edges}[j][k]<D[k]$$

则修改 $D[k]$ 为

$$D[k]=D[j]+\text{edges}[j][k]$$

重复操作②、③共 $n-1$ 次。由此求得从 v 到图上其余各顶点的最短路径是依路径长度递增的序列。

【算法 8-12】Dijkstra 算法。

```
void Mgraph::ShortestPath_1(int v0,PathMatrix *P,ShortPathTable *D){
//用 Dijkstra 算法求有向网的 v0 顶点到其余顶点 v 的最短路径 P[v]及其路径长度 D[v]
    //P[v]存放从 v0 到 v 的最短路径上 v 的前驱结点的序号。当 v=v0 时,P[v]的取值
    //为-1
    //当 v≠v0,又无前驱结点时,P[v]的取值为-2
    //final[v]为 1 当且仅当 v∈S,即已经求得从 v0~v 的最短路径
    //常量 INFINITY 为边上权值可能的最大值
    int i,v,pre,w;
```

```
    int min;
    int final[MaxVerNum];
    for(v=0;v<vnum;++v){
        final[v]=0;
        D[v]=edges[v0][v];
        P[v0]=-1;                        //v0 无前驱结点，将其前驱点的值置为-1
        if(D[v]<INFINITY&&v!=v0)
            P[v]=v0;
        if(D[v]==INFINITY)
            P[v]=-2;                     //当 v 距 v0 无限远时，将其前驱点的值置为-2
    }
    D[v0]=0;
    final[v0]=1;                         //初始化，v1 顶点属于集合 S
    //开始主循环，每次求得 v0 到某个 v 顶点的最短路径，并加 v 到集合 S
    for(i=1;i<vnum;++i){
        min=INFINITY;                    //min 为当前所知离 v0 顶点的最近距离
        for(w=0;w<vnum;++w)
            if(!final[w])                //w 顶点在 V-S 中
                if(D[w]<min){
                    v=w;
                    min=D[w];
                }
        final[v]=1;                      //离 v0 顶点最近的 v 加入 S 集合
        for(w=0;w<vnum;++w)              //更新当前最短路径
            if(!final[w]&&(min+edges[v][w]<D[w])){
                                         //修改 D[w]和 P[w]，w∈V-S
                D[w]=min+edges[v][w];
                P[w]=v;                  //将 w 的前驱结点改为 v
            }
    }
    for(i=1;i<vnum;i++){                 //输出各最短路径的长度及路径上的结点
        if(P[i]==-2)
            cout<<"max"<<i<<endl;
        else{
            cout<<D[i]<<i;
            pre=P[i];
            while(pre>0){
                cout<<"←"<<pre;
                pre=P[pre];
            }
        cout<<"←0"<<endl;
        }
    }
}//ShortestPath_1
```

例如，图 8-24 所示为一个有向网图 G_8 及其带权邻接矩阵。

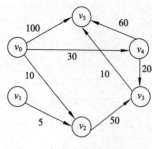

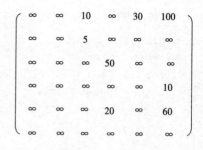

（a）有向网图 G_8 　　　　　　　　　　　　　　　（b）邻接矩阵

图 8-24　一个有向网图 G_8 及其邻接矩阵

若对 G_8 施行 Dijkstra 算法，则所得从 v_0 到其余各顶点的最短路径，以及运算过程中数组 D 和数组 P 的变化状况，如表 8-2 所示。

表 8-2　用 Dijkstra 算法构造单源点最短路径过程中各参数的变化

终点	从 v_0 到各终点的 D 值、P 值和最短路径的求解过程				
	$i=1$ $D[]$　$P[]$	$i=2$ $D[]$　$P[]$	$i=3$ $D[]$　$P[]$	$i=4$ $D[]$　　$P[]$	$i=5$ $D[]$　$P[]$
v_1	∞　　-2	∞　　-2	∞　　　-2	∞　　　-2	∞　　-2 （无）
v_2	10　　　0 (v_0, v_2)	—	—	—	—
v_3	∞　　-2	60　　　2 (v_0, v_2, v_3)	50　　　4 (v_0, v_4, v_3)	—	—
v_4	30　　　0 (v_0, v_4)	30　　　0 (v_0, v_4)	—	—	—
v_5	100　　0 (v_0, v_5)	100　　0 (v_0, v_5)	90　　　4 (v_0, v_4, v_5)	60　　　3 (v_0, v_4, v_3, v_5)	—
V	$2(v_2)$	$4(v_4)$	$3(v_3)$	$5(v_5)$	—
S	$\{v_0, v_2\}$	$\{v_0, v_2, v_4\}$	$\{v_0, v_2, v_3, v_4\}$	$\{v_0, v_2, v_3, v_4, v_5\}$	

输出的结果如下（各结点用结点的序号表示）：

```
max   1
10    2←0
50    3←4←0
30    4←0
60    5←3←4←0
```

下面分析这个算法的运行时间。第一个 for 循环的时间复杂度是 $O(n)$，第二个 for 循环共进行 $n-1$ 次，每次执行的时间是 $O(n)$，所以总的时间复杂度是 $O(n^2)$。如果用带权的邻接表作为有向图的存储结构，则虽然修改 D 的时间可以减少，但由于在 D 数组中选择最小的分量的时间不变，所以总的时间仍为 $O(n^2)$。

如果只希望找到从源点到某一个特定的终点的最短路径，从上面求最短路径的原理来看，这个问题和求源点到其他所有顶点的最短路径一样复杂，其时间复杂度也是 $O(n^2)$。

8.5.2 弗洛伊德（Floyd）算法

若希望找到每一对顶点之间的最短路径，解决这个问题的一个办法是：每次以一个顶点为源点，重复执行 Dijkstra 算法 n 次。这样，便可求得每一对顶点的最短路径。总的执行时间为 $O(n^3)$。

这里要介绍由弗洛伊德（Floyd）提出的另一个算法。这个算法的时间复杂度也是 $O(n^3)$，但形式上简单些。

Floyd 算法仍从图的带权邻接矩阵 edges 出发，其基本思想如下：

假设求从顶点 v_i 到 v_j 的最短路径。如果从 v_i 到 v_j 有弧，则从 v_i 到 v_j 存在一条长度为 $edges[i][j]$ 的路径，该路径不一定是最短路径，尚需进行 n 次试探。首先考虑路径 (v_i, v_0, v_j) 是否存在（即判别弧 $<v_i, v_0>$ 和 $<v_0, v_j>$ 是否存在）。如果存在，则比较 (v_i, v_j) 和 (v_i, v_0, v_j) 的路径长度，取长度较短者为从 v_i 到 v_j 的中间顶点的序号不大于 0 的最短路径。假如在路径上再增加一个顶点 v_1，也就是说，如果 $(v_i, \cdots, v_1)$ 和 $(v_1, \cdots, v_j)$ 分别是当前找到的中间顶点的序号不大于 0 的最短路径，那么 $(v_i, \cdots, v_1, \cdots, v_j)$ 就有可能是从 v_i 到 v_j 的中间顶点的序号不大于 1 的最短路径。将它和已经得到的从 v_i 到 v_j 中间顶点序号不大于 0 的最短路径相比较，从中选出中间顶点的序号不大于 1 的最短路径之后，再增加一个顶点 v_2，继续进行试探，依此类推。在一般情况下，若 $(v_i, \cdots, v_k)$ 和 $(v_k, \cdots, v_j)$ 分别是从 v_i 到 v_k 和从 v_k 到 v_j 的中间顶点的序号不大于 $k-1$ 的最短路径，则将 $(v_i, \cdots, v_k, \cdots, v_j)$ 和已经得到的从 v_i 到 v_j 且中间顶点序号不大于 $k-1$ 的最短路径相比较，其长度较短者便是从 v_i 到 v_j 的中间顶点的序号不大于 k 的最短路径。这样，在经过 n 次比较后，最后求得的必是从 v_i 到 v_j 的最短路径。

按此方法，可以同时求得各对顶点间的最短路径。

现定义一个 n 阶方阵序列：
$$D^{(-1)}, D^{(0)}, D^{(1)}, \ldots, D^{(k)}, \ldots, D^{(n-1)}$$
其中
$$D^{(-1)}[i][j] = edges[i][j]$$
$$D^{(k)}[i][j] = Min\{D^{(k-1)}[i][j], D^{(k-1)}[i][k] + D^{(k-1)}[k][j]\} \quad 0 \leq k \leq n-1$$

从上述计算公式可见，$D^{(1)}[i][j]$ 是从 v_i 到 v_j 的中间顶点的序号不大于 1 的最短路径的长度；$D^{(k)}[i][j]$ 是从 v_i 到 v_j 的中间顶点的序号不大于 k 的最短路径的长度；$D^{(n-1)}[i][j]$ 就是从 v_i 到 v_j 的最短路径的长度。

由此得到求任意两顶点间的最短路径的算法 8-13。

【算法 8-13】Floyd 算法。

```
void Mgraph::ShortestPath_2(PathMatrix *P[],DistancMatrix *D){
//用 Floyd 算法求有向网中各对顶点 v 和 w 之间的最短路径 P[v][w]及其带权长度
//D[v][w]
    //若 P[v][w]存放的是从 v 到 w 最短路径上 w 的前驱结点的序号
    //当 w=v 时，P[v][w]的取值为-1；当 w≠v，又无前驱结点时，P[v][w]的取值为-2
    int v,w,u;
    for(v=0;v<vnum;++v)                    //各对顶点之间初始已知路径及距离
        for(w=0;w<vnum;++w){
            D[v][w]=arcs[v][w];
```

```
            if(D[v][w]<INFINITY)            //从 v 到 w 有直接路径
                P[v][w]=v;
            else
                if(v!=w)
                    P[v][w]=-2;
                else
                    P[v][w]=-1;
        }
    for(u=0;u< vnum;++u)
        for(v=0;v<vnum;++v)
            for(w=0;w<vnum;++w)
                if(D[v][u]+D[u][w]<D[v][w])
                {   //从 v 经 u 到 w 的一条路径更短
                    D[v][w]=D[v][u]+D[u][w];
                    P[v][w]=u;
                }
}//ShortestPath_2
```

图 8-25 给出了一个简单的有向网及其邻接矩阵。图 8-26 给出了用 Floyd 算法求该有向网中每对顶点之间的最短路径过程中，数组 D 和数组 P 的变化情况，其中 a、b 和 c 顶点的序号分别为 0、1 和 2。

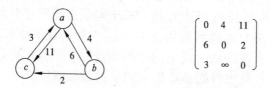

图 8-25　一个有向网图 G_9 及其邻接矩阵

$$\boldsymbol{D}^{(-1)}=\begin{bmatrix}0 & 4 & 11\\ 6 & 4 & 2\\ 3 & \infty & 0\end{bmatrix}\quad \boldsymbol{D}^{(0)}=\begin{bmatrix}0 & 4 & 11\\ 6 & 0 & 2\\ 3 & 7 & 0\end{bmatrix}\quad \boldsymbol{D}^{(1)}=\begin{bmatrix}0 & 4 & 6\\ 6 & 0 & 2\\ 3 & 7 & 0\end{bmatrix}\quad \boldsymbol{D}^{(2)}=\begin{bmatrix}0 & 4 & 6\\ 5 & 0 & 2\\ 3 & 7 & 0\end{bmatrix}$$

$$\boldsymbol{P}^{(-1)}=\begin{bmatrix}-1 & 0 & 0\\ 1 & -1 & 1\\ 2 & -2 & -1\end{bmatrix}\quad \boldsymbol{P}^{(0)}=\begin{bmatrix}-1 & 0 & 0\\ 1 & -1 & 1\\ 2 & 0 & -1\end{bmatrix}\quad \boldsymbol{P}^{(1)}=\begin{bmatrix}-1 & 0 & 1\\ 1 & -1 & 1\\ 2 & 0 & -1\end{bmatrix}\quad \boldsymbol{P}^{(2)}=\begin{bmatrix}-1 & 0 & 1\\ 2 & -1 & 1\\ 2 & 0 & -1\end{bmatrix}$$

图 8-26　Floyd 算法执行时数组 D 和 P 取值的变化

由矩阵 $\boldsymbol{P}^{(2)}$ 的第 0 行得从顶点 a 出发到 b 和 c 的最短路径为 ab 和 abc；由矩阵 $\boldsymbol{P}^{(2)}$ 的第 1 行得从顶点 b 出发到 a 和 c 的最短路径为 bca 和 bc；由矩阵 $\boldsymbol{P}^{(2)}$ 的第 2 行得从顶点 c 出发到 a 和 b 的最短路径为 ca 和 cab。

8.6　拓扑排序与关键路径

通常我们把计划、施工过程、生产流程、程序流程等都可以看作是一个工程，一般都把工程分成若干个叫作"活动"的子工程。可以使用有向图表示一个工程，不管是顶点表示活动的有向图（AOV 图），还是边表示活动的有向图（AOE 图），都必须是有向无环图。

8.6.1　有向无环图的概念

一个无环的有向图称作有向无环图（Directed Acycline Graph，DAG）。DAG 图是一类较有向树更一般的特殊有向图。图 8-27 给出了有向树、DAG 图和有向图的例子。

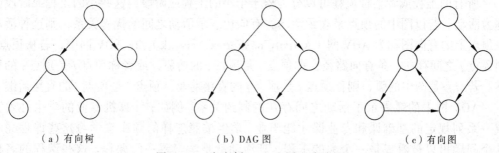

（a）有向树　　　　　　　　（b）DAG 图　　　　　　　（c）有向图

图 8-27　有向树、DAG 图和有向图

有向无环图是描述含有公共子式的表达式的有效工具。例如表达式：$((a+b)*(b*(c+d)+ (c+d)*e)*((c+d)*e)$可以用第 6 章讨论的二叉树来表示，如图 8-28 所示。仔细观察该表达式，可发现有一些相同的子表达式，如$(c+d)$和$(c+d)*e$ 等，在二叉树中，它们也重复出现。若利用有向无环图，则可实现对相同子式的共享，从而节省存储空间。图 8-29 所示为表示同一表达式的有向无环图。

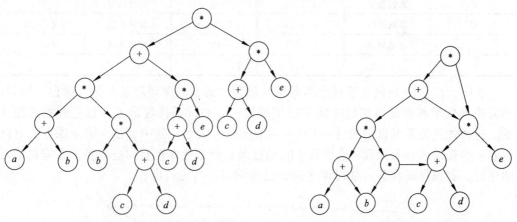

图 8-28　用二叉树描述表达式　　　　图 8-29　描述表达式的有向无环图

检查一个有向图是否存在环要比无向图复杂。对于无向图来说，若深度优先遍历过程中遇到回边（即指向已访问过的顶点的边），则必定存在环；而对于有向图来说，这条回边有可能是指向深度优先生成森林中另一棵生成树上顶点的弧。但是，如果从有向图上某个顶点 v 出发的遍历，在 DFS(v)结束之前出现一条从顶点 u 到顶点 v 的回边，由于 u 在生成树上是 v 的子孙，则有向图必定存在包含顶点 v 和 u 的环。

有向无环图是描述一项工程或系统的进行过程的有效工具。除最简单的情况之外，几乎所有的工程都可分为若干个称作活动的子工程，而这些子工程之间，通常受到一定条件的约束,例如,其中某些子工程的开始必须在另一些子工程完成之后。对整个工程和系统,人们关心的是两方面的问题:一是工程能否顺利进行;二是估算整个工程完成所必须花费的最短时间。以下两小节将详细介绍这样两个问题是如何通过对有向图进行拓扑排序和关键路径操作来解决的。

8.6.2 拓扑排序

所有的工程或者某种流程可以分为若干个小的工程或阶段,这些小的工程或阶段就称为活动。若以图中的顶点来表示活动,有向边表示活动之间的优先关系,则这种活动在顶点上的有向图称为 AOV 网(Activity on Vertex Network)。在 AOV 网中,若从顶点 i 到顶点 j 之间存在一条有向路径,称顶点 i 是顶点 j 的前驱,或者称顶点 j 是顶点 i 的后继。若 $<i,j>$ 是图中的弧,则称顶点 i 是顶点 j 的直接前驱,顶点 j 是顶点 i 的直接后继。

AOV 网中的弧表示了活动之间存在的制约关系。例如,计算机专业的学生必须完成一系列规定的基础课和专业课才能毕业。学生按照怎样的顺序来学习这些课程呢?这个问题可以被看成是一个大的工程,其活动就是学习每一门课程。这些课程的名称与相应代号如表 8-3 所示。

表 8-3 计算机专业的课程设置及其关系

课 程 代 号	课 程 名	先行课程代号	课 程 代 号	课 程 名	先行课程代号
C_1	程序设计导论	无	C_7	计算机原理	C_5
C_2	高等数学	无	C_8	算法分析	C_4
C_3	离散数学	C_1、C_2	C_9	高级语言	C_1
C_4	数据结构	C_3、C_9	C_{10}	编译系统	C_4、C_9
C_5	普通物理	C_2	C_{11}	操作系统	C_4、C_7
C_6	人工智能	C_4			

表中,C_1、C_2 是独立于其他课程的基础课,而有的课却需要有先行课程,例如,学完离散数学和高级语言后才能学数据结构……先行条件规定了课程之间的优先关系。这种优先关系可以用图 8-30 所示的有向图来表示。其中,顶点表示课程,有向边表示前提条件。若课程 i 为课程 j 的先行课,则必然存在有向边 $<i,j>$。在安排学习顺序时,必须保证在学习某门课之前,已经学习了其先行课程。

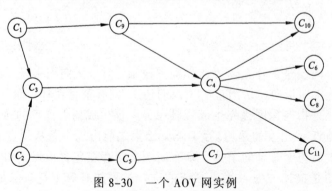

图 8-30 一个 AOV 网实例

类似的 AOV 网的例子还有很多，例如，人们熟悉的计算机程序，任何一个可执行程序也可以划分为若干个程序段（或若干语句），由这些程序段组成的流程图也是一个 AOV 网。

回顾一下离散数学中的偏序集合与全序集合两个概念。

若集合 A 中的二元关系 R 是自反的、非对称的和传递的，则 R 是 A 上的偏序关系。集合 A 与关系 R 一起称为一个偏序集合。

若 R 是集合 A 上的一个偏序关系，如果对每个 a、$b \in A$ 必有 aRb 或 bRa，则 R 是 A 上的全序关系。集合 A 与关系 R 一起称为一个全序集合。

偏序关系经常出现在日常生活中。例如，若把 A 看成一项大的工程中必须完成的一批活动，则 aRb 意味着活动 a 必须在活动 b 之前完成。例如，对于前面提到的计算机专业学生必修的基础课与专业课，由于课程之间的先后依赖关系，某些课程必须在其他课程之前讲授，这里的 aRb 就意味着课程 a 必须在课程 b 之前学完。

AOV 网所代表的一项工程中活动的集合显然是一个偏序集合。为了保证该项工程得以顺利完成，必须保证 AOV 网中不出现回路；否则，意味着某项活动应以自身作为能否开展的先决条件，这是荒谬的。

测试 AOV 网是否具有回路（即是否是一个有向无环图）的方法，就是在 AOV 网的偏序集合下构造一个线性序列，该线性序列具有以下性质：

① 在 AOV 网中，若顶点 i 优先于顶点 j，则在线性序列中顶点 i 仍然优先于顶点 j。

② 对于网中原来没有优先关系的一对顶点，如图 8-30 中的 C_1 与 C_2，在线性序列中也建立一个先后关系，或者顶点 i 优先于顶点 j，或者顶点 j 优先于 i。

满足这样的性质的线性序列称为拓扑有序序列。构造拓扑序列的过程称为拓扑排序。也可以说，拓扑排序就是由某个集合上的一个偏序得到该集合上的一个全序的操作。

若某个 AOV 网中所有顶点都在它的拓扑序列中，则说明该 AOV 网不会存在回路，这时的拓扑序列集合是 AOV 网中所有活动的一个全序集合。以图 8-30 中的 AOV 网为例，可以得到不止一个拓扑序列，C_1、C_2、C_3、C_9、C_4、C_{10}、C_6、C_8、C_5、C_7 和 C_{11} 就是其中之一。显然，对于任何一项工程中各个活动的安排，必须按拓扑有序序列中的顺序进行才是可行的。

对 AOV 网进行拓扑排序的方法和步骤如下：

① 从 AOV 网中选择一个没有前驱的顶点（该顶点的入度为 0）并且输出它。

② 从网中删去该顶点，并且删去从该顶点发出的全部有向边。

③ 重复上述两步，直到剩余的网中不再存在没有前驱的顶点为止。

这样操作的结果有两种：一种是网中全部顶点都被输出，这说明网中不存在有向回路；另一种就是网中顶点未被全部输出，剩余的顶点均有前驱顶点，这说明网中存在有向回路。

图 8-31 给出了在一个 AOV 网上实施上述步骤的例子。

这样得到一个拓扑序列：v_2、v_5、v_1、v_4、v_3、v_7、v_6。

为了实现上述算法，对 AOV 网采用邻接表存储方式，并且在邻接表中的顶点结点中增加一个记录顶点入度的数据域，即顶点结构设为：

indegree	vertex	firstedge

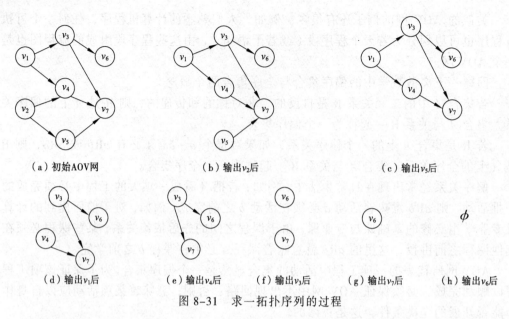

（a）初始AOV网　　　　　　　（b）输出v_2后　　　　　　　（c）输出v_5后

（d）输出v_1后　　（e）输出v_4后　　（f）输出v_3后　　（g）输出v_7后　　（h）输出v_6后

图 8-31　求一拓扑序列的过程

其中，vertex、firstedge 的含义如前所述；indegree 为记录顶点入度的数据域。边结点的结构同 8.2.2 节所述。图 8-31（a）中的 AOV 网的邻接表如图 8-32 所示。

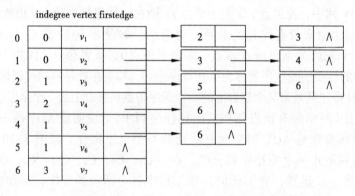

图 8-32　图 8-31（a）所示 AOV 网的邻接表

算法中可设置一个堆栈，凡是网中入度为 0 的顶点都将其入栈。为此，拓扑排序的算法步骤如下：

① 将没有前驱的顶点（indegree 域为 0）压入栈。

② 从栈中退出栈顶元素，输出，并把该顶点引出的所有有向边删去，即把它的各个邻接顶点的入度减 1。

③ 将新的入度为 0 的顶点再入堆栈。

④ 重复②～③，直到栈为空为止。此时或者是已经输出全部顶点，或者剩下的顶点中没有入度为 0 的顶点。

从上面的步骤可以看出，栈在这里的作用只是起到一个保存当前入度为 0 的顶点，并使之处理有序。这种有序可以是后进先出，也可以是先进先出，因此也可用队列来辅助实现。在下面给出的用 C++语言描述的拓扑排序的算法实现中，采用栈来存放当前未处理过的入度为 0 的结点，但并不需要额外增设栈的空间，而是设一个栈顶位置的指针将当前所有未处理过的入度为 0 的结点连接起来，形成一个链式栈。

【**算法 8-13**】拓扑排序算法。

```
int ALGraph::Top_Sort(){
//对以邻接表为存储结构的图输出其一种拓扑序列
    int i,j,k;
    int m,top;
    EdgeNode *ptr;
    top=-1;                        //栈顶指针初始化
    for(i=0;i<vnum;i++)            //依次将入度为0的顶点压入链式栈
      if(adjlist[i].indegree==0){
          adjlist[i].indegree=top;
          top=i;
      }
    while(top!=-1){
    //栈非空
      j=top;
        top=adjlist[top].indegree;  //从栈中退出一个顶点并输出
      cout<<adjlist[j].vertex;
      m++;
      ptr=adjlist[j].firstedge;     //得到结点j的邻接点所组成的链表首址
      while(ptr!=NULL){
          k=ptr->adjvex;
            adjlist[k].indegree--;   //当前输出顶点邻接点的入度减1
          if(adjlist[k].indegree==0){
          //新的入度为0的顶点进栈
              adjlist[k].indegree=top;
              top=k;
          }
            ptr=ptr->next;           //找到下一个邻接点
      }
    }
    if(m<vnum){
        cout<<"The network has a cycle"<<endl;
        return  0;                   //存在环，返回错误代码0
    }
    else
        return 1;                    //顶点全部输出，返回成功代码1
}
```

对一个具有 n 个顶点、e 条边的网来说，整个算法的时间复杂度为 $O(e+n)$。

下面结合图 8-31（a）给出的 AOV 网及图 8-32 所示的邻接表，观察算法的执行情况。图 8-33 给出了邻接表的顶点结点的变化情况。其中，图 8-33（a）给出了算法开始时堆栈的初始状态；图 8-33（b）～图 8-33（h）给出了每输出一个顶点后堆栈的状态。

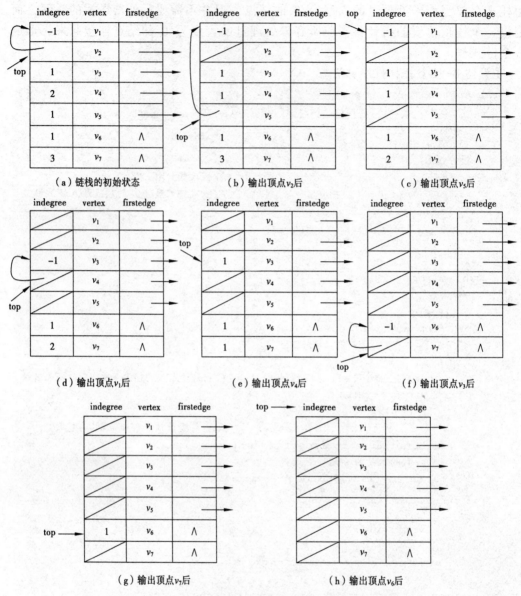

（a）链栈的初始状态　　　　　（b）输出顶点v_2后　　　　　（c）输出顶点v_5后

（d）输出顶点v_1后　　　　　（e）输出顶点v_4后　　　　　（f）输出顶点v_3后

（g）输出顶点v_7后　　　　　　　　　（h）输出顶点v_6后

图 8-33　进行拓扑排序时邻接表的顶点结点的变化情况

8.6.3　关键路径

若在带权的有向图中，以顶点表示事件，以有向边表示活动，边上的权值表示活动的开销（如该活动持续的时间），则此带权的有向图称为 AOE 网（Activity On Edge Network）。

如果用 AOE 网来表示一项工程，那么，仅仅考虑各个子工程之间的优先关系还不够，更多的是关心整个工程完成的最短时间是多少，哪些活动的延期将会影响整个工程的进度，而加速这些活动是否会提高整个工程的效率。因此，通常在 AOE 网中列出完成预定工程计划所需要进行的活动，每个活动计划完成的时间，要发生哪些事件及这些事件与活动之间的关系，从而可以确定该项工程是否可行。估算工程完成的时间及确定哪些活动是影响工程进度的关键。

AOE 网具有以下两个性质：

① 只有在某顶点所代表的事件发生后，从该顶点出发的各有向边所代表的活动才能开始。

② 只有在进入某一顶点的各有向边所代表的活动都已经结束，该顶点所代表的事件才能发生。

如图 8-34 所示给出了一个具有 15 个活动、11 个事件的假想工程的 AOE 网。v_1、v_2、$\cdots$、v_{11} 分别表示一个事件；$<v_1,v_2>$、$<v_1,v_3>$、$\cdots$、$<v_{10},v_{11}>$分别表示一个活动；用 a_1、a_2、$\cdots$、a_{15} 代表这些活动。其中，v_1 称为源点，是整个工程的开始点，其入度为 0；v_{11} 为终点，是整个工程的结束点，其出度为 0。

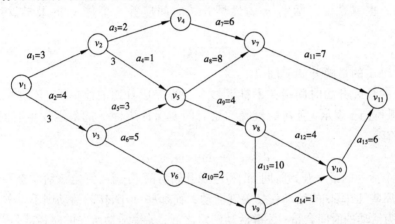

图 8-34 一个 AOE 网实例

对于 AOE 网，可采用与 AOV 网一样的邻接表存储方式。其中，邻接表中边结点的域为该边的权值，即该有向边代表的活动所持续的时间。

由于 AOE 网中的某些活动能够同时进行，故完成整个工程所必须花费的时间应该为源点到终点的最大路径长度（这里的路径长度是指该路径上的各个活动所需时间之和）。具有最大路径长度的路径称为关键路径，关键路径上的活动称为关键活动。关键路径长度是整个工程所需的最短工期。这就是说，要缩短整个工期，必须加快关键活动的进度。

利用 AOE 网进行工程管理时需要解决的主要问题有以下两点：

① 计算完成整个工程的最短周期。

② 确定关键路径，以找出哪些活动是影响工程进度的关键。

为了在 AOE 网中找出关键路径，需要定义几个参量，并且说明其计算方法。

（1）事件的最早发生时间 ve[k]

ve[k]是指从源点到顶点 k 的最大路径长度代表的时间。这个时间决定了所有从顶点发出的有向边所代表的活动能够开工的最早时间。根据 AOE 网的性质，只有进入 v_k 的所有活动$<v_j,v_k>$都结束时，v_k 代表的事件才能发生；而活动$<v_j,v_k>$的最早结束时间为 ve[j]+dut($<v_j,v_k>$)。所以，计算 v_k 发生的最早时间的方法如下：

$$\left\{\begin{array}{l} \text{ve}[1]=0 \\ \text{ve}[k]=\text{Max}\{\text{ve}[j]+\text{dut}(<v_j,v_k>)\} \quad <v_j,v_k>\in p[k] \end{array}\right. \quad (8-1)$$

其中，$p[k]$表示所有到达 v_k 的有向边的集合；$dut(<v_j,v_k>)$为有向边$<v_j,v_k>$上的权值。

（2）事件的最迟发生时间 $vl[k]$

$vl[k]$是指在不推迟整个工期的前提下，事件 v_k 允许的最晚发生时间。设有向边$<v_k,v_j>$代表从 v_k 出发的活动，为了不拖延整个工期，v_k 发生的最迟时间必须保证不推迟从事件 v_k 出发的所有活动$<v_k,v_j>$的终点 v_j 的最迟时间 $vl[j]$。$vl[k]$ 的计算方法如下：

$$\begin{cases} vl[n]=ve[n] \\ vl[k]=Min\{vl[j]-dut(<v_k,v_j>)\} \quad <v_k,v_j> \in s[k] \end{cases} \quad （8-2）$$

其中，$s[k]$为所有从 v_k 发出的有向边的集合。

（3）活动 a_i 的最早开始时间 $e[i]$

若活动 a_i 是由弧$<v_k,v_j>$表示，根据 AOE 网的性质，只有事件 v_k 发生了，活动 a_i 才能开始。也就是说，活动 a_i 的最早开始时间应等于事件 v_k 的最早发生时间。因此，有

$$e[i]=ve[k] \quad （8-3）$$

（4）活动 a_i 的最晚开始时间 $l[i]$

活动 a_i 的最晚开始时间指在不推迟整个工程完成日期的前提下，必须开始的最晚时间。若由弧$<v_k,v_j>$表示，则 a_i 的最晚开始时间要保证事件 v_j 的最迟发生时间不拖后。因此，应该有

$$l[i]=vl[j]-dut(<v_k, v_j>) \quad （8-4）$$

根据每个活动的最早开始时间 $e[i]$ 和最晚开始时间 $l[i]$就可判定该活动是否为关键活动，也就是那些 $l[i]=e[i]$ 的活动就是关键活动，而那些 $l[i]>e[i]$ 的活动则不是关键活动，$l[i]-e[i]$ 的值为活动的时间余量。关键活动确定之后，关键活动所在的路径就是关键路径。

下面以图 8-34 所示的 AOE 网为例，求出上述参量来确定该网的关键活动和关键路径。

首先，按照式（8-1）求事件的最早发生时间 $ve[k]$。

```
ve[1]=0
ve[2]=3
ve[3]=4
ve[4]=ve[2]+2=5
ve[5]=max{ve[2]+1,ve[3]+3}=7
ve[6]=ve[3]+5=9
ve[7]=max{ve[4]+6,ve[5]+8}=15
ve[8]=ve[5]+4=11
ve[9]=max{ve[8]+10,ve[6]+2}=21
ve[10]=max{ve[8]+4,ve[9]+1}=22
ve[11]=max{ve[7]+7,ve[10]+6}=28
```

其次，按照式（8-2）求事件的最迟发生时间 $vl[k]$。

```
vl[11]=ve[11]=28
vl[10]=vl[11]-6=22
vl[9]=vl[10]-1=21
vl[8]=min{vl[10]-4,vl[9]-10}=11
vl[7]=vl[11]-7=21
vl[6]=vl[9]-2=19
vl[5]=min{vl[7]-8,vl[8]-4}=7
vl[4]=vl[7]-6=15
vl[3]=min{vl[5]-3,vl[6]-5}=4
```

```
vl[2]=min{vl[4]-2,vl[5]-1}=6
vl[1]=min{vl[2]-3,vl[3]-4}=0
```

再按照式（8-3）和式（8-4）求活动 a_i 的最早开始时间 $e[i]$ 和最晚开始时间 $l[i]$。

活动 a_1	$e[1]=ve[1]=0$	$l[1]=vl[2]-3=3$
活动 a_2	$e[2]=ve[1]=0$	$l[2]=vl[3]-4=0$
活动 a_3	$e[3]=ve[2]=3$	$l[3]=vl[4]-2=13$
活动 a_4	$e[4]=ve[2]=3$	$l[4]=vl[5]-1=6$
活动 a_5	$e[5]=ve[3]=4$	$l[5]=vl[5]-3=4$
活动 a_6	$e[6]=ve[3]=4$	$l[6]=vl[6]-5=14$
活动 a_7	$e[7]=ve[4]=5$	$l[7]=vl[7]-6=15$
活动 a_8	$e[8]=ve[5]=7$	$l[8]=vl[7]-8=13$
活动 a_9	$e[9]=ve[5]=7$	$l[9]=vl[8]-4=7$
活动 a_{10}	$e[10]=ve[6]=9$	$l[10]=vl[9]-2=19$
活动 a_{11}	$e[11]=ve[7]=15$	$l[11]=vl[11]-7=21$
活动 a_{12}	$e[12]=ve[8]=11$	$l[12]=vl[10]-4=18$
活动 a_{13}	$e[13]=ve[8]=11$	$l[13]=vl[9]-10=11$
活动 a_{14}	$e[14]=ve[9]=21$	$l[14]=vl[10]-1=21$
活动 a_{15}	$e[15]=ve[10]=22$	$l[15]=vl[11]-6=22$

最后，比较 $e[i]$ 和 $l[i]$ 的值可判断出 a_2、a_5、a_9、a_{13}、a_{14}、a_{15} 是关键活动，关键路径如图 8-35 所示。

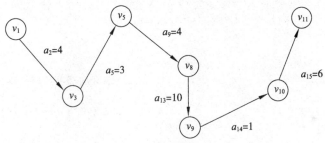

图 8-35　一个 AOE 网实例

由上述方法得到求关键路径的算法步骤如下：

① 输入 e 条弧 $<j,k>$，建立 AOE 网的存储结构。

② 从源点 v_1 出发，令 $ve[0]=0$，按拓扑有序求其余各顶点的最早发生时间 $ve[i]$（$1 \leqslant i \leqslant n-1$）。如果得到的拓扑有序序列中顶点个数小于网中顶点数 n，则说明网中存在环，不能求关键路径，算法终止；否则执行步骤③。

③ 从汇点 v_n 出发，令 $vl[n-1]=ve[n-1]$，按逆拓扑有序求其余各顶点的最迟发生时间 $vl[i]$（$n-2 \geqslant i \geqslant 2$）。

④ 根据各顶点的 ve 和 vl 值，求每条弧 s 的最早开始时间 $e[s]$ 和最迟开始时间 $l[s]$。若某条弧满足条件 $e[s]=l[s]$，则为关键活动。

由该步骤得到的算法参看算法 8-14。在算法 8-14 中，Stack 为栈的存储类型；引用的函数 FindInDegree(G,indegree) 用来求图 G 中各顶点的入度，并将所求的入度存放于一维数组 indegree 中。

【算法 8-14】关键路径算法。

```
int ALGraph::topologicalOrder(Stack *T){
//有向网采用邻接表存储结构,求各顶点事件的最早发生时间 ve(全局变量)
//T 为拓扑序列顶点栈,S 为零入度顶点栈。
```

```
//若图中无回路，则用栈 T 返回其一个拓扑序列，且函数值为 1，否则为 0。
    int i,j,k,count;
    int indegree[vnum];
    EdgeNode *p;
    FindInDegree(indegree);                //对各顶点求入度 indegree[vnum]
    S.InitStack();                         //建零入度顶点栈 S
    count=0;
    for(i=0;i<vnum;i++)
        ve[i]=0;                           //初始化 ve[ ]
    for(i=0;i<vnum;i++)                    //将初始时入度为 0 的顶点入栈
        if(indegree[i]==0)
            S.push(i);
    while(!StackEmpty(S)){
        S.pop(j);
        T.push(j);
        count++;                           //j 号顶点入 T 栈并计数
        for(p=adjlist[j].firstedge;p;p=p->next){
            k=p->adjvex;                   //对 j 号顶点的每个邻接点的入度减 1
            indegree[k]--;
            if(indegree[k]==0)
                S.push(k);                 //若入度减为 0，则入栈
            if(ve[j]+*(p->info)>ve[k])
                ve[k]=ve[j]+*(p->info);
        }
    }
    if(count<vnum)
        return 0;                          //该有向网有回路，返回代码 0
    else
        return 1;                          //没有回路，返回代码 1
}//TopologicalOrder

int ALGraph::Criticalpath(){
//输出有向网的各项关键活动
    Stack T;
    int i,j,k;
    double ve[],vl[],e,l,dut;
    EdgeNode *p;
    char tag;
    T.InitStack();                         //建立用于产生拓扑逆序的栈 T
    if(!TopologicalOrder(T))
        return 0;                          //该有向网有回路，返回错误代码 0
    for(i=0;i<vnum;i++)
        vl[i]=ve[vnum-1];                  //初始化顶点事件的最迟发生时间
    while(!T.StackEmpty())                 //按拓扑逆序求各顶点的 vl 值
        for(j=T.pop(),p=adjlist[j].firstedge;p;p=p->next){
            k=p->adjvex;
            dut=*(p->info);
            if(vl[k]-dut<vl[j])
                vl[j]=vl[k]-dut;
        }
    for(j=0;j<vnum;j++)                    //求 e、l 和关键活动
        for(p=adjlist[j].firstedge;p;p=p->next){
            k=p->adjvex;
```

```
            dut=*(p->indo);
            e=ve[j];
            l=vl[k]-dut;
            tag=(e==l) ? '*':' ';
            cout<<j<<k<<dut<<e<<l<<tag<<endl;       //输出关键活动
        }
    return 1;                                    //求出关键活动后返回成功代码 1
}
```

小 结

　　图结构中的每个结点可以有任意多个前驱和任意多个后继。对于无向图，每个顶点的邻接点既是它的前驱结点，又是它的后继结点；对于有向图，每个顶点的入边邻接点是它的前驱结点，出边邻接点是它的后继结点。无向图中每个顶点的度、入度、出度均等于它的邻接点数；有向图中每个顶点的度、入度和出度分别等于它的邻接点数、入边数和出边数。

　　图的存储包括存储图的顶点信息和边的信息两方面，为了运算方法，通常把它们分开存储。对于图的顶点信息按序号采用顺序存储结构进行存储；对于图中的边，即图的逻辑结构，则主要采用邻接矩阵、邻接表、十字链表、邻接多重表的形式进行存储。

　　对图的遍历包括深度优先搜索和广度优先搜索这两种不同的遍历次序。

　　一个连通图的生成树含有该图的全部 n 个顶点和其中的 $n-1$ 条边，其中权值最小的生成树称为最小生成树。求图的最小树有两种不同的算法：一是 Prim 算法；一是 Kruskal 算法。所采取的算法不同，得到的最小生成树中边的次序也可能不同，但包含的边集（假定不存在权值相同的边）和最小生成树的权必然是相同的。

　　AOV 网是一个有向无环图，若把图中所有顶点排成一个线性序列，使得每个顶点的前驱都被排在它的前面，或者说每个顶点的后继都被排在它的后面，则称此序列为图的一种拓扑序列。在求图的拓扑序列的算法中，需要使用一个数组保存所有顶点的入度，它同时兼做保存顶点入度为 0 的栈使用。

　　AOE 网具有以下两个性质：

　　① 只有在某顶点所代表的事件发生后，从该顶点出发的各有向边所代表的活动才能开始。

　　② 只有在进入一某顶点的各有向边所代表的活动都已经结束，该顶点所代表的事件才能发生。

　　由于 AOE 网中的某些活动能够同时进行，故完成整个工程所必须花费的时间应该为源点到终点的最大路径长度（这里的路径长度是指该路径上的各个活动所需时间之和）。具有最大路径长度的路径称为关键路径，关键路径上的活动称为关键活动。关键路径长度是整个工程所需的最短工期。

　　求解关键路径时，需要先求出事件的最早发生时间和事件的最迟发生时间，再根据事件的最早发生时间求出相关活动的最早开始时间，根据事件的最迟发生时间求出相关活动的最晚开始时间，然后判断最早开始时间和最晚开始时间相同的活动，即为关键活动。关键活动确定之后，关键活动所在的路径就是关键路径。

习 题

一、选择题

1. 在 N 条边的无向图的邻接表的存储中，边表的个数有（　　）。
　　A. N　　　　　　　　B. $2N$　　　　　　C. $N/2$　　　　　D. $N \times N$

2. 在 N 条边的无向图的邻接多重表的存储中，边表的个数有（　　）。
　　A. N　　　　　　　　B. $2N$　　　　　　C. $N/2$　　　　　D. $N \times N$

3. 用 DFS 遍历一个有向无环图，并在 DFS 算法退栈返回时打印出相应顶点，则输出的顶点序列是（　　）。
　　A. 逆拓扑有序的　　B. 拓扑有序的　　C. 无序的　　　　D. DFS 遍历序列

4. 有拓扑排序的图一定是（　　）。
　　A. 有环图　　　　　　B. 无向图　　　　　C. 强连通图　　　D. 有向无环图

5. 设有向图有 n 个顶点和 e 条边，进行拓扑排序时，总的计算时间为（　　）。
　　A. $O(n\log_2 e)$　　　B. $O(e \times n)$　　　C. $O(e\log_2 n)$　　D. $O(n+e)$

6. 对于含有 n 个顶点 e 条边的无向连通图，利用 Kruskal 算法生成最小代价生成树其时间复杂度为（　　）。
　　A. $O(e\log_2 e)$　　　B. $O(e \times n)$　　　C. $O(e\log_2 n)$　　D. $O(n\log_2 n)$

7. 关键路径是事件结点网络中（　　）。
　　A. 从源点到汇点的最长路径　　　　　　B. 从源点到汇点的最短路径
　　C. 最长的回路　　　　　　　　　　　　D. 最短的回路

8. n 个顶点的强连通图至少有（①）条边，这样的有向图的形状是（②）。
　　① A. n　　　　　　　B. $n+1$　　　　　C. $n-1$　　　　　D. $n(n-1)$
　　② A. 无回路　　　　　B. 有回路　　　　　C. 环状　　　　　D. 树状

9. 设有 6 个顶点的无向图，该图至少应有（　　）条边才能确保是一个连通图。
　　A. 5　　　　　　　　　B. 6　　　　　　　C. 7　　　　　　　D. 8

10. 在含 n 个顶点和 e 条边的无向图的邻接矩阵中，零元素的个数为（　　）。
　　A. e　　　　　　　　　B. $2e$　　　　　　C. n^2-e　　　　D. n^2-2e

11. 在一个图中，所有顶点的度数之和等于图的边数的（　　）倍。
　　A. 1/2　　　　　　　　B. 1　　　　　　　C. 2　　　　　　　D. 4

12. 在一个具有 n 个结点的无向图中，要连通全部结点至少需要（　　）条边。
　　A. n　　　　　　　　　B. $n+1$　　　　　C. $n-1$　　　　　D. $n/2$

13. 采用邻接表存储的图的广度优先遍历类似于二叉树的（　　）。
　　A. 先序遍历　　　　　B. 中序遍历　　　　C. 后序遍历　　　D. 层次遍历

14. 已知图 8-36，若从顶点 a 出发按宽度搜索法进行遍历，则可能得到的一种顶点序列为（　　）。

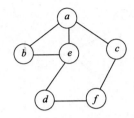

图 8-36　第 14 题图示

A. a、b、c、e、d、f 　　　　　B. a、b、c、e、f、d

C. a、e、b、c、f、d 　　　　　D. a、c、f、d、e、b

15. 有 6 个结点的无向图至少有（　　）条过才能确保是一个连通图。

　　A. 5　　　　　　　B. 6　　　　　　　C. 7　　　　　　　D. 8

16. 采用邻接表存储的图的深度忧无遍历类似于二叉树的（　　）。

　　A. 先序遍历　　　　B. 中序遍历　　　　C. 后序遍历　　　　D. 层次遍历

17. 强连通分量是（　　）的极大连通子图。

　　A. 无向图　　　　　B. 有向图　　　　　C. 树　　　　　　　D. 图

二、简答题

1. 对于如图 8-37 所示的有向图，试给出：

（1）每个顶点的入度和出度。

（2）邻接矩阵。

（3）邻接表。

（4）逆邻接表。

（5）强连通分量。

2. 设无向图 G 如图 8-38 所示，试给出：

（1）该图的邻接矩阵。

（2）该图的邻接表。

（3）该图的多重邻接表。

（4）从 v_0 出发的"深度优先"遍历序列。

（5）从 v_0 出发的"广度优先"遍历序列。

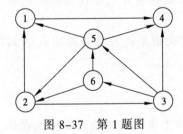

图 8-37　第 1 题图

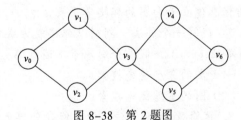

图 8-38　第 2 题图

3. 设有向图 G 如图 8-39 所示，试画出图 G 的十字链表结构，并写出图 G 的两个拓扑序列。

4. 试利用弗洛伊德（R.W.Floyd）算法，求如图 8-40 所示有向图的各对顶点之间的最短路径，并写出在执行算法过程中，所得的最短路径长度矩阵序列和最短路径矩阵序列。

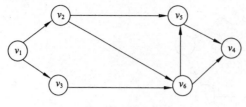

图 8-39　第 3 题图

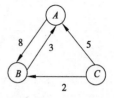

图 8-40　第 4 题图

5. 如表 8-4 所示，列出了某工序之间的优先关系和各工序所需时间。

表 8-4　某工序之间的优先关系和各工序所需时间

工 序 代 号	所需时间	前 序 工 序	工 序 代 号	所 需 时 间	前 序 工 序
A	15	无	H	15	G
B	10	无	I	120	E
C	50	A	J	60	I
D	8	B	K	15	F
E	15	C,D	L	30	H、J、K
F	40	B	M	20	L
G	300	E			

（1）画出 AOE 网。

（2）列出各事件中的最早、最迟发生时间。

（3）找出该 AOE 网中的关键路径，并回答完成该工程需要的最短时间。

三、算法设计

1. 试以邻接矩阵为存储结构实现图的基本操作：InsertVex(G,v)、InsertArc(G,v,w)、DeleteVex(G,v) 和 DeleteArc(G,v,w)。

2. 试以邻接表为存储结构实现算法设计题 1 中所列图的基本操作。

3. 试以十字链表为存储结构实现算法设计题 1 中所列图的基本操作。

4. 试以邻接多重表为存储结构实现算法设计题 1 中所列图的基本操作。

5. 试写一算法由图的邻接链表存储得到图的十字链表存储。

6. 试写一个算法，由依次输入图的顶点数目、边的数目、各顶点的信息和各条边的信息建立无向图的邻接多重表。

7. 试写一个算法，判别以邻接表方式存储的有向图中是否存在由顶点 v_i 到顶点 v_j 的路径（$i \neq j$）。假设分别基于下述策略：

（1）图的深度优先搜索。

（2）图的宽度优先搜索。

8. 试修改 Prim 算法，使之能在邻接表存储结构上实现求图的最小生成森林，并分析其时间复杂度（森林的存储结构为孩子兄弟链表）。

9. 以邻接表作存储结构实现求从源点到其余各顶点的最短路径的 Dijkstra 算法。

第 9 章

查　找 《《《

重点与难点：

- 静态查找表与动态查找表的概念。
- 顺序查找、折半查找。
- 二叉排序树的插入、删除、查找。
- 平衡二叉树，平衡化调整方法。
- 哈希表的存储思想与查找算法。

查找是为了得到某个信息而经常进行的工作，是数据处理中最为常见的一种运算。例如，在英汉字典中查找某个英文单词的中文解释，在新华字典中查找某个汉字的读音、含义，在对数表、平方根表中查找某个数的对数、平方根，邮递员送信件要按收件人的地址确定位置等。

9.1　基本概念

计算机、计算机网络使信息查询更快捷、方便、准确。要从计算机、计算机网络中查找特定的信息，就需要在计算机中存储包含该特定信息的表。例如，要从计算机中查找英文单词的中文解释，就需要存储类似英汉字典这样的信息表，以及对该表进行的查找操作。本章将讨论的问题即是"信息的存储和查找的方法"。查找是许多程序中最消耗时间的部分，因而，一个好的查找方法会大大提高运行速度。

9.1.1　相关术语

1. 关键码

关键码是数据元素（或记录）中某个数据项的值，用它可以标识一个数据元素（或记录）。能唯一确定一个数据元素（或记录）的关键码，称为主关键码；不能唯一确定一个数据元素（或记录）的关键码，称为次关键码，如"学号"可看成学生的主关键码，"姓名"则应视为次关键码。

2. 查找表

查找表是一种以集合为逻辑结构、以查找为核心的数据结构。由于集合中的数据元素之间是没有"关系"的，因此在查找表的实现时就不受"关系"的约束，而是根据实际应用对查找的具体要求去组织查找表，以便实现高效率的查找。

对查找表常做的运算有：建表、查找、读表元、对表做修改操作（如插入和删除）。

3．静态查找表和动态查找表

若对查找表的操作不包括对表的修改操作，则此类查找表称为静态查找表；若在查找的同时插入表中不存在的数据元素，或从查找表中删除已存在的指定元素，则此类查找表称为动态查找表。

简单地说，静态查找表仅对查找表进行查找操作，而不能改变查找表；动态查找表对查找表除进行查找操作外，可能还要进行向表中插入数据元素或删除表中数据元素。

4．平均查找长度

按给定的某个值 kx，在查找表中查找关键码等于给定值 kx 的数据元素。关键码是主关键码时，查找结果也是唯一的，一旦找到，称为查找成功，结束查找过程，并给出找到的数据元素的信息，或指示该数据元素的位置。若是整个表检索完，还没有找到，称为查找失败，此时，查找结果应给出一个"空"记录或"空"指针。

关键码是次关键码时，查找结果可能不唯一，要想查得表中所有的相关数据元素则需要查遍整个表，或在可以肯定查找失败时，才能结束查找过程。

由于查找运算的主要操作是关键字的比较，所以，通常把查找过程中对关键字的比较次数作为衡量一个查找算法效率优劣的标准，也称为平均查找长度，通常用 ASL 表示。ASL 的定义为：在查找成功时，平均查找长度 ASL 是指为确定数据元素在表中的位置所进行的关键码比较次数的期望值。

对一个含 n 个数据元素的表，查找成功时：

$$ASL = \sum_{i=1}^{n} p_i c_i \qquad (9-1)$$

其中，n 是结点的个数；p_i 是查找第 i 个结点的概率，若不特别声明，均认为对每个数据元素的查找概率是相等的，即 $p_i = 1/n$；c_i 是查找第 i 个数据元素所需要比较的次数。

9.1.2　查找表结构

查找算法的性能直接依赖于查找表的数据结构。因此，要实现一种查找技术，必须完成以下几方面的工作：

① 建立查找表的数据结构。

② 设计查找算法。

③ 维护数据结构，实现插入、删除等操作。

对于用不同方式组织起来的查找表，相应的查找方法也不相同。反过来，为了提高查找速度，又往往采用某些特殊的组织方式来组织需要查找的信息，例如，查找某一英文单词时，因为英语词典是按英语字母顺序编排的，可以采用折半查找，先在英语词典中间找一个位置，确定一个范围，再逐步缩小这个范围，最后找到需要的单词。又如，查找电话号码时，需要先搜索电话号码簿的分类目录，找到通话对方所属类别在号码簿中的开始页数，再到该类中顺序查找。这就是分块（索引顺序）查找方法，其组织方式就是索引结构。

对于大量的数据，特别是在外存中存放的数据，一般都是按物理块进行存取。执行内外存交换过多将严重影响查找速度。为确保查找效率，需要采用散列或索引技术

（B 树或 B⁺树）。

本章以后讨论中，涉及的关键码类型和数据元素类型说明如下：

```
typedef struct{
    KeyType key;                //关键码字段
    …                          //其他信息
}DataType;
```

静态查找表的顺序存储结构定义如下：

```
typedef struct{
    DataType *data;            //查找表存储空间的基址
    int length;                //表长度
}S_T;
```

静态查找表的链式存储结构及其结点结构的类型定义如下：

```
typedef struct node{
    DataType data;             //结点的值域
    struct node *next;         //下一个结点指针域
}NodeType;
```

9.2　静态查找表

静态查找结构中最简单的就是基于数组的静态查找表。在静态查找表中，数据元素存放于数组中，利用数组元素的下标作为数据元素的存放地址。查找算法根据给定值 kx 在查找表中进行搜索。直到找到 kx 在查找表中的位置或可确定在查找表中找不到 kx 为止。

静态查找表通常是将数据元素组织为一个线性表，可以是基于数组的顺序存储或以线性链表存储。

9.2.1　顺序查找

顺序查找又称线性查找，是最基本的查找方法之一。其查找方法为：从表的一端开始，向另一端逐个按给定值 kx 与关键码进行比较，若找到，查找成功，并给出数据元素在表中的位置；若整个表检索完之后，仍未找到与 kx 相同的关键码，则查找失败，给出失败信息。

顺序查找既适合于顺序存储的静态查找表，又适合于链式存储的静态查找表。

以顺序存储为例，设数据元素从下标为 1 的数组单元开始存放，0 号单元留作监测哨，则算法如下：

【算法 9-1】顺序查找算法。

```
int S_Search(S_T *t,KeyType kx){
 //在表 t 中查找关键码为 kx 的数据元素，若找到返回该元素在数组中的下标，否则返回 0
    int i;
    t->data[0].key=kx;
    //存放监测，这样在从后向前查找失败时，不必判断表是否检测完，从而达到算法统一
    for(i=t->length;t->data[i].key!=kx;i--);        //从表尾端向前查找
        return i;
}
```

性能分析如下：

就上述算法而言，对于 n 个数据元素的表，若给定值 kx 与表中第 i 个元素关键码相等，即定位第 i 个记录时，需进行 $n-i+1$ 次关键码比较，即 $c_i=n-i+1$，则查找成功时，顺序查找的平均查找长度为：

$$ASL = \sum_{i=1}^{n} p_i(n-i+1) \qquad (9-2)$$

设每个数据元素的查找概率相等，即 $p_i=1/n$，则等概率情况下有：

$$ASL = \sum_{i=1}^{n} \frac{1}{n}(n-i+1) = \frac{n+1}{2} \qquad (9-3)$$

查找不成功时，每个关键码都要比较一次，直到监测哨，因此关键码的比较次数总是 $n+1$ 次。

算法中的基本工作就是关键码的比较，因此，查找长度的量级就是查找算法的时间复杂度，即为 $O(n)$。

许多情况下，查找表中数据元素的查找概率是不相等的。为了提高查找效率，查找表需依据查找概率越高、比较次数越少，查找概率越低、比较次数就较多的原则来存储数据元素。

顺序查找的缺点是当 n 很大时，平均查找长度较大，效率低；优点是对表中数据元素的存储没有要求。

9.2.2 折半查找

折半查找也称二分查找，它是一种效率较高的查找方法，但它要求查找表必须是顺序结构存储且表中数据元素按关键码有序排列。

折半查找的思想：在有序表中，取中间元素作为比较对象，若给定值与中间元素的关键码相等，则查找成功；若给定值小于中间元素的关键码，则在中间元素的左半区继续查找；若给定值大于中间元素的关键码，则在中间元素的右半区继续查找。不断重复上述查找过程，直到查找成功，或所查找的区域无数据元素，查找失败。

【例 9-1】顺序存储的有序表关键码排列如下：

7，14，18，21，23，29，31，35，38，42，46，49，52

用折半查找在表中查找关键码为 14 和 22 的数据元素。

① 查找关键码为 14 的过程如下：

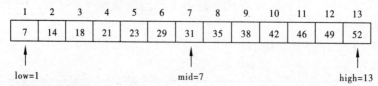

14<31，调整到左半区：high=mid-1。

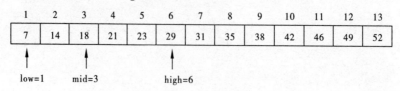

14<18，调整到左半区：high=mid-1。

1	2	3	4	5	6	7	8	9	10	11	12	13
7	14	18	21	23	29	31	35	38	42	46	49	52

low=1 high=2

mid=1

14>7，调整到右半区：low=mid+1。

1	2	3	4	5	6	7	8	9	10	11	12	13
7	14	18	21	23	29	31	35	38	42	46	49	52

low=mid=high=2

14 与 mid 所指元素的关键码相等，查找成功，返回数据元素存储位置。

② 查找关键码为 22 的过程如下：

1	2	3	4	5	6	7	8	9	10	11	12	13
7	14	18	21	23	29	31	35	38	42	46	49	52

low=1 mid=7 high=13

22<31，调整到左半区：high=mid-1。

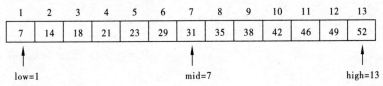

low=1 mid=3 high=6

22>18，调整到右半区：low=mid+1。

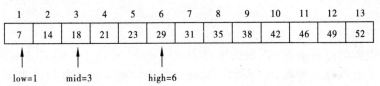

low=4 mid=5 high=6

22<23，调整到左半区：high=mid-1。

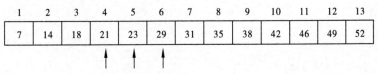

low=mid=high=4

22>21，调整到右半区：low=mid+1。

2	3	4	5	6	7	8	9	10	11	12	13
7	14	18	21	23	29	31	35	38	42	46	49	52

high=4 low=5

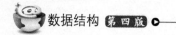

此时，low>high，即查找区间为空，说明查找失败，返回查找失败信息。

【算法 9-2】折半查找算法。

```
int Binary_Search(S_T *t,KeyType kx){
//在表t中查找关键码为 kx 的数据元素，若找到则返回该元素在表中的位置，否则，返回0
    int low,high,mid;
    int flag;
    low=1;
    high=t->length;                    //设置初始区间
    flag=0;
    while(low<=high){                   //表空测试
        //非空，进行比较测试
        mid=(low+high)/2;              //得到中点
        if(kx<t->data[mid].key)
            high=mid-1;                //调整到左半区
        else
            if(kx>t->data[mid].key)
                low=mid+1;             //调整到右半区
            else{
                flag=mid;
                break;                 //查找成功，元素位置设置到 flag 中
            }
    }
    return flag;
}
```

性能分析如下：

从折半查找的过程来看，以表的中点为比较对象，并以中点将表分割为两个子表，对定位到的子表继续这种操作。所以，对表中每个数据元素的查找过程可用二叉树来描述，称这个描述查找过程的二叉树为判定树。例 9-1 中描述折半查找过程的判定树如图 9-1 所示。

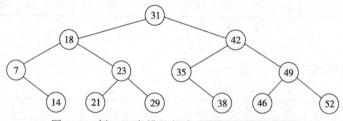

图 9-1　例 9-1 中描述折半查找过程的判定树

可以看到，查找表中任一元素的过程，即是判定树中从根到该元素结点路径上各结点关键码的比较次数，也即该元素结点在树中的层次数。对于 n 个结点的判定树，树高为 k，则有 $2^{k-1}-1<n\leqslant 2^k-1$，即 $k-1<\log_2(n+1)\leqslant k$，所以 $k=\lceil\log_2(n+1)\rceil$。因此，折半查找在查找成功时，所进行的关键码比较次数至多为 $\lceil\log_2(n+1)\rceil$。

接下来讨论折半查找的平均查找长度。为便于讨论，以树高为 k 的满二叉树（$n=2^k-1$）为例。假设表中每个元素的查找是等概率的，即 $p_i=1/n$，则树的第 i 层有 2^{i-1} 个结点，因此，折半查找的平均查找长度为：

$$ASL = \sum_{i=1}^{n} P_i C_i$$
$$= [1 \times 2^0 + 2 \times 2^1 + \cdots + k \times 2^{k-1}]/n$$
$$= (n+1)(\log_2(n+1)-1)/n$$
$$\approx \log_2(n+1)-1 \qquad\qquad (9\text{-}4)$$

所以，折半查找的时间效率为 $O(\log_2 n)$。

9.2.3　插值查找和斐波那契查找

1．插值查找

类似于平常查英文字典的方法，在查一个以字母 C 开头的英文单词时，决不会用二分查找，从字典的中间一页开始，因为知道它的大概位置是在字典的较前面的部分，因此可以从前面的某处查起，这就是插值查找的基本思想。

插值查找除要求查找表是顺序存储的有序表外，还要求数据元素的关键字在查找表中均匀分布，这样，就可以按比例插值。

插值查找通过下列公式

$$mid = low + \frac{kx - t.data[low].key}{t.data[high].key - t.data[low].key}(high - low) \qquad (9\text{-}5)$$

求取中点，其中 low 和 high 分别为表的两个端点下标，kx 为给定值。结果如下：

① 若 kx<t.data[mid].key，则 high=mid-1，继续左半区查找。

② 若 kx>t.data[mid].key，则 low=mid+1，继续右半区查找。

③ 若 kx=t.data[mid].key，查找成功。

插值查找是平均性能最好的查找方法，但只适合于关键码均匀分布的表，其时间效率依然是 $O(\log_2 n)$。

2．斐波那契查找

二分查找每比较一次，把查找区间划分为两个相等的区间，再对其中一个区间继续查找。可否在比较一次后，划分为不相等的两个区间呢？斐波那契查找就是这样的一种划分方法。斐波那契查找通过斐波那契数列对有序表进行分割，查找区间的两个端点和中点都与斐波那契数有关。斐波那契数列定义如下：

$$F(k)\begin{cases} k & (k=0 \text{ 或 } k=1) \\ F(k-1)+F(k-2) & (k \geqslant 2) \end{cases}$$

设 n 个数据元素的有序表，且 n 正好是某个斐波那契数，即 $n=F(k)-1$ 时，可用此查找方法。

斐波那契查找分割的思想：对于表长为 $F(k)-1$ 的有序表，以相对 low 偏移量 $F(k-1)-1$ 取中点，即 mid=low+$F(k-1)$-1，对表进行分割，则左子表表长为 $F(k-1)-1$，右子表表长为 $F(k)-1-(F(k-1)-1)-1=F(k-2)-1$。可见，两个子表表长也都是某个斐波那契数减 1，因而，可以对子表继续分割。

【算法 9-3】斐波那契查找算法。

```
int Fibonacci_Search(S_T *t,KeyType kx){
```

```
//在表t中查找关键码为kx的数据元素，若找到返回该元素在表中的位置，否则返回0
    int low,high,mid;
    int len,f;
    int flag;
    low=1;
    high=Fib(k)-1;                          //设置初始区间
    len=Fib(k)-1;
    f=Fib(k-1)-1;                           //len为表长，f为取中点的相对偏移量
    flag=0;
    while(low<=high){                       //表空测试
        //非空，进行比较测试
        mid=low+f;                          //得到中点
        if(kx<t->data[mid].key){
            len=f;                          //调整表长
            f=len-f-1;                      //计算取中点的相对偏移量
            high=mid-1;                     //调整到左半区查找
        }
        else
            if(kx>t->data[mid].key){
                len=len-f-1;                //调整表长
                f=f-len-1;                  //计算取中点的相对偏移量
                low=mid+1;                  //调整到右半区查找
            }
            else{
                flag=mid;
                break;
            }                               //查找成功，元素位置设置到flag中
    }
    return flag;
}
```

当 n 很大时，该查找方法称为黄金分割法，其平均性能比折半查找好，但其时间效率仍为 $O(\log_2 n)$；而且，在最坏情况下比折半查找差。优点是计算中点时仅做加、减运算。

9.2.4 分块查找

若查找表中的数据元素的关键字是按块有序的，则可以做分块查找。分块查找又称索引顺序查找，是对顺序查找的一种改进。分块查找将查找表按块分成若干个子表，对每个子表建立一个索引项，再将这些索引项顺序存储，形成一个索引表。每个索引项包括两个字段：关键码字段（存放对应子表中的最大关键码值）和指针字段（存放指向对应子表的指针），这样索引表则是按关键码有序的。查找时，分成两步进行：先根据给定值 kx 在索引表中查找，以确定所要查找的数据元素属于查找表中的哪一块，由于索引表按关键码有序，因此可用顺序查找或折半查找；然后，再进行块内查找，因为块内无序，只能进行顺序查找。

【例9-2】设关键码集合为：

88，43，14，31，78，8，62，49，35，71，22，83，18，52

按关键码值31、62、88分为3块建立的查找表及其索引表，如图9-2所示。

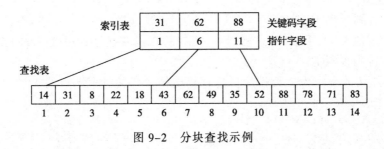

图 9-2 分块查找示例

性能分析如下：

分块查找由索引表查找和子表查找两步完成。设 n 个数据元素的查找表分为 m 个子表，且每个子表均为 t 个元素，则

$$t = \frac{n}{m}$$

设在索引表上的检索也采用顺序查找，这样，分块查找的平均查找长度为

$$\text{ASL=ASL}_{\text{索引表}} + \text{ASL}_{\text{子表}} = \frac{1}{2}(m+1) + \frac{1}{2}\left(\frac{n}{m}+1\right) = \frac{1}{2}\left(m+\frac{n}{m}\right) + 1 \quad （9-6）$$

可见，平均查找长度不仅和表的总长度 n 有关，而且和所分的子表个数 m 有关。对于表长 n 确定的情况下，m 取 $\sqrt{n}$ 时，$\text{ASL}=\sqrt{n}+1$ 达到最小值。

9.3 二叉排序树

二叉排序树是基于树形结构的动态搜索结构，因输入的数据元素关键码序列的不同会有不同形态的二叉排序树。

9.3.1 二叉排序树的定义

二叉排序树或者是一棵空树，或者是具有下列性质的二叉树。

① 若左子树不空，则左子树上所有结点的值均小于根结点的值；若右子树不空，则右子树上所有结点的值均大于根结点的值。

② 左右子树也都是二叉排序树。

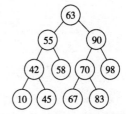

如图 9-3 所示为一棵二叉排序树。可以看出，对二叉排序树进行中序遍历，将得到一个按关键码有序的序列。

图 9-3 一棵二叉排序树示例

9.3.2 二叉排序树的查找过程

若将查找表组织为一棵二叉排序树，则根据二叉排序树的特点，查找过程如下：

① 若查找树为空，查找失败。

② 查找树非空，将给定值 kx 与查找树的根结点关键码比较。

③ 若相等，查找成功，结束查找过程；否则，有以下两种情况。

● 当给定值 kx 小于根结点关键码，查找将在以左孩子为根结点的子树上继续进行，转到步骤①。

- 当给定值 kx 大于根结点关键码，查找将在以右孩子为根结点的子树上继续进行，转到步骤①。

下面以二叉链表作为二叉排序树的存储结构，二叉链表结点的类型定义如下：

```
typedef struct Node{
    DataType data;                        //数据元素字段
    struct Node *lchild,*rchild;          //左、右孩子指针字段
}NodeType;                                //二叉树结点类型
```

【算法 9-4】二叉排序树查找算法。

```
int SearchData(NodeType *t,NodeType **p,NodeType **q,KeyType kx){
//在二叉排序树 t 上查找关键码为 kx 的元素，若找到，返回 1，且*q 指向该结点，*p 指
//向其父结点；否则，返回 0，且 p 指向查找失败前的最后一个结点
    int flag;                             //查找成功与否标志
    *q=t;
    flag=0;
    while(*q)                             //从根结点开始查找
        if(kx>(*q)->data.key){
        //kx 大于当前结点*q 的元素关键码
            *p=*q;
            *q=(*q)->rchild;
        }                                 //将当前结点*q 的右孩子置为新根
        else
            if(kx<(*q)->data.key){
            //kx 小于当前结点*q 的元素关键码
                *p=*q;
                *q=(*q)->lchild;
            }                             //将当前结点*q 的左孩子置为新根结点
            else{
                flag=1;
                break;
            }                             //查找成功，返回
    return flag;
}
```

9.3.3　二叉排序树的插入操作

设待插入结点的关键码为 kx，为将其插入，先要在二叉排序树中进行查找，若查找成功，按二叉排序树定义，说明待插入结点已存在，不用插入；查找不成功时，则插入。因此，新插入结点一定是作为叶子结点添加上去的。

【算法 9-5】二叉排序树插入一个结点的算法。

```
int InsertNode(NodeType **t,KeyType kx){
//在二叉排序树*t 上插入关键码为 kx 的结点
    NodeType *p,*q,*s;
    int flag;                            //是否插入标志
    flag=0;
    p=t;
    if(!SearchData(*t,&p,&q,kx)){         //在*t 为根的子树上查找
```

```
            s=new NodeType;              //申请结点，并赋值
            s->data.key=kx;
            s->lchild=NULL;
            s->rchild=NULL;
            flag=1;                      //设置插入成功标志
            if(!p)
                *t=s;                    //向空树中插入时
            else{
                if(kx>p->data.key)
                    p->rchild=s;         //插入结点为p的右孩子
                else
                    p->lchild=s;         //插入结点为p的左孩子
            }
        }
        return flag;
}
```

　　构造一棵二叉排序树则是逐个插入结点的过程。

　　【例 9-3】设关键码序列为 63，90，70，55，67，42，98，83，10，45，58，则构造一棵二叉排序树的过程如图 9-4 所示。

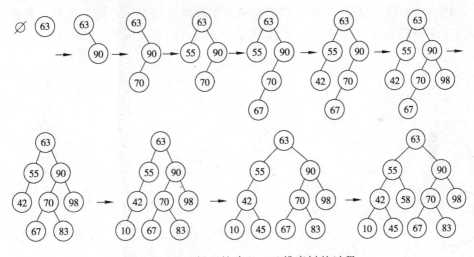

图 9-4　从空树开始建立二叉排序树的过程

9.3.4　二叉排序树的删除操作

　　从二叉排序树中删除一个结点之后，使其仍能保持二叉排序树的特性即可。

　　设待删结点为 p（p 为指向待删结点的指针），其双亲结点为 f，以下分 3 种情况进行讨论：

　　① 若 p 结点为叶结点，由于删去叶结点后不影响整棵树的特性，所以，只需将被删结点的双亲结点相应指针域改为空指针，如图 9-5 所示。

　　② 若 p 是单支结点，即 p 结点只有右子树 P_R 或只有左子树 P_L，此时，只需将 P_R 或 P_L 替换 f 结点的 p 子树即可，

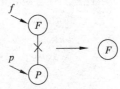

图 9-5　删除叶结点

如图 9-6 所示。

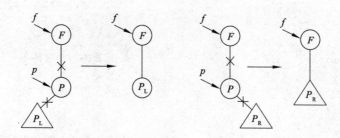

图 9-6　删除单支结点

③ p 结点既有左子树 P_L 又有右子树 P_R，可按中序遍历保持有序进行调整。

设删除 p 结点前，中序遍历序列为：……，P_L 子树，P、P_R、S_R 子树，P_J、S_J 子树，……，P_2、S_2 子树，P_1、S_1 子树，……则删除 p 结点后，中序遍历序列应为：……，P_L 子树，P_R、S_R 子树，P_J、S_J 子树，……，P_2、S_2 子树，P_1、S_1 子树，……

删除 p 结点后，有以下两种调整方法：

① 直接令 p 结点的右孩子 P_1 为 f 相应的子树，将 p 的原左子树 P_L 作为以 P_1 为根的子树中序遍历的第一个结点 P_R 的左子树，如图 9-7（a）所示。

② 用 p 结点的直接后继 P_R（或直接前驱）替换 p 结点，再按上述第 2 种情况所介绍的方法删去 P_R。图 9-7（b）所示就是以 p 结点的直接前驱 P_R 替换 p。

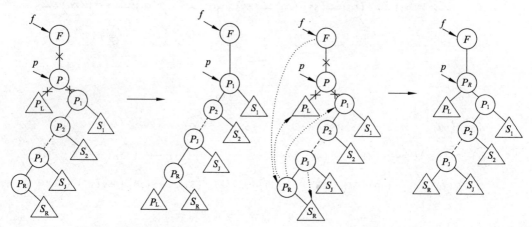

（a）按方法①进行调整的图示　　　　　　（b）按方法②进行调整的图示

图 9-7　调整图示

综上所述，二叉排序树的删除操作算法如下：

【算法 9-6】二叉排序树删除算法。

```
int DeleteNode(NodeType **t,KeyType kx){
    NodeType *p,*q,*s,**f;
    int flag;                //是否删除成功标志
    flag=0;
    p=t;
    if(SearchData(*t,&p,&q,kx)){
```

```
        flag=1;                      //查找成功,置删除成功标志
        if(p==q)
            f=t;                     //待删结点为根结点时
        else{                        //待删结点非根结点时
            f=&(p->lchild);
            if(kx>p->data.key)
                f=&(p->rchild);
        }                            //f指向待删结点的父结点的相应指针域
        if(!q->rchild)
            *f=q->lchild;            //若待删结点无右子树,以左子树替换待删结点
        else{
            if(!q->lchild)
                *f=q->rchild;        //若待删结点无左子树,以右子树替换待删结点
            else{                    //既有左子树又有右子树
                p=q->rchild;
                s=p;
                while(p->lchild){
                    s=p;
                    p=p->lchild;
                }                    //在右子树上搜索待删结点的后继p
                *f=p;
                p->lchild=q->lchild; //替换待删结点q,重接左子树
                if(s!=p){            //待删结点的右孩子有左子树时,还要重接右子树
                    s->lchild=p->rchild;
                    p->rchild=q->rchild;
                }
            }
        }
        delete q;
    }
    return flag;
}
```

【例 9-4】在图 9-4 所示的二叉排序树种依次删除关键码：10、58、63、70，删除后的二叉排序树依次如图 9-8 所示。

① 删除关键码 10：

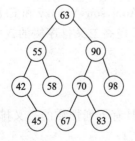

② 删除关键码 58：

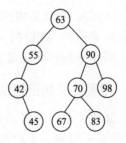

图 9-8 在图 9-4 二叉排序树中删除结点

③ 删除关键码 63：

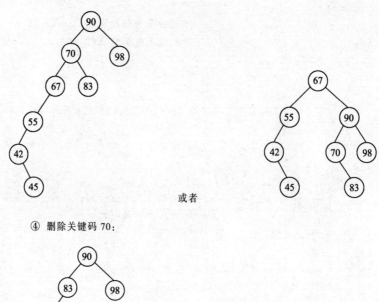

或者

④ 删除关键码 70：

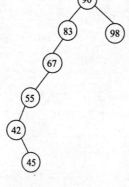

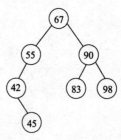

或者

图 9-8　在图 9-4 二叉排序树中删除结点（续）

对给定序列建立二叉排序树，若左右子树均匀分布，则其查找过程类似于有序表的折半查找；但若给定序列原本有序，则建立的二叉排序树就蜕化为单链表，其查找效率同顺序查找一样。因此，对均匀的二叉排序树进行插入或删除结点后，应对其进行调整，使其依然保持均匀。

9.4　平衡二叉树

平衡二叉树是 1962 年由两位俄罗斯数学家 G. M. Adel' son-Vel'sky 和 E. M. Landis 提出的，所以又称为 AVL 树。引入它的目的，是为了提高二叉排序树的效率，降低树的高度，减少平均查找长度。

9.4.1　平衡二叉树的定义

平衡二叉树（AVL 树）或者是一棵空树，或者是具有下列性质的二叉排序树：
① 它的左子树和右子树高度之差的绝对值不超过 1。
② 它的左子树和右子树都是平衡二叉树。

图 9-9 给出了两棵二叉排序树，每个结点旁边所注数字是以该结点为根的二叉树中左子树与右子树高度之差，这个数字称为结点的平衡因子。由平衡二叉树定义，所有结点的平衡因子只能取-1、0、1 这 3 个值之一。若二叉排序树中存在这样的结点，其平衡因子的绝对值大于 1，这棵树就不是平衡二叉树。图 9-9（a）所示的二叉排序树就不是平衡的。

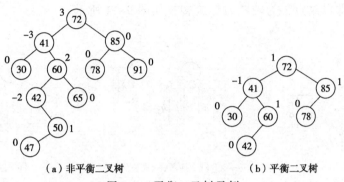

（a）非平衡二叉树　　　　　　　（b）平衡二叉树

图 9-9　平衡二叉树示例

9.4.2　平衡二叉树的平衡化旋转

在平衡二叉树上插入或删除结点后，可能使二叉树失去平衡，因此，需要对失去平衡的树进行平衡化调整。设 a 结点为失去平衡的最小子树根结点，对该子树进行平衡化调整，归纳起来有以下 4 种情况。

1. 左单旋转（RR 型）

这种失衡是因为在失衡结点的右孩子的右子树上插入结点造成的。图 9-10（a）为插入前的子树，其中，α 为结点 a 的左子树，β、γ 分别为结点 c 的左右子树，α、β、γ 这 3 棵子树的高均为 h。图 9-10（a）所示的子树是平衡二叉树。

在图 9-10（a）所示的二叉排序树上插入结点 x，如图 9-10（b）所示。结点 x 插入在结点 c 的右子树 γ 上，导致结点 a 的平衡因子绝对值大于 1，以结点 a 为根的子树失去平衡。

调整策略：调整后的子树除了各结点的平衡因子绝对值不超过 1，还必须是二叉排序树。由于结点 c 的左子树 β 可作为结点 a 的右子树，将以结点 a 为根的子树调整为左子树 α、右子树 β，再将结点 a 为根的子树调整为结点 c 的左子树，结点 c 为新的根结点，如图 9-10（c）所示。

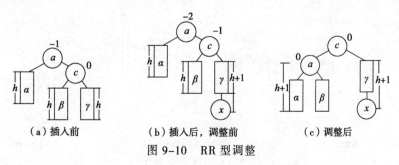

（a）插入前　　　　　　（b）插入后，调整前　　　　　　（c）调整后

图 9-10　RR 型调整

平衡化调整操作判定：沿插入路径检查 3 个点 a、c、γ，若它们处于"＼"直线上的同一个方向，则要作左单旋转，即以结点 c 为轴逆时针旋转。

2. 右单旋转（LL 型）

这种失衡是因为在失衡结点的左孩子的左子树上插入结点造成的。右单旋转与左单旋转类似，沿插入路径检查 a、c、α，若它们处于"／"直线上的同一个方向，则要作右单旋转，即以结点 c 为轴顺时针旋转，如图 9-11 所示。

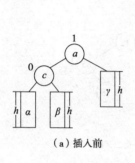 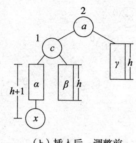

（a）插入前　　　　　（b）插入后，调整前　　　　　（c）调整后

图 9-11　LL 型调整

3. 先左后右双向旋转（LR 型）

这种失衡是因为在失衡结点的左孩子的右子树上插入结点造成的。图 9-12 所示为插入前的子树，根结点 a 的左子树比右子树高度高 1，待插入结点 x 将插入到结点 b 的右子树上，并使结点 b 的右子树高度增 1，从而使结点 a 的平衡因子的绝对值大于 1，导致结点 a 为根的子树平衡被破坏，如图 9-13（a）和图 9-14（a）所示。

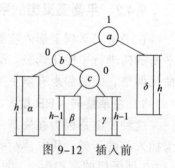

图 9-12　插入前

沿插入路径检查 3 个点 a、b 和 c，若它们呈"＜"字形，需要进行先左后右双向旋转。

① 对以结点 b 为根的子树，以结点 c 为轴，向左逆时针旋转，结点 c 成为该子树的新根，如图 9-13（b）和图 9-14（b）所示。

② 由于旋转后，待插入结点 x 相当于插入到结点 b 为根的子树上，这样 a、c 和 b 这 3 点处于"／"直线上的同一个方向，则要作右单旋转，即以结点 c 为轴顺时针旋转，如图 9-13（c）和图 9-14（c）所示。

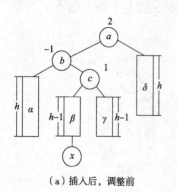 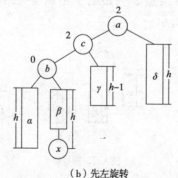 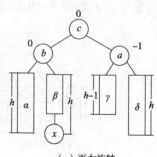

（a）插入后，调整前　　　　　（b）先左旋转　　　　　（c）再右旋转

图 9-13　LR 型调整 1

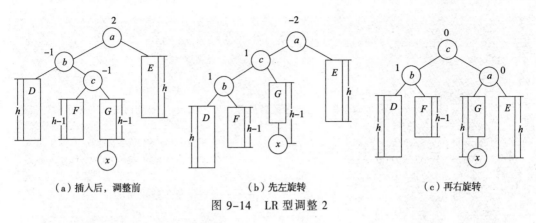

（a）插入后，调整前　　　　　　　　　（b）先左旋转　　　　　　　　　（c）再右旋转

图 9-14　LR 型调整 2

4．先右后左双向旋转（RL 型）

这种失衡是因为在失衡结点的右孩子的左子树上插入结点造成的。先右后左双向旋转和先左后右双向旋转对称，读者可自行补充整理。

9.4.3　平衡二叉树的插入

在平衡的二叉排序树 T 上插入一个关键码为 kx 的新元素，其递归算法的基本思想可描述如下：

① 若 T 为空树，则插入一个数据元素为 kx 的新结点作为 T 的根结点，树的深度增加 1。

② 若 kx 和 T 的根结点关键码相等，则不进行插入。

③ 若 kx 小于 T 的根结点关键码，而且在 T 的左子树中不存在与 kx 有相同关键码的结点，则将新元素插入在 T 的左子树上，并且当插入之后的左子树深度增加 1 时，分别就下列情况进行处理。

a．T 的根结点平衡因子为-1（右子树的深度大于左子树的深度），则将根结点的平衡因子更改为 0，T 的深度不变。

b．T 的根结点平衡因子为 0（左、右子树的深度相等），则将根结点的平衡因子更改为 1，T 的深度增加 1。

c．T 的根结点平衡因子为 1（左子树的深度大于右子树的深度），则：

- 若 T 的左子树根结点的平衡因子为 1，需进行单向右旋平衡处理，并且在右旋处理之后，将根结点和其右子树根结点的平衡因子更改为 0，树的深度不变。
- 若 T 的左子树根结点平衡因子为-1，需进行先左后右双向旋转平衡处理，并且在旋转处理之后，修改根结点和其左、右子树根结点的平衡因子，树的深度不变。

④ 若 kx 大于 T 的根结点关键码，而且在 T 的右子树中不存在与 kx 有相同关键码的结点，则将新元素插入在 T 的右子树上，并且当插入之后的右子树深度增加 1 时，分别就不同情况处理它们。其处理操作和③中所述相对称，读者可自行补充整理。

综上所述，调整的递归算法如下：

【算法 9-7】平衡二叉树的插入算法。

```
typedef struct Node{
    DataType data;                        //数据元素
```

```
        int bf;                              //平衡因子
        struct Node *lchild,*rchild;         //左右孩子指针
    }NodeType;                               //结点类型

    void R_Rotate(NodeType **p){
    //对以*p指向的结点为根的子树，作右单旋转处理，处理之后，*p指向的结点为子树的新根
        NodeType *lp;
        lp=(*p)->lchild;                     //lp指向*p左子树根结点
        (*p)->lchild=lp->rchild;             //lp的右子树挂接*p的左子树
        lp->rchild=*p;
        *p=lp;                               //*p指向新的根结点
    }

    void L_Rotate(NodeType **p){
    //对以*p指向的结点为根的子树，作左单旋转处理，处理之后，*p指向的结点为子树的新根
        NodeType *rp;
        rp=(*p)->rchild;                     //rp指向*p右子树根结点
        (*p)->rchild=rp->lchild;             //rp的左子树挂接*p的右子树
        rp->lchild=*p;
        *p=rp;                               //*p指向新的根结点
    }

    #define LH 1                             //左高
    #define EH 0                             //等高
    #define RH -1                            //右高

    void LeftBalance(NodeType **p){
    //对以*p指向的结点为根的子树，作左平衡旋转处理，处理之后，*p指向的结点为子树的新根
        NodeType *lp,*rd;
        lp=(*p)->lchild;                             //lp指向*p左子树根结点
        switch((*p)->bf){
                                 //检查*p平衡度，并作相应处理
            case LH:             //新结点插在*p左孩子的左子树上，需作单右旋转处理
                (*p)->bf=lp->bf=EH;
                R_Rotate(p);
                break;
            case EH:             //原本左、右子树等高，因左子树增高使树增高
                (*p)->bf=LH;
                *taller=1;
                break;
            case RH:             //新结点插在*p左孩子的右子树上，需作先左后右双旋处理
                    rd=lp->rchild;           //rd指向*p左孩子的右子树根结点
                    switch(rd->bf){          //修正*p及其左孩子的平衡因子
                        case LH:
                            (*p)->bf=RH;
                            lp->bf=EH;
                            break;
                        case EH:
                            (*p)->bf=lp->bf=EH;
```

```
                    break;
              case RH:
                  (*p)->bf=EH;
                  lp->bf=LH;
                  break;
          }//switch(rd->bf)
      rd->bf=EH;
      L_Rotate(&((*p)->lchild));      //对*p的左子树作左旋转处理
      R_Rotate(*p);                   //对*p作右旋转处理
    }//switch((*p)->bf)
}//LeftBalance

void RightBalance(NodeType **p){
//对以*p指向的结点为根的子树,作右平衡旋转处理,处理之后,*p指向的结点为子树的新根
    NodeType *rp,ld;
    rp=(*p)->rchild;              //rp指向*p右子树根结点
    switch((*p)->bf){             //检查*p平衡度,并作相应处理
        case LH:                  //新结点插在*p右孩子的左子树上,需作先右后左双旋处理
            ld=rp->lchild;            //ld指向*p右孩子的左子树根结点
            switch(ld->bf){           //修正*p及其右孩子的平衡因子
                case LH:
                    (*p)->bf=EH;
                    rp->bf=RH;
                    break;
                case EH:
                    (*p)->bf=rp->bf=EH;
                    break;
                case RH:
                    (*p)->bf=EH;
                    rp->bf=EH;
                    break;
            }//switch(ld->bf)
            ld->bf=EH;
            R_Rotate(&((*p)->rchild)); //对*p的右子树作右旋转处理
            L_Rotate(*p);              //对*p作左旋转处理
            break;
        case EH:                     //原本左、右子树等高,因右子树增高使树增高
            (*p)->bf=RH;
            *taller=1;
            break;
        case RH:                     //新结点插在*p右孩子的右子树上,需作单左旋转处理
            (*p)->bf=rp->bf=EH;
            L_Rotate(p);
            Break;
    }                               //switch((*p)->bf)
}                                   //RightBalance

int InsertAVL(NodeType **t,DataType e,int *taller){
//若在平衡的二叉排序树t中不存在和e有相同关键码的结点,则插入一个数据元素为e的
//新结点,并返回1,否则返回0
//若因插入而使二叉排序树失去平衡,则作平衡旋转处理
//整型变量taller反映t长高与否,1长高,0不长高
    if(!(*t)){                       //插入新结点,树"长高",置taller为1
```

```
        *t=(NodeType *)malloc(sizeof(NodeType));
        (*T)->data=e;
        (*t)->lchild=(*t)->rchild=NULL;
        (*t)->bf=EH;
        *taller=1;
    }
    else{
    if(e.key==(*t)->data.key){          //树中存在和 e 有相同关键码的结点，不插入
        *taller=0;
        return 0;
    }
    if(e.key<(*t)->data.key){
        //应继续在 t 的左子树上进行
        if(!InsertAVL(&((*t)->lc)),e,&taller))
            return 0;               //未插入
        if(*taller)                //已插入到 t 的左子树中，且左子树增高
            switch((*t)->bf){      //检查 t 平衡度
                case LH:           //原本左子树高，需作左平衡处理
                    LeftBalance(t);
                    *taller=0;
                    break;
                case EH:           //原本左、右子树等高，因左子树增高使树增高
                    (*t)->bf=LH;
                    *taller=1;
                    break;
                case RH:           //原本右子树高，使左、右子树等高
                    (*t)->bf=EH;
                    *taller=0;
                    break;
                }
        }//if
    else{                          //应继续在*t 的右子树上进行
        if(!InsertAVL(&((*t)->rc)),e,&taller)}
            return 0;              //未插入
        if(*taller)                //已插入到 t 的右子树中，且右子树增高
            switch((*t)->bf){      //检查 t 平衡度
                case LH:           //原本左子树高，使左、右子树等高
                    (*t)->bf=EH;
                    *taller=0;
                    break;
                case EH:           //原本左、右子树等高，因右子树增高使树增高
                    (*t)->bf=RH;
                    *taller=1;
                    break;
                case RH:           //原本右子树高，需作右平衡处理
                    RightBalance(t);
                    *taller=0;
                    break;
                }
        }//else
    }//else
    return 1;
}//InsertAVL
```

【例 9-5】按顺序插入一组关键码：47、52、77、26、20、42、75，创建一棵平衡二叉树，如图 9-15 所示。

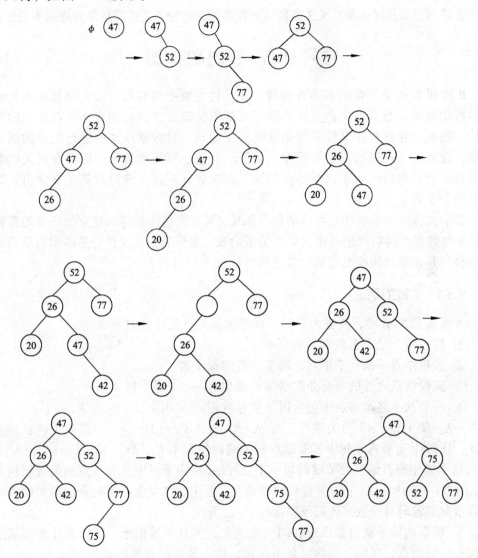

图 9-15　平衡二叉树的创建过程示例

9.4.4　平衡二叉树的查找性能分析

在平衡树上进行查找的过程和二叉排序树相同，因此，在查找过程中与给定值进行比较的关键码个数不超过树的深度。那么，含有 n 个关键码的平衡树的最大深度是多少呢？为解答这个问题，先来分析深度为 h 的平衡树所具有的最少结点数。

设以 N_h 表示深度为 h 的平衡树中含有的最少结点数。显然，$N_0=0$，$N_1=1$，$N_2=2$，并且 $N_h=N_{h-1}+N_{h-2}+1$。这个关系和斐波那契序列极为相似。利用归纳法容易证明：当 $h \geq 0$ 时，$N_h=F_{h+2}-1$，而 F_k 约等于 $\dfrac{\phi^h}{\sqrt{5}}$（其中 $\phi=\dfrac{1+\sqrt{5}}{2}$），则 N_h 约等于 $\phi=\dfrac{\phi^{h+2}}{\sqrt{5}}-1$。反之，

含有 n 个结点的平衡树的最大深度为 $\log_{\phi}((n+1))-2$。因此，在平衡树上进行查找的时间复杂度为 $O(\log_2 n)$。

上述对二叉排序树和二叉平衡树的查找性能的讨论都是在等概率的提前下进行的。

9.5 B 树和 B⁺树

B 树和 B⁺树是平衡的多路查找树，在文件系统中很有用，是大型数据库文件的一种组织结构。数据库文件是同类型记录的值的集合，是存储在外存储器上的数据结构。因此，在数据库文件中按关键码查找记录，对数据库文件进行记录的插入和删除，就要对外存进行读、写操作。由于外存读、写速度较慢，因而在对大的数据库文件进行操作时，为了减少外存的读、写次数，应按关键码对其建立索引，即组织成索引文件。

索引文件由索引表和数据区两部分组成。索引表是按关键码建立的记录的逻辑结构，并与数据区的物理记录建立对应关系的表。索引表也是文件，是以索引项为记录的集合，其数据结构按关键码可以是线性的或是树形的。

9.5.1 B 树的定义

一棵 m 阶的 B 树，或者为空树，或者为满足下列特性的 m 叉树：

① 树中每个结点至多有 m 棵子树。

② 若根结点不是叶子结点，则至少有两棵子树。

③ 除根结点之外的所有非终端结点至少有 $\lceil m/2 \rceil$ 棵子树。

④ 所有的非终端结点中包含以下信息数据：$(n, A_0, K_1, A_1, K_2, \cdots, K_n, A_n)$。

其中，K_i（$i=1,2,\cdots,n$）为关键码，且 $K_i < K_{i+1}$；A_i（$i=0,1,\cdots,n$）为指向子树根结点的指针，且指针 A_i 所指子树中所有结点的关键码均大于 K_i，小于 K_{i+1}（$i=1,2,\cdots,n-1$）；A_0 所指子树中所有结点的关键码均小于 K_1；A_n 所指子树中所有结点的关键码均大于 K_n；$\lceil m/2 \rceil -1 \leqslant n \leqslant m-1$，$n$ 为关键码的个数。实际上，结点中还应包含指向父结点的指针和指向关键码对应数据区记录的指针。

⑤ 所有的叶子结点都出现在同一层次上，并且不带信息（可以看作外部结点或查找失败的结点，实际上这些结点不存在，指向这些结点的指针为空）。

图 9-16 为一棵 5 阶的 B 树，其深度为 4。

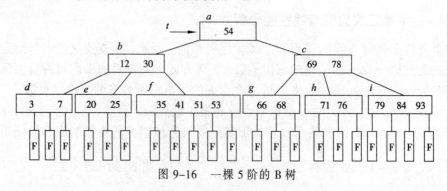

图 9-16　一棵 5 阶的 B 树

9.5.2　B 树的查找

B 树的查找类似二叉排序树的查找，不同的是 B 树每个结点上是多关键码的有序表，在到达某个结点时，先在有序表中查找，若找到，则查找成功；否则，到按照对应的指针信息指向的子树中去查找，当到达叶子结点时，则说明树中没有对应的关键码，查找失败。在 B 树上的查找过程是一个顺指针查找结点和在结点中查找关键码交叉进行的过程。例如，在图 9-16 中查找关键码为 93 的元素。首先，从 t 指向的根结点 a 开始，结点 a 中只有一个关键码，且 93 大于它，因此，按 a 结点指针域 A_1 到结点 c 去查找，结点 c 有两个关键码，而 93 也都大于它们，应按 c 结点指针域 A_2 到结点 i 去查找，在结点 i 中顺序比较关键码，找到关键码 K_3 等于 93。

B 树结点的类型定义如下：

```
#define m    ...              //根据实际需要设定的 B 树的阶
typedef struct Node{
    int keynum;               //结点中关键码的个数，即结点的大小
    struct node *parent;      //指向双亲结点
    KeyType  key[m+1];        //关键码向量，0 号单元未用
    struct Node *nptr[m+1];   //子树指针向量
    DataType *eptr[m+1];      //记录指针向量
}NodeType;                    //B 树结点类型
```

返回的查找结果类型定义如下：

```
typedef struct{
    NodeType *pt;             //指向找到的结点
    int  i;                   //在结点中的关键码序号，结点序号区间[1...m]
    int  tag;                 //1:查找成功，0:查找失败
}Result;                      //B 树的查找结果类型
```

【算法 9-8】B 树的查找算法。

```
Result *SearchBTree(NodeType *t,KeyType kx){
//在 m 阶 B 树 t 上查找关键码 kx，返回(pt,i,tag)。若查找成功，则特征值 tag=1,
//指针 pt 所指结点中第 i 个关键码等于 kx；否则，特征值 tag=0，等于 kx 的关键码记录
//应插入在指针 pt 所指结点中第 i 个和第 i+1 个关键码之间
    int found;
    Result *rs;
    NodeType *p,q;
    int i,found;
    p=t;
    q=NULL;                   //初始化，p 指向待查结点，q 指向 p 的双亲
    found=0;
    while(p&&!found){
        i=Search(p,kx);       //在 p->key 中查找
        if(i>0&&p->key[i]==kx)
            found=1;          //找到
        else{
            q=p;
            p=p->nptr[i];
        }
    }
```

```
        }
    rs=New Result;
    rs->tag=found;
    if(!found)
        p=q;                    //查找不成功, 返回 kx 的插入位置信息
    rs->pt=p;
    rs->i=i;                    //查找成功, 返回指向 kx 位置的信息
    return  rs;
}
```

性能分析如下：

B 树的查找是由两个基本操作交替进行的过程：

① 在 B 树上找结点。

② 在结点中找关键码。

因为通常 B 树是存储在外存上的，操作①就是通过指针在磁盘相对定位，将结点信息读入内存，之后，再对结点中的关键码有序表进行顺序查找或折半查找。因为在磁盘上读取结点信息比在内存中进行关键码查找耗时多，所以，在磁盘上读取结点信息的次数，即 B 树的层次数是决定 B 树查找效率的首要因素。

那么，对含有 n 个关键码的 m 阶 B 树，最坏情况下达到多深呢？可按二叉平衡树进行类似分析。首先，讨论 m 阶 B 树各层上的最少结点数。

由 B 树定义：第 1 层至少有 1 个结点，第 2 层至少有 2 个结点，由于除根结点外的每个非终端结点至少有 $\lceil m/2 \rceil$ 棵子树，则第 3 层至少有 $2(\lceil m/2 \rceil)$ 个结点，……，依此类推，第 $k+1$ 层至少有 $2(\lceil m/2 \rceil)^{k-1}$ 个结点，而 $k+1$ 层的结点为叶子结点。若 m 阶 B 树有 n 个关键码，则叶子结点即查找不成功的结点为 $n+1$，因此有

$$n+1 \geqslant 2(\lceil m/2 \rceil)^{k-1}$$

即

$$k \leqslant \log_{\lceil m/2 \rceil}\left(\frac{n+1}{2}\right)+1 \tag{9-7}$$

这就是说，在含有 n 个关键码的 B 树上进行查找时，从根结点到关键码所在结点的路径上涉及的结点数不超过

$$\log_{\lceil m/2 \rceil}\left(\frac{n+1}{2}\right)+1$$

9.5.3 B 树的插入

在 B 树上插入关键码与在二叉排序树上插入结点不同，关键码的插入不是在叶结点上进行的，而是在最底层的某个非终端结点中添加一个关键码。添加分以下两种情况：

① 若添加后，该结点上关键码个数小于等于 $m-1$，则插入结束。

② 若添加后，该结点上关键码个数为 m，因而该结点的子树超过了 m 棵，这与 B 树定义不符，所以要进行调整，即结点的"分裂"。结点的"分裂"方法：关键码加入结点后，将结点中的关键码分成 3 部分，使得前后两部分关键码个数均大于等于 $\lceil m/2 \rceil-1$，而中间部分只有一个结点。前后两部分分成两个结点，中间的一个

结点将其插入到父结点中。若插入父结点而使父结点中关键码个数为 m 个，则父结点继续分裂，直到插入某个父结点，其关键码个数小于 m。可见，B 树是从底向上生长的。

【算法 9-9】B 树的插入算法。

```
NodeType *NewRoot(NodeType *t,NodeType *stptr,KeyType kx,ElemType *xelem){
//根结点已分裂或 t 是空树，产生新根，返回新根的指针
//stptr 为 B 树中待插入关键码 kx 相关的子树指针
    NodeType *p;
    p=New NodeType;        //生成根结点
    p->keynum=1;
    p->key[1]=kx;
    p->eptr[1]=xelem;
    p->nptr[0]=t;          //A0 指向原根结点
    p->nptr[1]=stptr;      //A1 指向分裂结点时生成的结点
    p->parent=NULL;        //根结点的父结点为空
    t->parent=p;           //原根结点中指向父结点的指针，指向新根
    stptr->parent=p;       //原根结点分裂时，生成的结点中指向父结点的指针，指向新根
    return p;
}


int InsertBTree(NodeType **t,DataType *xelem){
//将 xelem 指向的结点按其关键码插入到 m 阶 B 树*t 上，生成其索引。若引起结点过大则
//沿双亲链进行必要的结点分裂调整，使*t 仍为 m 阶 B 树
    int s,finished;
    NodeType *stptr;       //stptr 为 B 树中待插入元素关键码相关的子树指针
    KeyType kx;            //kx 为待插入元素关键码
    DataType *elemptr;     //xelem 为待插入元素数据区指针
    Result *rs;
    kx=xelem->key;
    elemptr=xelem;
    finished=0;            //初始化各变量
    rs=SearchBTree(*t,kx); //在 t 上查找 kx 关键码
    if(!rs->tag){          //查找不成功时进行插入操作
        stptr=NULL;        //插入关键码在最底层，该关键码相关的子树指针为空
        while(rs->pt&&!finished){  //rs->pt 指向关键码插入的结点，若 rs->pt
                                   //为空，将产生新根
                                   //finished=1 表示无须产生新根便插入成功
            Insert(rs->pt,rs->i,kx,elemptr,stptr);
                                   //插入到 rs->pt 指向的结点 rs->i 处
            if(rs->pt->keynum<m)
                finished=0;        //插入完成
            else{
                //分裂 rs->pt 指向的结点
                s=(m+1)/2;         //s 为结点中上升到父结点中的关键码位置
                kx=rs->pt->key[s]; //得到插入父结点中的关键码 kx
                elemptr=rs->pt->eptr[s];//得到关键码 kx 对应的数据区记录指针
                stptr=split(rs->pt,s);//分裂为两个结点，stptr 指向新产生的结点
```

```
                    rs->pt=rs->pt->parent;    //得到父结点指针
                if(rs->pt)
                    rs->i=Search(rs->pt,kx);
                    //在父结点 rs.pt 中查找 kx 的插入位置
            }
        }
        if(!finished){                      //rs->pt 为空, finished 为 0,
                                            //*t 是空树或根结点已分裂, 产生新根
            *t=NewRoot(*t,stptr,kx,elemptr);    //产生新根
            finished=1;
        }
    }
    return finished;
}


NodeType *split(NodeType *p,int s){
//分裂 p 指向的结点, s 位上升到父结点的关键码位置, 返回分裂时产生的结点指针
    int j;
    NodeType *q;
    q=New NodeType;                  //生成新结点
    q->keynum=m-s;
    q->parent=p->parent;
    q->nptr[0]=p->nptr[s];
    //设置新结点中的关键码个数、设置新结点的父结点指针、设置新结点中指针 A₀
    for(j=s+1;j<=m;j++){
        //将 p 指向结点中 s 之后关键码及其相关信息移入新结点中
        q->key[j-s]=p->key[j];
        q->eptr[j-s]=p->eptr[j];
        q->nptr[j-s]=p->nptr[j];
    }
    p->keynum=s-1;                   //更新 p 指向结点中的关键码个数
    if(q->nptr[0])                   //测试分裂结点是否为底层结点
        for(j=0;j<=q->keynum;j++)    //分裂结点非底层结点时, q 结点各子树的
            (q->nptr[j])->parent=q;  //根结点中指向父结点的指针更新为 q
    return q;
}
```

【例 9-6】 以下列关键码序列，建立 5 阶 B 树。

{20,54,69,84,71,30,78,25,93,41,7,76,51,66,68,53,3,79,35,12,15,65}

建立过程如图 9-17 所示。

① 向空树中插入 20，如图 9-17（a）所示。

② 插入 54、69 和 84，如图 9-17（b）所示。

③ 插入 71，索引项达到 5，要分裂成 3 部分：{20,54}，{69}和{71,84}，并将 69 上升到该结点的父结点中，如图 9-17（c）所示。

④ 插入 30、78、25 和 93，如图 9-17（d）所示。

⑤ 插入 41 又分裂，如图 9-17（e）所示。

⑥ 直接插入 7。

⑦ 插入 76 分裂，如图 9-17（f）所示。

⑧ 直接插入 51 和 66，当插入 68，需分裂，如图 9-17（g）所示。

⑨ 直接插入 53、3、79 和 35，插入 12 时，需分裂，但中间关键码 12 插入父结点时，又需要分裂，则 54 上升为新根。直接插入 15 和 65，如图 9-17（h）所示。

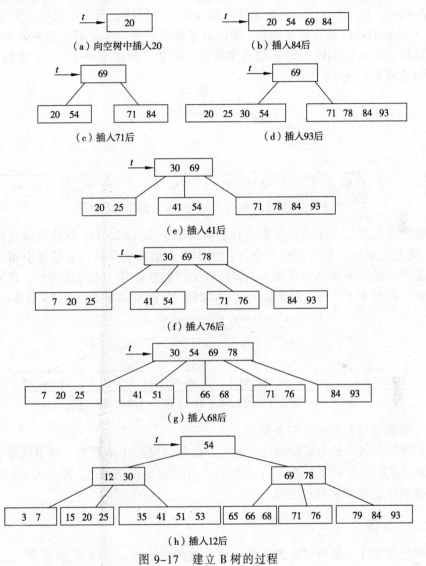

图 9-17 建立 B 树的过程

9.5.4 B 树的删除

B 树的删除分以下两种情况：

（1）删除最底层结点中的关键码

① 若结点中关键码个数大于 $\lceil m/2 \rceil - 1$，直接删除。

② 若结点中关键码个数等于 $\lceil m/2 \rceil - 1$，删除后结点中关键码个数小于 $\lceil m/2 \rceil - 1$，不满足 B 树定义，需调整。也有两种情况如下：

● 该结点与左兄弟（无左兄弟，则找右兄弟）合起来项数之和大于等于

$2(\lceil m/2\rceil-1)$，就与它们父结点中的有关项一起重新分配。设 p 为待删除关键码所在的结点，f 为 p 结点的父结点，p 为 f 的第 i 棵子树的根结点，即 $f\text{->}nptr[i]$。删除关键码后，p 结点中关键码个数小于 $\lceil m/2\rceil-1$，若与 p 的左兄弟（$f\text{->}nptr[i-1]$）结合起来调整，则以左兄弟中的最后一个关键码替换 $f\text{->}key[i-1]$，再将 $f\text{->}key[i-1]$ 插入到 p 结点中即可；若无左兄弟，而与右兄弟（$f\text{->}nptr[i+1]$）结合起来调整，则以右兄弟中的第一个关键码替换 $f\text{->}key[i+1]$，再将 $f\text{->}key[i+1]$ 插入到 p 结点中即可。例如，删除图 9-17（h）中的 76，得到结果如图 9-18 所示。

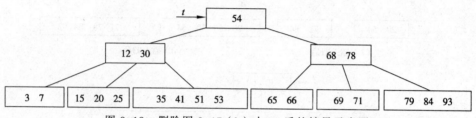

图 9-18　删除图 9-17（h）中 76 后的结果示意图

- 该结点与左、右兄弟合起来项数之和均小于 $2(\lceil m/2\rceil-1)$，就将该结点与左兄弟（无左兄弟时，与右兄弟）合并。由于两个结点合并后，父结点中相关项不能保持，把相关项也一同并入。若此时父结点被破坏，则继续调整，直到根。例如，在图 9-17（h）中删除 15 后再删除 7，得到结果如图 9-19 所示。

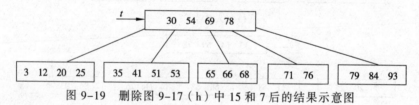

图 9-19　删除图 9-17（h）中 15 和 7 后的结果示意图

（2）删除非底层结点中的关键码

若所删除关键码是非底层结点中的 K_i，则可以用指针 A_i 所指子树中的最小关键码 X 替代 K_i，然后，再删除关键码 X，直到这个 X 在最底层结点上，即转为（1）的情形。删除程序，读者可自己完成。

9.5.5　B$^+$树

B$^+$树是应文件系统所需而产生的一种 B 树的变形树，如图 9-20 所示。一棵 m 阶的 B$^+$树和 m 阶的 B 树的差异在于以下 3 点：

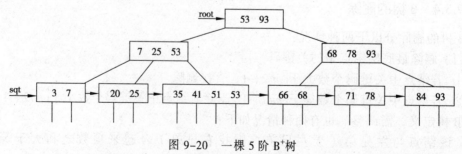

图 9-20　一棵 5 阶 B$^+$树

① 有 n 棵子树的结点中含有 n 个关键码。

② 所有的叶子结点中包含了全部关键码的信息，以及指向含有这些关键码记录的指针，且叶子结点本身依关键码的大小自小而大地顺序连接。

③ 所有的非终端结点可以看成索引部分，结点中仅含有其子树根结点中最大（或最小）的关键码。

如图 9-20 所示为一棵 5 阶的 B^+ 树，通常在 B^+ 树上有两个头指针，一个指向根结点，另一个指向关键码最小的叶子结点。因此，可以对 B^+ 树进行两种查找运算：一种是从最小关键码开始顺序查找；另一种是从根结点开始；进行随机查找。

在 B^+ 树上进行随机查找、插入和删除的过程基本上与 B 树类似。只是在查找时，若非终端结点上的关键码等于给定值，并不终止，而是继续向下直到叶子结点。因此，在 B^+ 树上查找不管查找成功与否，每次查找都是走了一条从根到叶子结点的路径。B^+ 树查找的分析类似于 B 树。B^+ 树的插入仅在叶子结点上进行，当结点中的关键码个数大于 m 时要分裂成两个结点，它们所含关键码的个数均为 $\lceil m+2 \rceil /2$。并且，它们的双亲结点中应同时包含这两个结点中的最大关键码。B^+ 树的删除也仅在叶子结点进行，当叶子结点中的最大关键码被删除时，其在非终端结点中的值可以作为一个"分界关键码"存在。若因删除而使结点中关键码的个数少于 $\lceil m/2 \rceil$ 时，其兄弟结点的合并过程亦和 B 树类似。

9.6 哈希表查找

以上讨论的查找方法，由于数据元素的存储位置与关键码之间不存在确定的关系，因此，查找时需要进行一系列对关键码的查找比较，即"查找算法"是建立在比较的基础上的，查找效率由比较一次后缩小的查找范围决定。理想的情况是依据关键码直接得到其对应的数据元素位置，即要求关键码与数据元素间存在一一对应关系，通过这个关系，能很快地由关键码得到对应的数据元素位置。

9.6.1 哈希表与哈希方法

【例 9-7】11 个元素的关键码序列为 {18,27,1,20,22,6,10,13,41,15,25}。选取关键码与元素位置间的函数为 $f(key)=key \bmod 11$。

首先通过这个函数对 11 个元素建立查找表如下：

0	1	2	3	4	5	6	7	8	9	10
22	1	13	25	15	27	6	18	41	20	10

当查找时，对给定值 kx 依然通过这个函数计算出地址，再将 kx 与该地址单元中元素的关键码比较，若相等，查找成功。

哈希表与哈希方法：选取某个函数，依该函数按关键码计算元素的存储位置，并按此存放；查找时，由同一个函数对给定值 kx 计算地址，将 kx 与地址单元中元素关键码进行比较，确定查找是否成功，这就是哈希方法；哈希方法中使用的转换函数称为哈希函数；按这个思想构造的表称为哈希表。

对于 n 个数据元素的集合，总能找到关键码与存放地址一一对应的函数。若最大

关键码为 m，可以分配 m 个数据元素存放单元，选取函数 $f(\text{key})=\text{key}$ 即可，但这样会造成存储空间的很大浪费，甚至不可能分配这么大的存储空间。通常关键码的集合比哈希地址集合大得多，因而经过哈希函数变换后，可能将不同的关键码映射到同一个哈希地址上，这种现象称为冲突，映射到同一哈希地址上的关键码称为同义词。可以说，冲突不可能避免，只能尽可能减少。所以，哈希方法需要解决以下两个问题：

（1）构造好的哈希函数：

① 所选函数尽可能简单，以便提高转换速度。

② 所选函数对关键码计算出的地址，应在哈希地址中大致均匀分布，以减少空间浪费。

（2）制订解决冲突的方案。

9.6.2　常用的哈希函数

1. 直接定址法

$$\text{Hash(key)}=a\cdot\text{key}+b \quad （a、b 为常数）$$

即取关键码的某个线性函数值为哈希地址，这类函数是一一对应函数，不会产生冲突，但要求地址集合与关键码集合大小相同，因此，对于较大的关键码集合不适用。

【例 9-8】关键码集合序列为{100,300,500,700,800,900}，选取哈希函数为 Hash(key)=key/100，则存储格式如下：

0	1	2	3	4	5	6	7	8	9
	100		300		500		700	800	900

2. 除留余数法

$$\text{Hash(key)}=\text{key mod } p \quad （p 是一个整数）$$

即取关键码除以 p 的余数作为哈希地址。使用除留余数法，选取合适的 p 很重要，若哈希表表长为 m，则要求 $p \leqslant m$，且接近 m 或等于 m。p 一般选取质数，也可以是不包含小于 20 质因子的合数。

3. 乘余取整法

$$\text{Hash(key)}=\lfloor b*(a*\text{key mod } 1)\rfloor \quad （a、b 均为常数，且 0<a<1，b 为整数）$$

以关键码 key 乘以 a，取其小数部分（$a*\text{key mod } 1$ 就是取 $a*\text{key}$ 的小数部分），之后再用整数 b 乘以这个值，取结果的整数部分作为哈希地址。

该方法中 b 取什么值并不重要，但 a 的选择却很重要，最佳的选择依赖于关键码集合的特征。有资料说明，一般取

$$a = \frac{1}{2}(\sqrt{5}-1)$$

较为理想。

4. 数字分析法

设关键码集合中，每个关键码均由 m 位组成，每位上可能有 r 种不同的符号。若关键码是 4 位十进制数，则每位上可能有 10 个不同的数符 0~9，所以 $r=10$。若关键码是仅由英文字母组成的字符串，不考虑大小写，则每位上可能有 26 种不同的字母，所以 $r=26$。

数字分析法根据 r 种不同的符号在各位上的分布情况，选取某几位组合成哈希地址。所选的位应与各种符号在该位上出现的频率大致相同。

例如，有一组关键码如下：

```
3   4   7   0   5   2   4
3   4   9   1   4   8   7
3   4   8   2   6   9   6
3   4   8   5   2   7   0
3   4   8   6   3   0   5
3   4   9   8   0   5   8
3   4   7   9   6   7   1
3   4   7   3   9   1   9
①  ②  ③  ④  ⑤  ⑥  ⑦
```

注：第①、②位均是 3 和 4，第③位只有 7、8 和 9，因此，这几位不能用，余下 4 位分布较均匀，可作为哈希地址选用。若哈希地址是两位，则可取这 4 位中的任意两位组合成哈希地址，也可以取其中两位与其他两位叠加求和后，取低两位作为哈希地址。

5．平方取中法

对关键码平方后，按哈希表大小，取中间的若干位作为哈希地址。

6．折叠法

此方法将关键码自左到右分成位数相等的几部分，最后一部分位数可以短些，然后将这几部分叠加求和，并按哈希表表长，取后几位作为哈希地址。这种方法称为折叠法。

有两种叠加方法如下：

① 移位叠加法：将各部分的最后一位对齐相加。

② 间界叠加法：从一端向另一端沿各部分分界来回折叠后，最后一位对齐相加。

设关键码为 key=25346358705，设哈希表长为 3 位，则可对关键码每 3 位一部分来分割。关键码分割为如下 4 组：

$$253 \quad 463 \quad 587 \quad 05$$

用上述方法计算哈希地址如下：

移位叠加法：

```
  253
  463
  587
+  05
──────
 1308
```
Hash(key)=308

间界叠加法：

```
  253
  364
  587
+  50
──────
 1254
```
Hash(key)=254

对于位数很多的关键码，且每一位上符号分布较均匀时，可采用此方法求得哈希地址。

9.6.3 处理冲突的方法

1. 开放定址法

开放定址法解决冲突的思想：由关键码得到的哈希地址一旦产生冲突时，即该地址已经存放了数据元素，就按照一个探测序列去寻找下一个空的哈希地址，只要哈希表足够大，空的哈希地址总能找到，并将数据元素存入。

形成探测序列的方法有很多种，下面介绍 3 种：

（1）线性探测法

$$H_i=(\text{Hash}(key)+d_i) \bmod m \quad (1 \leqslant i < m) \tag{9-8}$$

其中，Hash(key)为哈希函数；m 为哈希表的长度；d_i 为增量序列$\{1,2,\cdots,m-1\}$，且 $d_i=i$。

【例 9-9】关键码集为$\{47,7,29,11,16,92,22,8,3\}$，哈希表表长为 11，Hash(key)=key mod 11，用线性探测法处理冲突，建表如下：

0	1	2	3	4	5	6	7	8	9	10
11	22		47	92	16	3	7	29	8	

其中，47、7、11、16 和 92 均是由哈希函数得到的没有冲突的哈希地址而直接存入的。

Hash(29)=7，哈希地址上冲突，需寻找下一个空的哈希地址。

由 $H_1=(\text{Hash}(29)+1) \bmod 11=8$，哈希地址 8 为空，将 29 存入。另外，22 和 8 同样在哈希地址上有冲突，也是由 H_1 找到空的哈希地址的。

而 Hash(3)=3，哈希地址上冲突，由 $H_1=(\text{Hash}(3)+1) \bmod 11=4$，仍然冲突；$H_2=(\text{Hash}(3)+2) \bmod 11=5$，仍然冲突；$H_3=(\text{Hash}(3)+3) \bmod 11=6$，找到空的哈希地址，存入。

线性探测法可能使第 i 个哈希地址的同义词存入第 $i+1$ 个哈希地址，这样本应存入第 $i+1$ 个哈希地址的元素变成了第 $i+2$ 个哈希地址的同义词……因此，可能出现很多元素在相邻的哈希地址上"堆积"起来，大大降低了查找效率。为此，可采用二次探测法，或双哈希函数探测法，以改善"堆积"问题。

（2）二次探测法

$$H_i=(\text{Hash}(key) \pm d_i) \bmod m \tag{9-9}$$

其中，Hash(key)为哈希函数；m 为哈希表长度；d_i 为增量序列$\{1^2, -1^2, 2^2, -2^2, \cdots, q^2, -q^2\}$，且 $q \leqslant (m-1)$。

【例 9-10】仍以上例用二次探测法处理冲突，建表如下：

0	1	2	3	4	5	6	7	8	9	10
11	22	3	47	92	16		7	29	8	

对关键码寻找空的哈希地址只有 3，这个关键码与上例不同。

Hash(3)=3，哈希地址上冲突，由 $H_1=(\text{Hash}(3)+1^2) \bmod 11=4$，仍然冲突；$H_2=(\text{Hash}(3)-1^2) \bmod 11=2$，找到空的哈希地址，存入。

（3）双哈希函数探测法

$$H_i=(\text{Hash(key)}+i*\text{ReHash(key)})\bmod m \quad (i=1,2,\cdots,m-1) \quad\quad (9-10)$$

其中，Hash(key)，ReHash(key)是两个哈希函数；m 为哈希表长度。

双哈希函数探测法，先用第 1 个函数 Hash(key)对关键码计算哈希地址，一旦产生地址冲突，再用第 2 个函数 ReHash(key)确定移动的步长因子，最后，通过步长因子序列由探测函数寻找空的哈希地址。

例如，Hash(key)=a 时产生地址冲突，就计算 ReHash(key)=b，则探测的地址序列为：$\{H_1=(a+b)\bmod m,H_2=(a+2b)\bmod m,\cdots,H_{m-1}=(a+(m-1)b)\bmod m\}$

2. 拉链法

拉链法解决冲突的思想：将同义词结点拉成一个链表，将各链表的头指针按哈希地址顺序组织在相应的指针数组中。

【例9-11】设关键码序列为{47,7,29,11,16,92,22,8,3,50,37,89,94,21}。

选哈希函数为：Hash(key)=key mod 11

则每个关键字的哈希地址分别为：3，7，7，0，5，4，0，8，3，6，4，1，6，10。

用拉链法处理冲突，所构造的哈希表如图9-21所示。

用拉链法处理冲突所构造的哈希表也称为开哈希表。相关的类型定义如下：

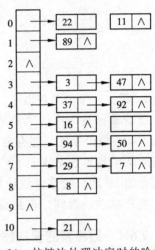

图9-21　拉链法处理冲突时的哈希表

结点类型：

```
typedef struct Node{
    keytype  key;              //关键字
    …                          //其他信息
    struct node *next;         //指向下一个同义词的指针
}NodeType;
```

定义指针向量：

```
typedef NodeType *OpenHash[m];    //m为哈希表的容量
```

【算法9-10】拉链法处理冲突的哈希表的构造算法。

```
#define m …                        //根据需要设定的哈希表的容量
int CreateHashT(OpenHash l_t,DataType *eptr){
//建立开哈希表l_t，eptr为待放入哈希表的元素基址，建表成功返回1，否则，返回0
    int i;
    int d,finished;
    for(i=0;i<m;i++)
        l_t[i]=NULL;               //哈希表初始化
    for(;eptr->key!=0;eptr++){      //待放入哈希表的元素表，关键码0表示结束
        d=Hash(eptr->key);          //计算哈希地址
        finished=MoveElemToHashT(eptr,l_t,d);
        if(!finished)
            break;
    }
```

```
        return finished;
}
int MoveElemToHashT(DataType *e_addr,OpenHash l_t,int h_addr){
//待放入元素放入哈希表,e_addr 为元素地址,l_t 为指向 m 个哈希地址对应的链表指针
//数组基址,h_addr 为哈希地址
    int status;
    NodeType *q;
    Status=0;
    q=New NodeType;                         //申请同义词结点空间
    if(q){
        q->elem=*e_addr;
        q->nptr=*(l_t+h_addr);
        *(l_t+h_addr)=q;
        status=1;
    }
    return status;
}
```

3. 建立一个公共溢出区

设哈希函数产生的哈希地址集为[0,m-1],则分配两个表:一个基本表 DataType base_t[m],每个单元只能存放一个元素;一个溢出表 DataType over_t[k],只要关键码对应的哈希地址在基本表上产生冲突,则所有这样的元素一律存入该表中。查找时,对给定值 kx 通过哈希函数计算出哈希地址 i,先与基本表的 base_t[i]单元比较,若相等,查找成功;否则,再到溢出表中进行查找。

9.6.4　哈希表的查找性能分析

哈希表的查找过程基本上和造表过程相同。一些关键码可通过哈希函数转换的地址直接找到,另一些关键码在哈希函数得到的地址上产生了冲突,需要按处理冲突的方法进行查找。在介绍的 3 种处理冲突的方法中,产生冲突后的查找仍然是给定值与关键码进行比较的过程。所以,对哈希表查找效率的量度,依然用平均查找长度来衡量。

查找过程中,关键码的比较次数,取决于产生冲突的多少。产生的冲突少,查找效率就高;产生的冲突多,查找效率就低。因此,影响产生冲突多少的因素,也就是影响查找效率的因素。影响产生冲突多少有以下 3 个因素:

① 哈希函数是否均匀。

② 处理冲突的方法。

③ 哈希表的装填因子。

分析这 3 个因素,尽管哈希函数的"好坏"直接影响冲突产生的频度,但一般情况下,人们总认为所选的哈希函数是"均匀的",因此,可不考虑哈希函数对平均查找长度的影响。就线性探测法和二次探测法处理冲突的例子看,例如,例 9-9 和例 9-10 有相同的关键码集合、同样的哈希函数,但在数据元素查找等概率情况下,它们的平均查找长度却不同。

线性探测法的平均查找长度　ASL=(5×1+3×2+1×4)/9=5/3。

二次探测法的平均查找长度　ASL=(5×1+3×2+1×3)/9=14/9。

哈希表的装填因子定义为：

$$\alpha = \frac{\text{填入表中的元素个数}}{\text{哈希表的长度}}$$

其中，α 是哈希表装满程度的标志因子。由于表长是定值，α 与"填入表中的元素个数"成正比，所以，α 越大，填入表中的元素越多，产生冲突的可能性就越大；α 越小，填入表中的元素越少，产生冲突的可能性就越小。

实际上，哈希表的平均查找长度是装填因子 α 的函数，只是不同处理冲突的方法有不同的函数。表 9-1 给出几种不同处理冲突方法的平均查找长度。

表 9-1　不同处理冲突方法的平均查找长度

处理冲突的方法	平均查找长度	
	查找成功时	查找不成功时
线性探测法	$S_{nl} \approx \dfrac{1}{2}\left(1 + \dfrac{1}{1-a}\right)$	$U_{nl} \approx \dfrac{1}{2}\left(1 + \dfrac{1}{(1-a)^2}\right)$
二次探测法与双哈希法	$S_{nr} \approx \dfrac{1}{a}\ln(1+a)$	$U_{nr} \approx \dfrac{1}{1-a}$
拉链法	$S_{nc} \approx 1 + \dfrac{a}{2}$	$U_{nc} \approx a + e^{-a}$

哈希方法存取速度快，也较节省空间，静态查找、动态查找均适用，但由于存取是随机的，因此，不便于顺序查找。

小　结

顺序查找既适用于顺序表，也适用于单链表，并且对表中元素的排列次序没有要求，顺序查找的时间复杂度为 $O(n)$，平均查找长度为 $(n+1)/2$。

折半查找只能适合于顺序存储的有序表，不适合单链表。折半查找的时间复杂度为 $O(\log_2 n)$。折半查找判定树既是一棵二叉搜索树，也是一棵理想二叉树，查找任一元素的过程对应该树中从树根到相应结点的一条路径。折半查找的平均查找长度等于判定树中所有结点的层数之和的平均值。

哈希表是根据元素的关键字计算存储地址的一种存储方法，此地址称为哈希地址，用于计算地址的函数称为哈希函数，用于存储元素的数组空间称为哈希表。

所选的哈希函数要尽量使元素的存储地址均匀地分布到整个散列存储的地址空间上，常用的哈希函数可以用直接定址法、除留余数法、乘余取整法、数字分析法、平方取中法、折叠法等方法来构成。处理冲突的方法有开放定址法、拉链法和公共溢出区等方法。待散列存储的元素个数 n 与散列表长度 m 的比值称为装填因子，用 α 表示，它等于 n/m。在利用开放定址法处理冲突的散列存储中，α 必须小于等于 1，在利用拉链法处理冲突的散列存储中，α 既可以小于等于 1，也可以大于 1。

二叉排序树是基于树形结构的动态搜索结构，它具有下列性质：

① 若左子树不空，则左子树上所有结点的值均小于根结点的值；若右子树不空，

则右子树上所有结点的值均大于根结点的值。

② 左右子树也都是二叉排序树。

对二叉排序树进行中序遍历，将得到一个按关键码有序的序列。

左右子树高度之差的绝对值不超过 1 的二叉排序是平衡二叉树，在平衡二叉树上插入或删除结点后可能使二叉树失去平衡，因此，需要对失去平衡的二叉树进行平衡化调整。

B 树是一种平衡的多路查找树，在一棵 m 阶的 B 树中，所有叶子结点都处在同一层上。在所有结点中，树根结点至少具有一个关键字和两棵子树，至多具有 m-1 个关键字和 m 棵子树；非树根结点至少 $\lceil m/2 \rceil$-1 个关键字和 $\lceil m/2 \rceil$ 棵子树，最多具有 m-1 个关键字和 m 棵子树。

在 B 树上插入结点会导致结点分裂，在 B 树上删除结点会导致结点合并，它们是最终引起树的高度增 1 或减 1 的唯一途径。

习　题

一、选择题

1. 静态查找表与动态查找表的根本区别在于（　　　）。
   A. 它们的逻辑结构不一样　　　　B. 施加在其上的操作不一样
   C. 所包含的数据元素类型不一样　D. 存储实现不一样

2. 与其他查找方法相比，散列查找法的特点是（　　　）。
   A. 通过关键字的比较进行查找
   B. 通过关键字计算元素的存储地址进行查找
   C. 通过关键字计算元素的存储地址并进行一定的比较进行查找
   D. 以上都不是

3. 顺序查找适用于存储结构为（　　　）的线性表。
   A. 哈希存储　　　　　　　　　　B. 压缩存储
   C. 顺序存储或链接存储　　　　　D. 索引存储

4. 设哈希表长 m=14，哈希函数 H(k)= k mod 11。表中已有 4 个记录，如果用二次探测再散列处理冲突，关键字为 49 的记录的存储地址是（　　　）。

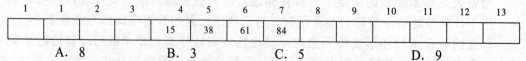

1	2	3	4	5	6	7	8	9	10	11	12	13
			15	38	61	84						

   A. 8　　　　　　　　B. 3　　　　　　　　C. 5　　　　　　　　D. 9

5. 如果要求一个线性表既能较快地查找，又能适应动态变化的要求，则可采用的查找方法是（　　　）。
   A. 分块　　　　B. 顺序　　　　C. 折半　　　　D. 哈希

6. 如果 m 阶 B 树中具有 n 个关键字，则叶子结点（即查找不成功的结点）为（　　　）。
   A. n-1　　　　B. n　　　　C. n+1　　　　D. n/2

7. 二分查找要求结点（　　　）。

A. 有序、顺序存储   B. 有序、链接存储

C. 无序、顺序存储   D. 无序、链接存储

8. 顺序查找法适合于存储结构为（ ）的线性表。

 A. 散列存储   B. 顺序存储或链接存储

 C. 压缩存储   D. 索引存储

9. 设有 100 个元素，用折半查找法进行查找时，最少比较次数是（ ）。

 A. 7   B. 4   C. 2   D. 1

10. 下列（ ）不是利用查找表中数据元素的关系进行查找的方法。

 A. 有序表的查找   B. 二叉排序树的查找

 C. 平衡二叉树   D. 散列查找

11. 采用顺序查找方法查找长度为 n 的线性表时，每个元素的平均查找长度为（ ）。

 A. n B. $n/2$ C. $(n+1)/2$ D. $(n-1)/2$

12. 散列查找是由键值（ ）确定散列表中的位置，进行存储或查找。

 A. 散列函数值 B. 本身   C. 平方   D. 相反数

13. 设有 100 个元素，用折半查找法进行查找时，最多比较次数是（ ）。

 A. 25   B. 50   C. 10   D. 7

二、简答题

1. 画出对长度为 18 的有序的顺序表进行折半查找时的判定树，并指出在等概率时查找成功的平均查找长度，以及查找失败时所需最多的关键字比较次数。

2. 已知如下所示长度为 12 的关键字有序表：

$$\{Jan,Feb,Mar,Apr,May,June,July,Aug,Sep,Oct,Nov,Dec\}$$

（1）试按表中元素的顺序依次插入到一棵初始为空的二叉排序树中，画出插入完成后的二叉排序树，并求其在等概率的情况下查找成功的平均查找长度。

（2）若对表中元素先进行排序构成有序表，求在等概率的情况下查找成功的平均查找长度。

（3）按表中元素的顺序构造一棵平衡二叉排序树，并求其在等概率的情况下查找成功的平均查找长度。

3. 试推导含有 12 个结点的平衡二叉树的最大深度，并画出一棵这样的树。

4. 含有 9 个叶子结点的 3 阶 B 树中至少有多少个非叶子结点？含有 10 个叶子结点的 3 阶 B 树中至少有多少个非叶子结点？

5. 试从空树开始，画出按以下次序向 3 阶 B 树中插入关键码的建树过程：20，30，50，52，60，68，70。如果此后删除 50 和 68，画出每一步执行后 3 阶 B 树的状态。

6. 在地址空间为 0~16 的散列区中，对以下关键字序列构造两个哈希表：

$$\{Jan,Feb,Mar,Apr,May,June,July,Aug,Sep,Oct,Nov,Dec\}$$

（1）用线性探测开放地址法处理冲突。

（2）用链地址法处理冲突。

（3）分别求这两个哈希表在等概率情况下查找成功和不成功的平均查找长度。设

哈希函数为 H(key) = $i/2$，其中 i 为关键字中第一个字母在字母表中的序号。

7. 哈希函数 H(key)=(3*key) mod 11。用开放定址法处理冲突，$d_i=i((7*key)$ mod $10+1)$，$i=1,2,3,\cdots$。试在 0～10 的散列地址空间中对关键字序列 {22,41,53,46,30,13,01, 67} 构造哈希表，并求等概率情况下查找成功时的平均查找长度。

8. 画出依次插入 z、v、o、q、w、y 到图 9-22 所示的 5 阶 B 树的过程。

图 9-22　第 8 题图

9. 将监测哨设在高下标端，改写本书给出的顺序查找算法。并分别求出等概率情况下查找成功和查找失败的平均查找长度。

三、算法设计

1. 将折半查找的算法改写为递归算法。

2. 在平衡二叉排序树的每个结点中增设一个 lsize 域，其值为它的左子树中的结点数加 1。试写出时间复杂度为 $O(\log_2 n)$ 的算法，确定树中第 k 个结点的位置。

3. 假设哈希表长为 m，哈希函数为 $H(key)$，用链地址法处理冲突。试编写输入一组关键字并建立哈希表的算法。

4. 已知一棵二叉排序树上所有关键字中的最小值为 -max，最大值为 max，又知 -max<x<max。编写递归算法，求该二叉排序树上的小于 x 且最靠近 x 的值 a 和大于 x 且最靠近 x 的值 b。

5. 编写一个算法，利用折半查找算法在一个有序表中插入一个元素 x，并保持表的有序性。

6. 假设二叉排序树 t 的各个元素值均不相同，设计一个算法按递减次序打印各元素的值。

7. 设计在有序顺序表上进行斐波那契查找的算法，并画出长度为 20 的有序表进行斐波那契查找的判定树，求出在等概率下查找成功的平均查找长度。

8. 试编写一个判定二叉树是否是二叉排序树的算法，设此二叉树以二叉链表作为存储结构，且树中结点的关键字均不同。

第 10 章

排　　序 《《

重点与难点：
- 直接插入排序、希尔排序。
- 冒泡排序、快速排序。
- 简单选择排序、堆排序。
- 归并排序。
- 各种排序算法的性能比较。

为了便于查找，通常希望计算机中的数据表是按关键码有序的。例如，有序表的折半查找，查找效率较高；二叉排序树、B 树和 B$^+$树的构造过程就是一个排序过程。排序和查找一样，是一种非常重要的数据处理功能，计算机系统的很大一部分工作是对数据进行排序。因此，如何高效地对数据进行排序是各种软件系统中需要解决的重要问题。

10.1　排序的基本概念

排序是计算机程序设计中的一种重要操作，其功能是将一个数据元素集合或序列重新排列成一个按数据元素某个数据项值有序的序列。

10.1.1　相关术语

1. 排序码

作为排序依据的数据项称为"排序码"，即数据元素的关键码。

如果在数据表中各个对象的关键码互不相同，这种关键码即主关键码。若关键码是主关键码，则对于任意待排序序列，经排序后得到的结果是唯一的；若数据表中有些对象的关键码相同，即关键码是次关键码，排序结果可能不唯一。这是因为具有相同关键码的数据元素，这些元素在排序结果中，它们之间的位置关系与排序前不能保持。

2. 排序算法的稳定性

若对任意的数据元素序列，使用某个排序方法，对它按关键码进行排序：若相同关键码元素间的位置关系在排序前与排序后保持一致，称此排序方法是稳定的；而不能保持一致的排序方法则称为不稳定的。

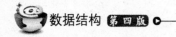

3. 内排序和外排序

排序分为两类：内排序和外排序。所谓内排序是指待排序列完全存放在内存中所进行的排序过程，适合不太大的元素序列。所谓外排序是指排序过程中还需访问外存储器，对于待排数据元素序列足够大的元素序列，因不能完全放入内存，排序过程中数据在内存和外存之间需要多次移动。

10.1.2 排序的时间开销

在众多的排序方法中，简单地说哪一种方法好是很困难的。通常是某种算法适用于某一种情况，而在其他情况下就不如用其他算法。评价排序方法好坏的标准主要有两条：第一是算法执行所需的时间；第二是执行时所需的辅助空间。

由于排序是经常使用的一种运算，且往往属于软件系统的核心部分。因此，排序算法所需的时间是衡量排序算法好坏的重要标志。

排序算法的时间主要由算法执行过程中记录的比较次数和移动次数来决定，本章所讨论的各种方法都将给出最坏情况或平均情况下的时间复杂度，但通常是只给出结果而不作深入讨论。

10.2 插入排序

插入排序的基本思想：每次将一个待排序的记录，按其关键字大小插入到前面已经排好序的子序列的适当位置，直到全部记录插入完成为止。

10.2.1 直接插入排序

设排序表中有 n 个记录，存放在数组 R 中，重新安排记录在数组中的存放顺序，使得按关键码有序，即

$$R[1].key \leqslant R[2].key \leqslant \cdots \leqslant R[n].key$$

下面先看一下向有序表中插入一个记录的方法。

设 $R[1].key \leqslant R[2].key \leqslant \ldots \leqslant R[i-1].key$，即长度为 $i-1$ 的子表有序，将 $R[i]$ 插入，重新安排存放顺序，使得 $R[1].key \leqslant R[2].key \leqslant \ldots \leqslant R[i].key$，得到长度为 i 的子表有序，有序表中的记录数增加 1。

直接插入排序的过程是 i 从 2 变化到 n 的过程中仅有一个记录的表总是有序的，因此，对 n 个记录的表，可从第 2 个记录开始直到第 n 个记录，逐个向有序表中进行插入操作，从而得到 n 个记录按关键码有序的表。

【例 10-1】直接插入排序示例。

设待排序记录的关键码序列为：｛39,80,76,41,13,29,50｝，则对其进行直接插入排序的过程如下：

① [39]，插入 39。

② [39,80]，插入 80。

③ [39,76,80]，插入 76，关键码 80 需向后移动一个位置。

④ [39,41,76,80]，插入 41，关键码 80、76 需依次向后移动一个位置。

⑤ [13,39,41,76,80]，插入 13，关键码 80、76、41、39 需依次向后移动一个位置。

⑥ [13,29,39,41,76,80]，插入 29，关键码 80、76、41、39 需依次向后移动一个位置。

⑦ [13,29,39,41,50,76,80]，插入 50，关键码 80、76 需依次向后移动一个位置。

【算法 10-1】直接插入排序算法。

```
void D_InsertSort(DataType R[],int n){
 //排序表存储在向量R的前n个分量中，对其进行直接插入排序
  int i,j;
  for(i=2;i<=n;i++)
    if(R[i].key<R[i-1].key){     //小于时，需将R[i]插入有序表适当位置
      R[0]=R[i];                 //为统一算法设置监测哨
      for(j=i-1;R[0].key<R[j].key;j--)
        R[j+1]=R[j];             //记录后移
      R[j+1]=R[0];               //插入到正确位置
    }
}
```

性能分析如下：

从空间性能看，直接插入算法仅用了一个辅助单元。

从时间复杂度看，向有序表中逐个插入记录的操作，进行了 $n-1$ 趟，每趟排序的操作分为比较关键码和移动记录，而比较的次数和移动记录的次数取决于待排序列按关键码排列的初始排列。可以分以下情况讨论：

① 最好情况下，即待排序列已按关键码有序，每趟操作只需 1 次比较，0 次移动。

$$总比较次数=n-1 \text{ 次}$$
$$总移动次数=0 \text{ 次}$$

② 最坏情况下，即第 i 趟操作，插入记录要插入到最前面的位置，需要同前面的 i 个记录（包括监测哨）进行 i 次关键码比较，移动记录的次数为 $i+1$ 次。

$$总比较次数 = \sum_{i=2}^{n} i = \frac{1}{2}(n+2)(n-1)$$
$$总移动次数 = \sum_{i=2}^{n} (i+1) = \frac{1}{2}(n+4)(n-1)$$

③ 平均情况下，即第 i 趟操作，插入记录大约同前面的 $i/2$ 个记录进行关键码比较和移动。因此，直接插入排序的时间复杂度为 $O(n^2)$。

直接插入排序是一个稳定的排序方法。

直接插入排序的思想也可以在链式存储的排序表中实现。

10.2.2 折半插入排序

直接插入排序的基本操作是向有序表中插入一个记录，插入位置的确定通过对有序表中记录按关键码逐个比得到。既然是在有序表中确定插入位置，所以可以采用折半查找（即二分查找）的方法来定位。即将待插入记录与有序表中居中的记录按关键码比较，则将有序表一分为二，下次比较在其中一个有序子表中进行，将子表又一

分为二。这样继续下去，直到要比较的子表中只有一个记录时，比较一次便确定了插入位置。

【例 10-2】折半插入排序示例。

将关键码 29 插入有序表[13,39,50,62,80,76,41]中，采用折半插入排序算法确定其插入位置的过程如下：

① 确定有序表中间位置的关键码为 62，因为 29<62，所以 29 的插入位置在有序子表[13,39,50]中。

② 确定有序子表[13,39,50]的中间位置关键码为 39，因为 29<39，所以继续在有序子表[13]中寻找插入位置。

③ 因为子表[13]仅有一个关键码，而且 13<29，所以可以确定 29 的插入位置在关键码 13 的后面。

【算法 10-2】折半插入排序算法。

```
void B_InsertSort(DataType R[],int n){
//对排序表R作折半插入排序
    int i,j;
    int cow,high,mid;
    for(i=2;i<=n;i++){
        R[0]=R[i];                        //保存待插入元素
        low=1;
        high=i-1;                         //设置初始区间
        while(low<=high){                 //确定插入位置
            mid=(low+high)/2;
            if(R[0].key>R[mid].key)
                low=mid+1;                //插入位置在高半区中
            else
                high=mid-1;               //插入位置在低半区中
        }
        for(j=i-1;j>=high+1;j--)          //high+1 为插入位置
            R[j+1]=R[j];                  //后移元素，留出插入空位
        R[high+1]=R[0];                   //将元素插入
    }
}
```

性能分析如下：

确定插入位置所进行的折半查找，定位一个关键码的位置需要比较次数至多为 $\lceil \log_2(n+1) \rceil$ 次，所以比较次数时间复杂度为 $O(n\log_2 n)$，而移动记录的次数和直接插入排序相同，因此时间复杂度仍为 $O(n^2)$。

折半插入排序是一个稳定的排序方法。

折半插入排序只适合于顺序存储的排序表。

10.2.3 表插入排序

直接插入排序、折半插入排序均要移动大量记录，时间开销大。若要不移动记录完成排序，则需要改变存储结构，进行表插入排序。

所谓表插入排序，就是通过链接指针，按关键码的大小，实现从小到大的链接过程，为此需增设一个指针项。操作方法与直接插入排序类似，所不同的是直接插入排序要移动记录，而表插入排序是修改链接指针。用静态链表来说明。

```
typedef struct{
    DataType data;          //元素类型
    int next;               //指针项
}NodeType;                  //表结点类型
NodeType R[n+1];            //R是静态链表表示的排序表，n为表长
```

假设数据元素已存储在链表中，且 0 号单元作为头结点，不移动记录而只是改变链指针域，将记录按关键码建为一个有序链表。排序基本思想是：设置空的循环链表，即头结点指针域置 0，并在头结点数据域中存放比所有记录关键码都大的整数。接下来，逐个结点向链表中插入，如图 10-1 所示。

【例 10-3】表插入排序示例。

	0	1	2	3	4	5	6	7	8	
初始状态	MAXINT	49	38	65	97	76	13	27	49	key域
	0	-	-	-	-	-	-	-	-	next域
i=1	MAXINT	49	38	65	97	76	13	27	49	
	1	0	-	-	-	-	-	-	-	
i=2	MAXINT	49	38	65	97	76	13	27	49	
	2	0	1	-	-	-	-	-	-	
i=3	MAXINT	49	38	65	97	76	13	27	49	
	2	3	1	0	-	-	-	-	-	
i=4	MAXINT	49	38	65	97	76	13	27	49	
	2	3	1	4	0	-	-	-	-	
i=5	MAXINT	49	38	65	97	76	13	27	49	
	2	3	1	5	0	4	-	-	-	
i=6	MAXINT	49	38	65	97	76	13	27	49	
	6	3	1	5	0	4	2	-	-	
i=7	MAXINT	49	38	65	97	76	13	27	49	
	6	3	1	5	0	4	7	2	-	
i=8	MAXINT	49	38	65	97	76	13	27	49	
	6	8	1	5	0	4	7	2	3	

图 10-1　表插入排序

表插入排序得到一个有序的链表，查找则只能进行顺序查找，而不能进行随机查找，如折半查找。如果需要，还需要对记录进行重排，使得物理上有序。

重排记录的方法：按链表顺序扫描各结点，将第 i 个结点中的数据元素调整到数组的第 i 个分量数据域。因为第 i 个结点可能是数组的第 j 个分量，数据元素调整仅需将两个数组分量中数据元素交换即可，但为了能对所有数据元素进行正常调整，指针域也需同时交换，但交换后破坏了原来的链，为了保持原有的链，需要将第 i 个结点的指针域改变为 j，起一个引导的作用。

【例 10-4】对例 10-1 表插入排序结果进行重排，重排过程如图 10-2 所示。

	0	1	2	3	4	5	6	7	8	
初始状态	MAXINT	49	38	65	97	76	13	27	49	key域
	6	8	1	5	0	4	7	2	3	next域
i=1	MAXINT	13	38	65	97	76	49	27	49	
i=6	6	(6)	1	5	0	4	8	2	3	
i=2	MAXINT	13	27	65	97	76	49	38	49	
i=7	6	(6)	(7)	5	0	4	8	1	3	
i=3	MAXINT	13	27	38	97	76	49	65	49	
j=(2),7	6	(6)	(7)	(7)	0	4	8	5	3	
i=4	MAXINT	13	27	38	49	76	97	65	49	
j=(1),6	6	(6)	(7)	(7)	(6)	4	0	5	3	
i=5	MAXINT	13	27	38	49	49	97	65	76	
i=8	6	(6)	(7)	(7)	(6)	(8)	0	5	4	
i=6	MAXINT	13	27	38	49	49	65	97	76	
j=(3),7	6	(6)	(7)	(7)	(6)	(8)	(7)	0	4	
i=7	MAXINT	13	27	38	49	49	65	76	97	
j=(5),8	6	(6)	(7)	(7)	(6)	(8)	(7)	(8)	0	

图 10-2　重排数组中记录的过程

【算法 10-3】表插入排序位置重排算法。

```
void B_InsertSort(NodeType R[],int n){
//将表插入算法已排好序的静态链表元素位置重排。
    int i,j,p;
    DataType S;
    j=R[0].next;
    i=1;
    while(i<n)
        if(i==j){
            j=R[j].next;
            i++;
        }
        else
            if(i<j) {
                p=R[j].next;        //下一个待重排的元素的指针
                S=R[i];
                R[i]=R[j];
                R[j]=S;
                R[i].next=j;        //引导指针
                j=p;
                i++;
            }
            else
                while(j<i)
                    j=R[j].next;    //j<i,按引导指针找到下一个待重排的元素
}
```

性能分析：表插入排序的基本操作是将一个记录插入到已排好序的有序链表中，设有序表长度为 i，则需要比较至多 $i+1$ 次，修改指针两次。因此，总比较次数与直

接插入排序相同。所以，时间复杂度仍为 $O(n^2)$。

10.2.4　希尔排序

直接插入排序算法简单，在 n 值较小时，效率比较高；在 n 值很大时，若待排序列按关键码基本有序，效率依然较高，其时间效率可提高到 $O(n)$。希尔排序正是从这两点出发给出的插入排序的改进方法。

希尔排序又称缩小增量排序，是 1959 年由 D.L.Shell 提出来的，希尔排序的思想：先选取一个小于 n 的整数 d_i（称为步长），然后把排序表中的 n 个记录分为 d_i 个组，从第一个记录开始，间隔为 d_i 的记录为同一组，各组内进行直接插入排序。一趟之后，间隔 d_i 的记录有序，随着有序性的改善，减小步长 d_i，重复进行，直到 $d_i=1$，使得间隔为 1 的记录有序，也就是整体达到了有序。步长为 1 时就是直接插入排序。

【例 10-5】希尔排序示例。

设排序表关键码序列为：{39,80,76,41,13,29,50,78,30,11,100,7,<u>41</u>,86}，步长因子分别取 5、3、1，则排序过程如图 10-3 所示。

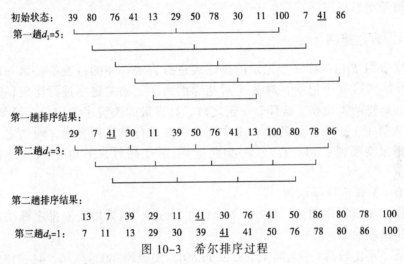

图 10-3　希尔排序过程

【算法 10-4】希尔排序算法。

```
void ShellInsert(DataType R[],int dk){
//对 R[n]进行一趟插入排序，dk 为步长因子
    int i,j;
    for(i=dk+1;i<=n;i++)
        if(R[i].key<R[i-dk].key){              //小于时，需 R[i]将插入有序表
            R[0]=R[i];                         //存放待插入的记录
            for(j=i-dk;j>0&&R[0].key<R[j].key;j=j-dk)
                R[j+dk]=R[j];                  //记录后移
            R[j+dk]=R[0];                      //插入到正确位置
        }
}

void ShellSort(DataType R[],int n,int d[],int t){
```

```
//按增量序列 d[0,1,…,t-1]对顺序表 R[n]作希尔排序
int k;
for(k=0;k<t;k++)
    ShellInsert(R,d[k]);                    //一趟增量为 d[k]的插入排序
}
```

性能分析如下：

希尔排序时间效率分析很困难，关键码的比较次数与记录移动次数依赖于步长因子序列的选取，特定情况下可以准确估算出关键码的比较次数和记录的移动次数。目前还没有人给出选取最好的步长因子序列的方法。步长因子序列可以有各种取法，有取奇数的，也有取质数的，但需要注意：步长因子中除 1 外应没有公因子，且最后一个步长因子必须为 1。

希尔排序方法是一个不稳定的排序方法。

10.3 交换排序

交换排序主要是通过排序表中两个记录关键码的比较，若与排序要求相逆，则按两者交换的基本思想进行。

10.3.1 冒泡排序

设排序表为 $R[n]$，对 n 个记录的排序表进行冒泡排序的过程是：第一趟，从第 1 个记录开始到第 n 个记录，对 $n-1$ 对相邻的两个记录关键字进行比较，若与排序要求相逆，则将两者交换，这样，一趟之后，具有最大关键字的记录交换到了 $R[n]$；第二趟，从第 1 个记录开始到第 $n-1$ 个记录继续进行第二趟冒泡，两趟之后，最大关键字的记录交换到了 $R[n-1]$，……如此重复，$n-1$ 趟后，在 $R[n]$ 中，n 个记录按关键码有序。

【例 10-6】冒泡排序示例。

设待排序关键码序列为：{39,80,76,41,13,29,50}，则采用冒泡排序算法对其进行升序排序的过程如下。

（1）第一趟比较后：[39,76,41,13,29,50,80]，关键码 80 与 76、41、13、29、50 依次交换位置，移动到排序表的最"底部"。

（2）第二趟比较后：[39,41,13,29,50,76,80]，关键码 76 与 41、13、29、50 依次交换位置。

（3）第三趟比较后：[39,13,29,41,50,76,80]，关键码 41 与 13、29 依次交换位置。

（4）第四趟比较后：[13,29,39,41,50,76,80]，关键码 39 与 13、29 依次交换位置。

（5）第五糖比较后：[13,29,39,41,50,76,80]，未曾发生任何关键码的位置交换，排序结束。

由例 10-5 可知，冒泡排序最多进行 $n-1$ 趟，在某趟的两两比较过程中，如果一次交换都未发生，表明已经有序，则排序结束。

【算法 10-5】冒泡排序算法。

```
void Bubble_Sort(DataType R[],int n){
    int i,j;
    int swap;
    for(i=1;i<n;i++){
        swap=0;
        for(j=1;j<=n-i;j++)
            if(R[j].key>R[j+1].key){
                R[0]=R[j];
                R[j]=R[j+1];
                R[j+1]=R[0];
                swap=1;
            }
        if(swap==0)
        break;
    }
}
```

性能分析如下：

从空间性能看，仅用了一个辅助单元。

从时间复杂度看，最好情况是排序表已有序时，第一趟比较过程中一次交换都未发生，所以一趟之后就结束，只需比较 $n-1$ 次，不需移动记录；最坏情况为逆序状态，所以总共要进行 $n-1$ 趟冒泡，对 i 个记录的表进行一趟冒泡需要 $i-1$ 次关键码比较，则

$$总比较次数 = \sum_{i=n}^{n}(i-1) = \frac{1}{2}n(n-1)$$

交换记录的次数与比较次数相同，最坏的情况也发生在排序表逆序时。

冒泡排序是一个稳定的排序方法。

10.3.2 快速排序

快速排序的核心操作是划分。以某个记录为标准（也称为支点），通过划分将待排序列分成两组，其中一组中记录的关键码均大于等于支点记录的关键码，另一组中记录的关键码均小于支点记录的关键码，则支点记录就放在两组之间。对各部分继续划分，直到整个序列按关键码有序。在 2.2.3 节中曾介绍了一种划分算法，其时间复杂度是 $O(n^2)$。下面介绍的划分算法其时间复杂度为 $O(n)$，其划分思想如下：

设置两个搜索指针 i 和 j，指示待划分的区域的两个端点，从 j 指针开始向前搜索比支点小的记录，并将其交换到 i 指针处，i 向后移动一位，然后从 i 指针开始向后搜索比支点大（等于）的记录，并将其交换到 j 指针处，j 向前移动一位。依此类推，直到 i 和 j 相等，这表明 i 前面的都比支点小，j 后面的都比支点大，i 和 j 指的这个位置就是支点的最后位置。为了减少数据的移动，先把支点记录缓存起来，最后再置入最终的位置。

【例 10-7】快速排序划分过程示例。

设初始状态： 49　14　38　74　96　65　8　<u>49</u>　55　27

　　　　　　　□　14　38　74　96　65　8　<u>49</u>　55　27

　　　　　　　↑　　　　　　　　　　　　　　　↑
　　　　　　　i　　　　　　　　　　　　　　　j

从 j 向前搜索小于 49 的记录，得到结果：

　　　　　　27　14　38　74　96　65　8　<u>49</u>　55　□

　　　　　　↑　　　　　　　　　　　　　　　　↑
　　　　　　i　　　　　　　　　　　　　　　　j

从 i 向后搜索大于 49 的记录，得到结果：

　　27　　14　　38　　□　　96　　65　　8　　<u>49</u>　　55　　74

　　　　　　　　　　↑　　　　　　　　　　　　　　　　　↑
　　　　　　　　　　i　　　　　　　　　　　　　　　　　j

从 j 向前搜索小于 49 的记录，得到结果：

　　27　　14　　38　　8　　96　　65　　□　　<u>49</u>　　55　　74

　　　　　　　　　　↑　　　　　　　　↑
　　　　　　　　　　i　　　　　　　　j

从 i 向后搜索大于 49 的记录，得到结果：

　　27　　14　　38　　8　　□　　65　　96　　<u>49</u>　　55　　74

　　　　　　　　　　　　↑　　　　　　↑
　　　　　　　　　　　　i　　　　　　j

从 i 向前搜索小于 49 的记录，得到结果：

　　27　　14　　38　　8　　□　　65　　96　　<u>49</u>　　55　　74

　　　　　　　　　　　　↑↑
　　　　　　　　　　　　$i=j$

$i=j$ 时，划分结束，填入支点记录：

[27　14　38　　8] 49 [65　96　<u>49</u>　55　74]

综上所述，一次划分算法如下：

【算法 10-6】快速排序一次划分算法。

```
int Partition(DataType R[],int i,int j){
//对 R[i…j]，以 R[i]为支点进行划分，算法返回支点记录最终的位置
    int i,j;
    R[0]=R[i];                      //缓存支点记录
    while(i<j){                     //从表的两端交替地向中间扫描
        while(i<j && R[j].key>=R[0].key) j--;
            if(i<j){                //将比支点记录小的交换到前面
                R[i]=R[j];
                i++;
            }
        while(i<j&&R[i].key<R[0].key)
        i++;
        if(i<j){                    //将比支点记录大的交换到后面
            R[j]=R[i];
```

```
            j--;
        }
    }
    R[i]=R[0];                    //支点记录到位
    return i;                     //返回支点记录所在位置
}
```

经过划分之后，支点则到了最终排好序的位置上，再分别对支点前后的两组继续划分下去，直到每一组只有一个记录为止，则是最后的有序序列，这就是快速排序。快速排序递归算法如下：

【算法 10-7】递归的快速排序算法。

```
void Quick_Sort(DataType R[],int s,int t){
//对顺序表 R[s…t]作快速排序
    if(s<t){
        i=Partition(R,s,t);          //将表一分为二
        Quick_Sort(R,s,i-1);         //对支点前端子表快速排序
        Quick_Sort(R,i+1,t);         //对支点后端子表递归排序
    }
}
Void Quick(DataType R[],int n){
    Quick_Sort(R,1,n)
}
```

快速排序的递归过程可用一棵二叉树形象地给出，图 10-4 为例 10-4 中待排序列对应的递归调用过程的二叉树。

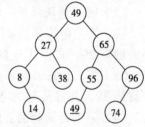

图 10-4 例 10-6 中待排序列对应的递归调用过程的二叉树

性能分析如下：

从空间效率看，快速排序是递归的，每层递归调用时的指针和参数均要用栈来存放，递归调用层次数与上述二叉树的深度一致。因而，存储开销在理想情况下时间杂复度为 $O(\log_2 n)$，即树的高度；在最坏情况下，即二叉树是一个单链，时间复杂度为 $O(n)$。

从时间效率看，在 n 个记录的待排序列中，一次划分需要约 n 次关键码比较，时间复杂度为 $O(n)$。若设 $T(n)$ 为对 n 个记录的待排序列进行快速排序所需时间，则理想情况下，每次划分正好将分成两个等长的子序列，则

$T(n) \leqslant cn+2T(n/2)$ （c 是一个常数）

$\leqslant cn+2(cn/2+2T(n/4))=2cn+4T(n/4)$

$\leqslant 2cn+4(cn/4+T(n/8))=3cn+8T(n/8)$

…

$\leqslant cn\log_2 n+nT(1)=O(n\log_2 n)$

最坏情况下，即每次划分只得到一个子序列，时间复杂度为 $O(n^2)$。

快速排序是通常被认为在同数量级（时间复杂度 $O(n\log_2 n)$）的排序方法中平均性能最好的。但若初始序列按关键码有序或基本有序时，快速排序反而蜕化为冒泡排序。为了改进它，通常以"三者取中法"来选取支点记录，即将排序区间的两个端点与中

点 3 个记录关键码居中的调整为支点记录。

快速排序是一个不稳定的排序方法。

10.4 选 择 排 序

选择排序主要是每一趟从待排序列中选取一个关键码最小的记录，即第一趟从 n 个记录中选取关键码最小的记录，第二趟从剩下的 $n-1$ 个记录中选取关键码最小的记录，直到整个序列的记录选完。这样，由选取记录的顺序，便得到按关键码有序的序列。

10.4.1 简单选择排序

简单选择排序的操作方法：第一趟，从 n 个记录中找出关键码最小的记录与第 1 个记录交换；第二趟，从第二个记录开始的 $n-1$ 个记录中再选出关键码最小的记录与第 2 个记录交换；依此类推，第 i 趟，则从第 i 个记录开始的 $n-i+1$ 个记录中选出关键码最小的记录与第 i 个记录交换，直到整个序列按关键码有序。

【例 10-8】简单选择排序示例。

设待排序关键码序列为：{39,80,76,41,13,29,50}，则采用简单选择排序算法对其进行升序排序的过程如下。

（1）第一趟选择后：[**13**,80,76,41,**39**,29,50]，最小关键码 13 与 39 交换位置。

（2）第二趟选择后：[13,**29**,76,41,39,**80**,50]，从子表[80,76,41,39,29,50]中选择出最小关键码 29，并将其与 80 交换位置。

（3）第三趟选择后：[13,29,**39**,41,**76**,80,50]，从子表[76,41,39,80,50]中选择出最小关键码 39，并将其与 76 交换位置。

（4）第四趟选择后：[13,29,39,**41**,76,80,50]，从子表[41,76,80,50]中选择出最小关键码 41，并将其与 41 交换位置。

（5）第五趟选择后：[13,29,39,41,**50**,80,**76**]，从子表[76,80,50]中选择出最小关键码 50，并将其与 76 交换位置。

（6）第六趟选择后：[13,29,39,41,50,**76**,**80**]，从子表[80,76]中选择出最小关键码 76，并将其与 80 交换位置。

【算法 10-8】简单选择排序算法。

```
void Select_Sort(DataType R[],int n){
    int i,j,k;
    for(i=1;i<n;i++){              //作 n-1 趟选取
        for(k=i,j=i+1;j<=n;j++)    //在 i 开始的 n-i+1 个记录中选关键码最小的
                                   //记录
            if(R[j].key<R[k].key)
                k=j;              //t 中存放关键码最小记录的下标
        if(i!=k){                 //关键码最小的记录与第 i 个记录交换
            R[0]=R[k];
            R[k]=R[i];
            R[i]=R[0];
```

```
        }
    }
}
```

从算法中可看出，简单选择排序移动记录的次数较少，最好情况下，移动记录 0 次，最坏情况下，移动记录 3(n-1)次；但关键码的比较次数依然是 n(n-1)/2，所以时间复杂度仍为 $O(n^2)$。

10.4.2　树形选择排序

树形选择排序，也称锦标赛排序。按照锦标赛的思想进行，将 n 个参赛的选手看成完全二叉树的叶结点，则该完全二叉树有 $2n$-2 或 $2n$-1 个结点。首先，两两进行比赛（在二叉树中是兄弟间的比较，否则轮空，直接进入下一轮），胜出的兄弟再两两进行比较，直到产生第一名；接下来，将作为第一名的结点看成最差的，并从该结点开始，沿该结点到根路径上，依次进行各分支结点子女间的比较，胜出的就是第二名。因为和他比赛的均是刚刚输给第一名的选手。依此类推，继续进行下去，直到所有选手的名次排定。

【例 10-9】16 个选手的比赛。

如图 10-5 所示，从叶结点开始的兄弟间两两比赛，胜者上升到父结点；胜者兄弟间再两两比赛，直到根结点，产生第一名 91。比较次数为：$2^3+2^2+2^1+2^0=2^4-1=n-1$。

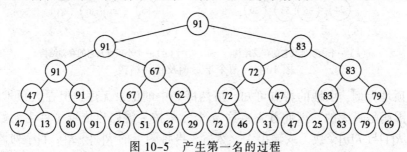

图 10-5　产生第一名的过程

如图 10-6 所示，将第一名的结点置为最差的，与其兄弟比赛，胜者上升到父结点，胜者兄弟间再比赛，直到根结点，产生第二名 83。比较次数为 4，即 $\log_2 n$ 次。其后各结点的名次均是这样产生的，所以，对于 n 个参赛选手来说，即对 n 个记录进行树形选择排序，总的关键码比较次数至多为(n-1)$\log_2 n+n$-1，故时间复杂度为 $O(n\log_2 n)$。该方法占用空间较多，除需输出排序结果的 n 个单元外，尚需 n-1 个辅助单元。

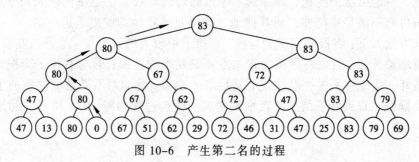

图 10-6　产生第二名的过程

10.4.3 堆排序

设有 n 个元素的序列 $\{k_1，k_2，\cdots，kn\}$，当且仅当满足下述关系之一时，称之为堆。

$$k_i \leqslant \begin{cases} k_{2i} \\ k_{2i+1} \end{cases} \quad 或 \quad k_i \geqslant \begin{cases} k_{2i} \\ k_{2i+1} \end{cases} \quad 其中\ i=1,2,\cdots,n/2$$

前者称为小顶堆，后者称为大顶堆。例如，序列$\{12,36,24,85,47,30,53,91\}$是一个小顶堆；序列$\{91,47,85,24,36,53,30,16\}$是一个大顶堆。

用一个一维数组存储序列$\{k_1,k_2,\cdots,k_n\}$，则该序列可以看作一棵顺序存储的完全二叉树，那么 k_i 和 k_{2i}、k_{2i+1} 的关系就是双亲与其左、右孩子之间的关系。因此，通常用完全二叉树的形式来直观地描述一个堆。图 10-7 所示为上述两个堆的完全二叉树的表示形式和它们的存储结构。

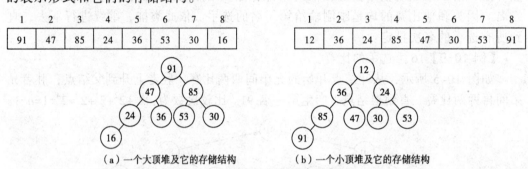

图 10-7　两个堆示例及存储结构

以大顶堆为例，由堆的特点可知，虽然序列中的记录无序，但在大顶堆中，堆顶记录的关键码是最大的，因此首先将这 n 个元素按关键码建成堆（称为初始堆），将堆顶元素 $R[1]$ 与 $R[n]$ 交换（或输出），然后，再将剩下的 $R[1]\sim R[n-1]$ 序列调整成堆；再将 $R[1]$ 与 $R[n-1]$ 交换，再将剩下的 $R[1]\sim R[n-2]$ 序列调整成堆，……依此类推，便得到一个按关键码有序的序列。这个过程称之为堆排序。

因此，实现堆排序需解决两个问题：

① 如何将 n 个元素的序列按关键码建成堆。

② 将堆顶元素 $R[1]$ 与 $R[i]$ 交换后，如何将序列 $R[1]\sim R[i-1]$ 按其关键码调整成一个新堆，这一过程称之为筛选。

首先，讨论第 2 个问题，即筛选。考虑筛选的背景：它是在只有 $R[1]$ 与其左、右孩子之间可能不满足堆特性，而其他地方均满足堆特性的前提下进行的。

筛选方法如下：将根结点 $R[1]$ 与左、右孩子中较大的进行交换。若与左孩子交换，则左子树堆被破坏，且仅左子树的根结点不满足堆的性质；若与右孩子交换，则右子树堆被破坏，且仅右子树的根结点不满足堆的性质。继续对不满足堆性质的子树进行上述交换操作，直到叶子结点或者堆被建成。筛选过程如图 10-8 所示，筛选算法见算法 10-9。

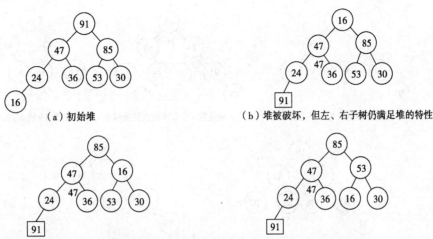

（a）初始堆　　　　　　　　　　　　（b）堆被破坏，但左、右子树仍满足堆的特性

（c）根和其右孩子交换，使得右子树的堆特性破坏，继续调整　　　（d）调整成堆

图 10-8　自堆顶到叶子的调整过程

【算法 10-9】 筛选法调整堆算法。

```
void HeapAdjust(DataType R[],int s,int t){
    //R[s]~R[t]中的记录关键码除R[s]外均满足堆的特性，本算法将对其进行筛选，使
    //其成为大顶堆
    int i,j;
    DataType rc;
    rc=R[s];
    i=s;
    for(j=2*i;j<=t;j=2*j){             //沿关键码较大的孩子结点向下筛选
        if(j<t&&R[j].key<R[j+1].key)
            j=j+1;                    //j指向R[i]的关键码较大的孩子
        if(rc.key>R[j].key)
            break;                    //不用调到叶子就到位了
        R[i]=R[j];
        i=j;                          //准备继续向下调整
    }
    R[i]=rc;                          //插入
}
```

下面再讨论对 *n* 个元素初始建堆的过程。

建堆方法：对初始序列建堆的过程，就是一个反复进行筛选的过程。将每个叶子为根的子树视为堆，然后对 R[*n*/2]为根的子树进行调整，对 R[*n*/2-1]为根的子树进行调整，……，直到对 R[1]为根的树进行调整，这就是最后的初始堆。

如图 10-9 所示为序列{16,24,53,47,36,85,30,91}初始建堆的过程。

堆排序过程为：对 *n* 个元素的序列先将其建成堆，以根结点与第 *n* 个结点交换；调整前 *n*-1 个结点成为堆，再以根结点与第 *n*-1 个结点交换；重复上述操作，直到整个序列有序。堆排序算法描述如下：

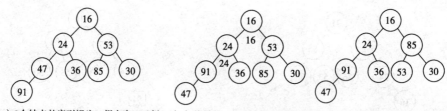

(a) 8个结点的序列视为一棵完全二叉树　(b) 从最后一个双亲结点开始调整　(c) 对第3个结点开始筛选

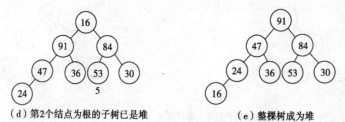

(d) 第2个结点为根的子树已是堆　　　　　　(e) 整棵树成为堆

图 10-9　建堆示例

【算法 10-10】堆排序算法。

```
void HeapSort(DataType R[],int n){
    int i;
    for(i=n/2;i>0;i--)                    //将 R[1]…R[n]建成堆
        HeapAdjust(R,i,n);
    for(i=n;i>1;i--){
        R[0]=R[1];                        //堆顶 R[1]与堆底元素 R[i]交换
        R[1]=R[i];
        R[i]=R[0];
        HeapAdjust(R,1,i-1);              //将 R[1]…R[i-1]重新调整为堆
    }
}
```

性能分析如下：

设树高为 k，$k=\lfloor \log_2 n \rfloor+1$，从根到叶的筛选，关键码比较次数至多为 $2(k-1)$次，交换记录至多 k 次。所以，在建好堆后，排序过程中的比较次数不超过下式：

$$2(\lfloor \log_2(n-1) \rfloor + \lfloor \log_2(n-2) \rfloor + \cdots + \lfloor \log_2 2 \rfloor) < 2n\log_2 n$$

而建堆时的比较次数不超过 $4n$ 次，因此堆排序最坏情况下，时间复杂度为 $O(n\log_2 n)$。

10.5　归并排序

归并排序的基本操作是将两个有序表合并为一个有序表。

设 $R[s]$～$[t]$由两个有序子表 $R[s]$～$R[m]$和 $R[m+1]$～$R[t]$组成，将两个有序子表合并为一个有序表 $R1[s]$～$R[t]$。合并算法如下：

【算法 10-11】将两个有序表归并成一个有序表的算法。

```
void Merge(DataType R,DataType R1,int s,int m,int t){
    int i,j,k;
    i=s;
    j=m+1;
    k=s;
```

```
    while(i<=m&&j<=t)
      if(R[i].key<R[j].key){
          R1[k]=R[i];
          k++;
          i++;
      }
      else{
          R1[k]=R[j];
          k++;
          j++;
      }
    while(i<=m){
        R1[k]=R[i];
        k++;
        i++;
    }
    while(j<=t){
        R1[k]=R[j];
        k++;
        j++;
    }
}
```

1. 归并排序的迭代算法

归并排序的基本思想：只有一个元素的表总是有序的，所以将排序表 $R[n]$ 看作是 n 个长度为 len=1 的有序子表，对相邻的两个有序子表两两合并到 $R1[n]$，使之生成表长 len=2 的有序表；再进行两两合并到 $R[n]$ 中，……直到最后生成表长 len=n 的有序表。这个过程需要 $\lceil \log_2 n \rceil$ 趟。

在每趟的排序中，首先要解决分组的问题，设本趟排序中从 $R[1]$ 开始，长度为 len 的子表有序，因为表长 n 未必是 2 的整数幂，这样最后一组就不能保证恰好是表长为 len 的有序表，也不能保证每趟归并时都有偶数个有序子表，这些都要在一趟排序中考虑到。综上所述，算法 10-12 是一趟归并排序的算法，算法 10-13 是最后的归并排序算法。

【算法 10-12】一趟归并排序算法。

```
void MergePass(DataType R[],Datatype R1[],int len,int n){
//len是本趟归并中有序表的长度，从R[1]~R[n]归并到R1[1]~R[n]中
    int i;
    for(i=1;i+2*len-1<=n;i=i+2*len)
        Merge(R,R1,i,i+len-1,i+2*len-1);   //对两个长度为len的有序表的合并
    if(i+len-1<n)
        Merge(R,R1,i,i+len-1,n);                 //一组半的情况
    else
        if(i<=n)
            while(i<=n)                      //最后一组没有合并者
                R1[i++]=R[i++];
}
```

【算法 10-13】归并排序迭代算法。

```
void MergeSort(DataType R[],int n){
    int len;
```

```
    len=1;
    while(len<n){
        MergePass(R,R1,len,n);
        len=2*len;
        MergePass(R1,R,len,n);
    }
}
```

2. 归并排序的递归算法

【算法 10-14】 归并排序递归算法。

```
void MSort(DataType R[],DataType R1[],int s,int t){
    //将R[s]~R[t]归并排序为R1[s]~R1[t]
    int m;
    if(s==t)
        R1[s]=R[s]
    else{
        m=(s+t)/2;
        MSort(R,R1,s,m);        //递归地将R[s]~R[m]归并为有序的R1[s]~R1[m]
        MSort(R,R1,m+1,t);      //递归地将R[m+1]~R[t]归并为有序的R1[m+1]~
                                  R1[t]
        Merge(R1,R,s,m,t);      //将R1[s]~R1[m]和R1[m+1]~R1[t]归并到R[s]~
                                  R[t]
    }
}
void MergeSort(Datatype R[],int n){
    //对顺序表R[]作归并排序
    MSort(R,1,n);
}
```

性能分析如下：

需要一个与表等长的辅助元素数组空间，所以空间复杂度为 $O(n)$。对 n 个元素的表，将这 n 个元素看作叶结点，若将两两归并生成的子表看作它们的父结点，则归并过程对应由叶向根生成一棵二叉树的过程。所以，归并趟数约等于二叉树的高度，即 $\log_2 n$，每趟归并需移动记录 n 次，故时间复杂度为 $O(n\log_2 n)$。

10.6 基数排序

基数排序是一种借助于多关键码排序的思想，是将单关键码按基数分成"多关键码"进行排序的方法。

10.6.1 多关键码排序

先看一个例子。

扑克牌中 52 张牌，可按花色和面值分成两个属性，设其大小关系如下：

花色：　　　梅花 < 方块 < 红心 < 黑心

面值：　　　2 < 3 < 4 < 5 < 6 < 7 < 8 < 9 < 10 < J < Q < K < A

若对扑克牌按花色、面值进行升序排序，得到如下序列：

{方块 2、3、…、A,梅花 2、3、…、A,红心 2、3、…、A,黑心 2、3、…、A}

即两张牌，若花色不同，不论面值怎样，花色低的那张牌小于花色高的，只有在同花色情况下，大小关系才由面值的大小确定。这就是多关键码排序。

为得到排序结果，讨论以下两种排序方法：

① 先对花色排序，将其分为 4 个组，即梅花组、方块组、红心组、黑心组。再对每个组分别按面值进行排序，最后，将 4 个组连接起来即可。

② 先按 13 个面值给出 13 个编号组（2 号、3 号、…、A 号），将牌按面值依次放入对应的编号组，分成 13 堆。再按花色给出 4 个编号组（梅花、方块、红心、黑心），将 2 号组中牌取出分别放入对应花色组，再将 3 号组中牌取出分别放入对应花色组，……这样，4 个花色组中均按面值有序，然后，将 4 个花色组依次连接起来即可。

设 n 个元素的排序表中的每个记录包含 d 个关键码 $\{k^1, k^2, \cdots, k^d\}$，称序列对关键码 $\{k^1, k^2, \cdots, k^d\}$ 有序是指：对于序列中任两个记录 $R[i]$ 和 $R[j]$（$1 \le i \le j \le n$）都满足下列有序关系。

$$\{k_i^1, k_i^2, \cdots, k_i^3\} < \{k_j^1, k_j^2, \cdots, k_j^d\}$$

其中，k^1 称为最主位关键码，k^d 称为最次位关键码。

多关键码排序按照从最主位关键码到最次位关键码，或从最次位关键码到最主位关键码的顺序逐次排序，分以下两种方法：

① 最主位优先（Most Significant Digit first，MSD）法，即先按 k^1 排序分组，同一组中记录的关键码 k^1 相等，再对各组按 k^2 排序分成子组，然后，对后面的关键码继续这样排序分组，直到按最次位关键码 k^d 对各子表排序，再将各组连接起来，便得到一个有序序列。扑克牌按花色、面值排序中介绍的方法 1 即是 MSD 法。

② 最次位优先（Least Significant Digit first，LSD）法，即先从 k^d 开始排序，再对 k^{d-1} 进行排序，依此类推，直到对 k^1 排序后便得到一个有序序列。扑克牌按花色、面值排序中介绍的方法②即是 LSD 法。

10.6.2　链式基数排序

将关键码拆分为若干项，每项作为一个"关键码"，则对单关键码的排序可按多关键码排序方法进行。例如，关键码为 4 位的整数，可以每位对应一项，拆分成 4 项；又如，关键码由 5 个字符组成的字符串，可以每个字符作为一个关键码。由于这样拆分后，每个关键码都在相同的范围内（对数字是 0～9，字符是 a～z），称这样的关键码可能出现的符号个数为"基"，记为 RADIX。上述取数字为关键码的"基"为 10；取字符为关键码的"基"为 26。基于这一特性，用 LSD 法排序较为方便。

基数排序思想：从最低位关键码起，按关键码的不同值将序列中的记录"分配"到 RADIX 个队列中，然后再"收集"，称之为一趟排序，第一趟之后，排序表中的记录以按最低位关键码有序，再对次最低位关键码进行一趟"分配"和"收集"，直到对最高位关键码进行一趟"分配"和"收集"，则排序表按关键字有序。

链式基数排序是用链表作为排序表的存储结构，用 RADIX 个链队列作为分配队列，将关键码相同的记录存入同一个链队列中，收集则是将各链队列按关键码大小顺序链接起来。

【例 10-10】以静态链表存储的排序表的基数排序过程如图 10-10 所示。排序表记录关键字序列为{278,109,063,930,589,184,505,269,008,083}。

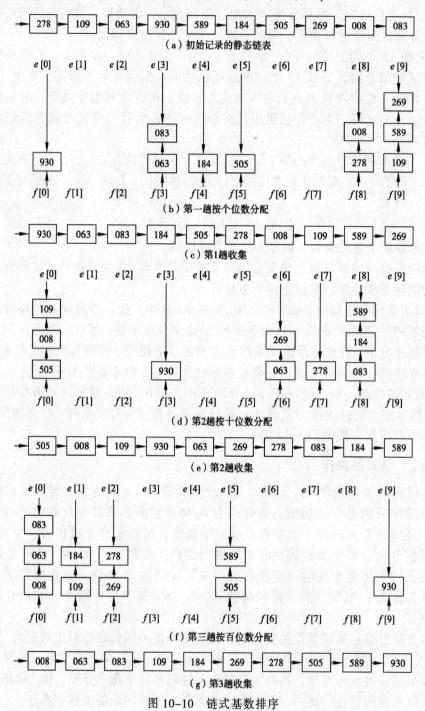

图 10-10 链式基数排序

相关的数据结构如下：

```
#define KEY_NUM...                      //关键码项数
#define RADIX   ...                     //关键码基数，此时为十进制整数的基数
#define MAX_SPACE ...                   //分配的最大可利用存储空间
typedef struct
{
    KeyType keys[KEY_NUM];              //关键码字段
    InfoType otheritems;               //其他字段
    int next;                          //指针字段
}NodeType;                             //静态链表结点类型
typedef struct
{
    int f;
    int e;
}Q_Node;
typedef Q_Node Queue[RADIX];           //各队列的头尾指针
```

基数排序算法描述如下：

【算法 10-15】基数排序算法。

```
void Distribute(NodeType R[],int i,Queue q){
//分配算法：静态链表 R 中的记录已按 kye[0]，keys[1]，…，keys[i-1]有序
//本算法按第 i 个关键码 keys[i]建立 RADIX 个子表，使同一子表中的记录的 keys[i]相同
//q[i].f 和 q[i].e 分别指向第 i 个子表的第一个和最后一个记录
    int j;
int p;
    for(j=0;j<RADIX;j++)            //各子表初始化为空表
        q[j].f=q[j].e=0;
    for(p=R[0].next;p;p=R[p].next){
        j=ord(R[p].keys[i]);
                                    //ord将记录中第 i 个关键码映射到 0～RADIX-1
        if(!f[j])
            q[j].f=p;
        else
            R[q[j].e].next=p;
        q[j].e=p;                   //将 p 所指的结点插入到第 j 个队列中
    }
}


void Collect(NodeType R[],int i,Queue q){
//收集算法：本算法按q[0]~q[RADIX-1]所指各子表依次链接成一个链表
    int j;
    for(j=0;!q[j].f;j=succ(j));//找第一个非空子表，succ为求后继函数
    R[0].next=q[j].f;
    t=q[j].e;                       //R[0].next 指向第一个非空子表中第一个结点
    while(j<RADIX){
        for(j=succ(j);j<RADIX-1&&!q[j].f;j=succ(j)); //找下一个非空子表
            if(q[j].f){
                R[t].next=q[j].f;
                t=q[j].e;
```

```
        }                           //链接两个非空子表
    }
    R[t].next=0;                    //t指向最后一个非空子表中的最后一个结点
}


void RadixSort(NodeType R[],int n){
//对R作基数排序,使其成为按关键码升序的静态链表,R[0]为头结点
int i;
Queue q;                            //定义队列
    for(i=0;i<n;i++)
        R[i].next=i+1;
    R[n].next=0;                    //将R改为静态链表
for(i=0;i<KEY_NUM;i++)
{                                   //按最低位优先依次对各关键码进行分配和收集
        Distribute(R,i,q);          //第i趟分配
        Collect(R,i,q);             //第i趟收集
    }
}
```

性能分析如下:

从时间效率看,设待排序列为 n 个记录, d 位关键码,每位关键码的取值范围为 $0 \sim$ REDIX-1,则进行链式基数排序的时间复杂度为 $O(d(n+\text{REDIX}))$,其中,一趟分配时间复杂度为 $O(n)$,一趟收集时间复杂度为 $O(\text{REDIX})$,共进行 d 趟分配和收集。

从空间效率看,需要 2* REDIX 个队列头尾指针辅助空间,以及用于静态链表的 n 个指针。

10.7 外 排 序

内排序的特点是在排序的过程中所有数据都在内存中。但是,当待排序的对象数目特别多时,在内存中不能一次处理,必须把它们以文件的形式存放于外存,排序时再把它们一部分一部分地调入内存进行处理。这样,在排序过程中必须不断地在内存与外存之间传送数据。这种基于外部存储设备的排序技术就是外排序。

10.7.1 外排序的方法

外排序基本上由两个相互独立的阶段组成。首先,按可用内存大小,将外存上含 n 个记录的文件分成若干长度为 k 的子文件或段,依次读入内存并利用有效的内部排序方法对它们进行排序,并将排序后得到的有序子文件重新写入外存。通常称这些有序子文件为归并段或顺串。然后,对这些归并段进行逐趟归并,使归并段(有序子文件)逐渐由小到大,直至得到整个有序文件为止。

显然,第一阶段的工作已经讨论过。以下主要讨论第二阶段,即归并的过程。先从一个例子来看外排序中的归并是如何进行的。

假设有一个含 10 000 个记录的文件,首先通过 10 次内部排序得到 10 个初始归并段 $R_1 \sim R_{10}$,其中每一段都含 1 000 个记录。然后对它们作如图 10-11 所示的两两

归并，直至得到一个有序文件为止。

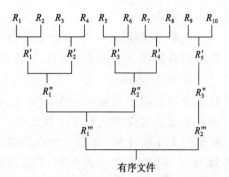

图 10-11 外排序的 2-路平衡归并

从图 10-11 可见，由 10 个初始归并段到一个有序文件，共进行了 4 趟归并，每一趟从 m 个归并段得到 $\lceil m/2 \rceil$ 个归并段，这种方法称为 2-路平衡归并。

将两个有序段归并成一个有序段的过程，若在内存中进行则很简单，前面讨论的归并排序中的 Merge() 函数便可实现此归并。但是，在外部排序中实现两两归并时，不仅要调用 Merge() 函数，而且要进行外存的读/写，这是由于人们不可能将两个有序段及归并结果同时放在内存中的缘故。对外存上信息的读/写是以"物理块"为单位。假设在上例中每个物理块可以容纳 200 个记录，则每一趟归并需进行 50 次"读"和 50 次"写"，4 趟归并加上内部排序时所需进行的读/写，使得在外排序中总共需进行 500 次的读/写。

一般情况下，外部排序所需总时间＝

$\qquad$内部排序（产生初始归并段）所需时间$\qquad m*t_{is}$

$\qquad$＋外存信息读/写时间$\qquad d*t_{io}$

$\qquad$＋内部归并排序所需时间$\qquad s*ut_{mg}$

其中，t_{is} 是为得到一个初始归并段进行的内部排序所需时间的均值；t_{io} 是进行一次外存读/写时间的均值；ut_{mg} 是对 u 个记录进行内部归并所需时间；m 为经过内部排序之后得到的初始归并段的个数；s 为归并的趟数；d 为总的读/写次数。因此，上例 10 000 个记录利用 2-路归并进行排序所需总的时间为：

$$10t_{is}+500t_{io}+4*10000t_{mg}$$

其中，t_{io} 取决于所用的外存设备，显然，t_{io} 较 t_{mg} 要大得多。因此，提高排序效率应主要着眼于减少外存信息读/写的次数 d。

下面来分析 d 和"归并过程"的关系。若对上例中所得的 10 个初始归并段进行 5-路平衡归并（即每一趟将 5 个或 5 个以下的有序子文件归并成一个有序子文件），则从图 10-12 可知，仅需进行两趟归并，外部排序时总的读/写次数便减少至 $2\times100+100=300$，比 2-路归并减少了 200 次的读/写。

可见，对同一文件而言，进行外部排序时所需读/写外存的次数和归并的趟数 s 成正比。而在一般情况下，对 m 个初始归并段进行 k-路平衡归并时，归并的趟数 $s=\lfloor \log_k m \rfloor$。因此，若增加 k 或减少 m 便能减少 s。

下面分别就这两方面进行讨论。

10.7.2 多路平衡归并的实现

从式 $S=\lfloor \log_k m \rfloor$ 可见，增加 k 可以减少 s，从而减少外存读/写的次数。但是，从下面的讨论中又可发现，单纯增加 k 将导致增加内部归并的时间 ut_{mg}。那么，如何解决

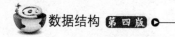

这个矛盾呢?

先看 2-路归并。令 u 个记录分布在两个归并段上,按 Merge()函数进行归并。每得到归并后的含 u 个记录的归并段需进行 $u-1$ 次比较。

再看 k-路归并。令 u 个记录分布在 k 个归并段上,显然,归并后的第一个记录应是 k 个归并段中关键码最小的记录,即应从每个归并段的第一个记录的相互比较中选出最小者,这需要进行 $k-1$ 次比较。同理,每得到归并后的有序段中的一个记录,都要进行 $k-1$ 次比较。显然,为得到含 u 个记录的归并段需进行 $(u-1)(k-1)$ 次比较。因此,对 n 个记录的文件进行外部排序时,在内部归并过程中进行的总的比较次数为 $s(k-1)(n-1)$。假设所得初始归并段为 m 个,则可得内部归并过程中进行比较的总的次数为:

$$\lceil \log_k m \rceil (k-1)(n-1)t_{\mathrm{mg}} = \left\lceil \frac{\log_2 m}{\log_2 k} \right\rceil (k-1)(n-1)t_{\mathrm{mg}}$$

由于 $(k-1)/\log_2 k$ 随 k 的增加而增大,则内部归并时间亦随 k 的增加而增长。这将抵消由于增大 k 而减少外存信息读/写时间所得效益,这是人们所不希望的。然而,若在进行 k-路归并时利用"败者树"(Tree of Loser),则可使在 k 个记录中选出关键码最小的记录时仅需进行 $\lfloor \log_2 k \rfloor$ 次比较,从而使总的归并时间变为 $\lfloor \log_2 m \rfloor (n-1)t_{\mathrm{mg}}$。显然,这个式子和 k 无关,它不再随 k 的增长而增长。

何谓"败者树"?它是树形选择排序的一种变型。相对地,可称图 10-5 和图 10-6 中的二叉树为"胜者树",因为每个非终端结点均表示其左、右子女结点中的"胜者"。反之,若在双亲结点中记下刚进行完的这场比赛中的败者,而让胜者去参加更高一层的比赛,便可得到一棵"败者树"。

【例 10-11】图 10-13(a)即为一棵实现 5-路归并的败者树 ls[0]~ls[4],图中方形结点表示叶子结点(也可看成是外结点),分别为 5 个归并段中当前参加归并的待选择记录的关键码;败者树中根结点 ls[1]的双亲结点 ls[0]为"冠军",在此指示各归并段中的最小关键码记录为第 3 段中的记录;结点 ls[3]指示 b_1 和 b_2 两个叶子结点中的败者即是 b_2,而胜者 b_1 和 b_3(b_3 是叶子结点 b_3、b_4 和 b_0 经过两场比赛后选出的获胜者)进行比较,结点 ls[1]则指示它们中的败者为 b_1。在选得最小关键码的记录之后,只要修改叶子结点 b_3 中的值,使其为同一归并段中的下一个记录的关键码,然后从该结点向上和双亲结点所指的关键码进行比较,败者留在该双亲,胜者继续向上直至树根的双亲,如图 10-13(b)所示。当第 3 个归并段中第 2 个记录参加归并时,选得最小关键码记录为第 1 个归并段中的记录。为了防止在归并过程中某个归并段变为空,可以在每个归并段中附加一个关键码为最大的记录。当选出的"冠军"记录的关键码为最大值时,表明此次归并已完成。

由于实现 k-路归并的败者树的深度为 $\lceil \log_2 k \rceil + 1$,则在 k 个记录中选择最小关键码仅需进行 $\lceil \log_2 k \rceil$ 次比较。败者树的初始化也容易实现,只要先令所有的非终端结点指向一个含最小关键码的叶子结点,然后从各叶子结点出发调整非终端结点为新的败者即可。

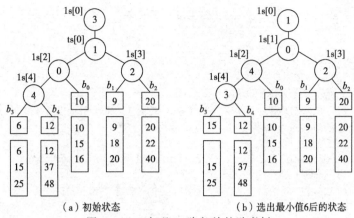

（a）初始状态　　　　　　　　　　　（b）选出最小值6后的状态

图 10-13　实现 5-路归并的败者树

下面的算法简单描述了利用败者树进行 k-路归并的过程，为了突出如何利用败者树进行归并，避开了外存信息存取的细节，可以认为归并段已存在。

【算法 10-16】k-路归并算法。

```
Typedef int LoserTree[k];  //败者树是完全二叉树且不含叶子,可采用顺序存储结构
typedef  struct{
    KeyType  key;
}ExNode,External[k];        //外结点,只存放待归并记录的关键码

void K_Merge(LoserTree *ls,External *b){
//k-路归并处理程序
//利用败者树 ls 将编号从 0 到 k-1 的 k 个输入归并段中的记录归并到输出归并段
 //b[0]到 b[k-1]为败者树上的 k 个叶子结点,分别存放 k 个输入归并段中当前记录的关键码
    int i;
    LoserTree q;
    for(i=0;i<k;i++)
        input(b[i].key);       //分别从 k 个输入归并段读入该段当前第一个记录的关
                               //键码到外结点
    CreateLoserTree(ls);       //建败者树 ls,选得最小关键码为 b[0].key
    while(b[ls[0]].key!=MAXKEY){
        q=ls[0];               //q 指示当前最小关键码所在归并段
        output(q);             //将编号为 q 的归并段中当前(关键码为 b[q].key 的记录
                               //写至输出归并段)
        input(b[q].key);       //从编号为 q 的输入归并段中读入下一个记录的关键码
        Adjust(ls,q);          //调整败者树,选择新的最小关键码
    }
    output(ls[0]);             //将含最大关键码 MAXKEY 的记录写至输出归并段
}

void Adjust(LoserTree *ls,int s){
//选得最小关键码记录后,从叶到根调整败者树,选下一个最小关键码
//沿从叶子结点 b[s]到根结点 ls[0]的路径调整败者树
    int t;
    t=(s+k)/2;                 //ls[t]是 b[s]的双亲结点
    while(t>0){
        if(b[s].key>b[ls[t]].key)
```

```
            s=ls[t];            //s指示新的胜者
        t=t/2;
    }
    ls[0]=s;
}
void CreateLoserTree(LoserTree *ls){
//建立败者树。已知b[0]到b[k-1]为完全二叉树ls的叶子结点存有k个关键码,
//沿从叶子到根的k条路径将ls调整为败者树
    int i;
    b[k].key=MINKEY;        //设MINKEY为关键码可能的最小值
    for(i=0;i<k;i++)
        ls[i]=k;            //设置ls中"败者"的初值
    for(i=k-1;k>0;i--)
        Adjust(ls,i);       //依次从b[k-1], b[k-2], …, b[0]出发调整败者
}
```

最后要提及一点，k 值的选择并非越大越好，如何选择合适的 k 值是一个需要综合考虑的问题。

📚 小　结

插入排序的基本思路：每次将一个待排序的记录，按其关键字大小插入到前面已经排好序的子序列的适当位置，主要方法有直接插入排序、折半插入排序、表插入排序和希尔排序。

交换排序的基本思路：通过排序表中两个记录关键码的比较，若与排序要求相逆，则将两者交换，主要方法有冒泡排序和快速排序。

选择排序的基本思路：每一趟从待排序列中选取一个关键码最小的记录，即第一趟从 n 个记录中选取关键码最小的记录，第二趟从剩下的 $n-1$ 个记录中选取关键码最小的记录，直到整个序列的记录选完。这样，由选取记录的顺序，便得到按关键码有序的序列。选择排序的主要方法有简单选择排序、树形选择排序和堆排序。

归并排序的基本思路：只有一个元素的表总是有序的，所以将排序表 $R[n]$ 看作是 n 个长度为 len=1 的有序子表，对相邻的两个有序子表两两合并到 $R1[n]$，使之生成表长 len=2 的有序表；再进行两两合并到 $R[n]$ 中，……直到最后生成表长 len=n 的有序表。

基数排序的基本思想：从最低位关键码起，按关键码的不同值将序列中的记录"分配"到 RADIX 个队列中，然后再"收集"，称之为一趟排序，第一趟之后，排序表中的记录以按最低位关键码有序，再对次最低位关键码进行一趟"分配"和"收集"，直到对最高位关键码进行一趟"分配"和"收集"，则排序表按关键字有序。

外部排序基本上由两个相互独立的阶段组成。首先，按可用内存大小，将外存上含 n 个记录的文件分成若干长度为 k 的子文件或段，依次读入内存并利用有效的内部排序方法对它们进行排序，并将排序后得到的有序子文件重新写入外存。通常称这些有序子文件为归并段或顺串。然后，对这些归并段进行逐趟归并，使归并段（有序子文件）逐渐由小到大，直至得到整个有序文件为止。

习　题

一、选择题

1. 在待排序的元素序列基本有序的前提下，效率最高的排序方法是（　　　）。

　　A. 插入排序　　　B. 选择排序　　　C. 快速排序　　　D. 归并排序

2. 设有1 000个无序的元素，希望用最快的速度挑选出其中前10个最大的元素，最好选用（　　）排序法。

　　A. 冒泡排序　　　B. 快速排序　　　C. 堆排序　　　D. 基数排序

3. 对于具有12个记录的序列，采用冒泡排序最少的比较次数是（　　　）。

　　A. 1　　　　　B. 144　　　　　C. 11　　　　　D. 66

4. 下列4种排序方法中，要求内存容量最大的是（　　　）。

　　A. 插入排序　　　B. 选择排序　　　C. 快速排序　　　D. 归并排序

5. 下列4种排序方法，在排序过程中，关键码比较的次数与记录的初始排列顺序无关的是（　　　）。

　　A. 直接插入排序和快速排序　　　　B. 快速排序和归并排序

　　C. 直接选择排序和归并排序　　　　D. 直接插入排序和归并排序

6. 用某种排序方法对线性表(25,84,21,47,15,27,68,35,20)进行排序时，元素序列的变化情况如下：

（1）25,84,21,47,15,27,68,35,20

（2）20,15,21,25,47,27,68,35,84

（3）15,20,21,25,35,27,47,68,84

（4）15,20,21,25,27,35,47,68,84

则采用的排序方法是（　　　）。

　　A. 选择排序　　　B. 希尔排序　　　C. 归并排序　　　D. 快速排序

7. 设关键字序列为：3、7、6、9、8、1、4、5、2，进行排序的最小交换次数是（　　　）。

　　A. 6　　　　　B. 7　　　　　C. 8　　　　　D. 9

8. 在以下以比较为基础的内部排序中，比较次数与待排序的记录的初始排列状态无关的是（　　　）。

　　A. 直接插入排序　　　　　　　B. 折半插入排序

　　C. 快速排序　　　　　　　　　D. 冒泡排序

9. 在所有排序方法中，关键字比较的次数与记录的初始排列次序无关的是（　　　）。

　　A. 希尔排序　　　B. 冒泡排序　　　C. 插入排序　　　D. 选择排序

10. 设有1 000个无序的元素，希望以最快的速度挑选出其中前10个最大的元素，最好选用的排序法是（　　　）。

　　A. 起泡排序　　　B. 快速排序　　　C. 排序　　　D. 基数排序

11. 若一组记录的关键码为（46，79，56，38，40，84），则利用快速查序的方法以第一个记录为基准得到的一次划分结果为（　　　）。

A. 38，40，46，56，79，84　　　　B. 40，38，46，79，56，84

C. 40，38，46，56，79，84　　　　D. 40，38，46，84，56，79

12. 排序方法中，为排序序列中依次取出元素与已排序序列（初始时为空）中的元素进行比较，将其放入已排序序列的正确位置上方法称为（　　　）。

A. 希尔排序　　　B. 冒泡排序　　　C. 插入排序　　　D. 选择排序

13. 下列关键字序列中（　　　）是堆。

A. 16,72,31,23,94,53　　　　　　B. 94,23,31,72,16,53

C. 16,53,23,94,31,72　　　　　　D. 16,23,53,31,94,72

14. 下述集中排序方法，要求内存量最大的是（　　　）。

A. 插入排序　　　B. 快速排序　　　C. 归并排序　　　D. 选择排序

15. 直接插入排序的方法要求被排序的数据（　　　）存储。

A. 必须是顺序　　　B. 必须是链表　　　C. 顺序或链表　　　D. 二叉树

16. 堆的形状是一棵（　　　）。

A. 二叉排序树　　　B. 满二叉树　　　C. 完全二叉树　　　D. 平衡二叉树

17. 排序方法中，从未排序序列中挑选元素，并将其依次放入已排序序列（初始时为空）的一端的方法，称为（　　　）。

A. 希尔排序　　　B. 归并排序　　　C. 插入排序　　　D. 选择排序

18. 若一组记录的排序码为（46，79，56．38．40、84），则利用堆排序的方法建立的初始堆为（　　　）。

A. 79,46,56,38,40,84　　　　　　B. 84,79,56,38,40,46

C. 84,79,56,46,40,38　　　　　　D. 84,56,79,40,46,38

19. 设有 100 个元素，用折半查找法进行查找时，最大比较次数是（　　　）。

A. 25　　　　B. 50　　　　C. 10　　　　D. 7

20. 下述几种排序方法中，平均查找长度最小的是（　　　）。

A. 插入排序　　　B. 快速排序　　　C. 归并排序　　　D. 选择排序

21. m 阶 B⁻树中所有非终端（除根之外）结点中的关键字个数必须大于或等于（　　　）。

A. $[m/2] - 1$　　　B. $[m/2] + 1$　　　C. $[m/2] - 1$　　　D. m

二、简答题

1. 以关键字序列 {tim,kay,eva,roy,dot,jon,kim,ann,tom,jim,guy,amy} 为例，手工执行以下排序算法（按字典序比较关键字的大小），写出每一趟排序结束时的关键字状态。

（1）直接插入排序。　　（2）冒泡排序。　　　　（3）直接选择排序。

（4）快速排序。　　　　（5）归并排序。　　　　（6）基数排序。

2. 已知序列 {503,87,512,61,908,170,897,275,653,462}，请给出采用堆排序对该序列做升序排序时的每一趟结果。

3. 有 n 个不同的英文单词，它们的长度相等，均为 m，若 $n \gg 50$，$m < 5$，试问采用什么排序方法时间复杂度最佳？为什么？

4. 如果只想得到一个序列中第 k 小元素前的部分排序序列，最好采用什么排序方法？为什么？例如，由序列{57,40,38,11,13,34,48,75,25,6,19,9,7}得到其第4个最小元素之前的部分序列{6,7,9,11}，使用所选择的算法实现时，要执行多少次比较？

5. 阅读下列排序算法，并与已学的算法比较，讨论算法中基本操作的执行次数。

```
void  sort(S-TBL &r,int n){
int i,j,min,max;
DataType w;
    i=1;
    while(i<n-i+1){
        min=max=1;
        for(j=i+1;j<=n-i+1;++j){
            if(r[j].key<a[min].key)
                min=j;
            else
                if(r[j].key>r[max].key)
                    max=j;
        }
        if(min!=i){
            w=r[min];
            r[min]=r[i];
            r[i]=w;
        }
        if(max!=n-i+1){
            if(max=i){
                w=r[min];
                r[min]=r[n-i+1];
                r[n-i+1]=w;
            }
            else{
                w=r[max];
                r[max]=r[n-i+1];
                r[n-i+1]=w;
            }
        }
        i++;
    }
}
```

6. 归并插入排序是对关键字进行比较次数最少的一种内部排序方法，它可按如下步骤进行：

（1）另开辟两个大小为$\lceil n/2 \rceil$的数组 small 和 large。从 $i=1$ 到 $n-1$，对每个奇数 i 比较 $x[i]$ 和 $x[i+1]$，将较小者和较大者分别依次存入数组 small 和 large 中（当 n 为奇数时，$small[\lceil n/2 \rceil]=x[n]$）。

（2）对数组 $large[\lfloor n/2 \rfloor]$ 中元素进行归并插入排序，同时相应调整 small 中的元素，使得在这一步结束时达到：

$$large[i]<large[i+1]　(i=1,2,\ldots,\lfloor n/2 \rfloor-1)$$
$$small[i]<large[i]　(i=1,2,\ldots,\lfloor n/2 \rfloor)$$

（3）将 small[1] 传送至 $x[1]$ 中，将 $large[1]\sim large[\lfloor n/2 \rfloor]$ 传送至 $x[2]\sim x[\lfloor n/2 \rfloor+1]$ 中。

（4）定义一组整数 $int[i]=(2^{i+1}+(-1)^i)/3$，$i=1,2,...,t-1$，直至 $int[t]>\lfloor n/2\rfloor+1$，利用折半插入依次将 $small[int[i+1]]\sim small[int[i]+1]$ 插入至 x 数组中。例如，若 $n=21$，则得到一组整数 $int[1]=1$，$int[2]=3$，$int[3]=5$，$int[4]=11$，因此 small 数组中元素应如下次序：small[3]，small[2]，small[5]，small[4]，small[11]，small[10]，…，small[6]，插入到 x 数组中。

（5）试以 $n=5$ 和 $n=11$ 手工执行归并插入排序，并计算排序过程中所作关键字比较的次数。

三、算法设计题

1. 以单链表为存储结构实现简单选择排序的算法。

2. 以单链表为存储结构实现直接插入排序的算法。

3. 编写一个双向冒泡的算法，即相邻两遍向相反方向冒泡。

4. 已知记录序列 $a[n]$ 中的关键字各不相同，可按如下所述方法实现计数排序：另设数组 $c[n]$，对每个记录 $a[i]$，统计序列中关键字比它小的记录个数存于 $c[i]$，则 $c[i]=0$ 的记录必为关键字最小的记录，然后依 $c[i]$ 值的大小对 a 中记录进行重新排列，试编写实现上述排序的算法。

5. 已知奇偶交换排序算法描述如下：第一趟对所有奇数 i，将 $a[i]$ 和 $a[i+1]$ 进行比较，第二趟对所有偶数 i，将 $a[i]$ 和 $a[i+1]$ 进行比较，每次比较时若 $a[i]>a[i+1]$，则将两者交换，以后重复上述两趟过程，直至整个数组有序。

（1）试问：排序结束的条件是什么？

（2）编写一个实现上述排序过程的算法。

6. 编写算法，对 n 个关键字取整数值的记录进行整理，以使得所有关键字为负值的记录排在关键字为非负值的记录之前，要求如下：

（1）采用顺序存储结构，至多使用一个记录的辅助存储空间。

（2）算法的是间复杂度为 $O(n)$。

（3）讨论算法中记录的最大移动次数。

7. 序列的"中值记录"指的是：如果将此序列排序后，它是第 $n/2$ 个记录。试编写一个求中值记录的算法。

附 录

附录A 线性结构

题目1 约瑟夫环问题

1．问题描述

设编号为 1，2，…，n 的 n 个人按顺时针方向围坐一圈，约定编号为 k（$1 < \leq k \leq n$）的人按顺时针方向从 1 开始报数，数到 m 的那个人出列，它的下一位又从 1 开始报数，数到 m 的那个人又出列，依次类推，直到所有人出列为止，由此产生一个出队编号的序列。试设计算法求出 n 个人的出列顺序。

2．基本要求

程序运行时，首先要求用户指定人数 n、第一个开始报数的人的编号 k 及报数上限值 m。然后，按照出列的顺序打印出相应的编号序列。

3．提示与分析

① 由于报到 m 的人出列的动作对应着数据元素的删除操作，而且这种删除操作比较频繁，因此单向循环链表适于作为存储结构来模拟此过程。而且，为了保证程序指针每一次都指向一个具体的数据元素结点，应使用不带头结点的循环链表作为存储结构。相应地，需要注意空表和非空表的区别。

② 算法思路：先创建一个含有 n 个结点的单循环链表，然后由第一个结点起从 1 开始计数（此时假设 $k=1$），计到 m 时，对应结点从链表中删除，接下来从被删除结点的下一个结点重新开始从 1 开始计数，计到 m 时，从链表中删除对应结点，如此循环，直至最后一个结点从链表中删除，算法结束。

题目2 一元多项式运算

1．问题描述

设计一个简单的一元稀疏多项式加法运算器。

2．基本要求

一元稀疏多项式简单计算器的基本功能包括：

① 按照指数升序次序，输入并建立多项式 A 与 B。

② 计算多项式 A 与 B 的和，即建立多项式 $A+B$。

③ 按照指数升序次序，输出多项式 A、B、$A+B$。

3．提示与分析

① 一元 n 次多项式：$P(x,n)=P_0+P_1X_1+P_2X_2+...+P_nX_n$，其每一个子项都是由"系数"和"指数"两部分来组成的，因此可以将它抽象成一个由"系数、指数对"构成的线性表，其中，多项式的每一项都对应于线性表中的一个数据元素。可采用一个带有头结点的单链表来表示一个一元多项式。

② 基本功能分析：

- 输入多项式，建立多项式链表。首先创建带头结点的单链表；然后按照指数递增的顺序和一定的输入格式输入各个系数不为 0 的子项："系数、指数对"，每输入一个子项就建立一个结点，并将其插入到多项式链表的表尾，如此重复，直至遇到输入结束标志停止，最后生成按指数递增有序的链表。
- 多项式相加。多项式加法规则：对于两个多项式中指数相同的子项，其系数相加，若系数的和非零，则构成"和多项式"中的一项；对于指数不同的项，直接构成"和多项式"中的一项。
- 多项式的输出。可以在文本界面下，采用类似于数学表达式的方式输出多项式。

需要注意：系数值为 1 的非零次项的输出形式中略去系数 1，如子项 1×8 的输出形式为 $\times 8$，项 -1×3 的输出形式为 $-\times 3$。多项式的第一项的系数符号为正时，不输出"+"，其他项要输出"+""−"符号。

题目 3　模拟停车场管理

1．问题描述

设停车厂只有一个可停放几辆汽车的狭长通道，且只有一个大门可供汽车进出。汽车在停车场内按车辆到达的先后顺序依次排列，若车场内已停满几辆汽车，则后来的汽车只能在门外的便道上等候，一旦停车场内有车开走，则排在便道上的第一辆车即可进入;当停车场内某辆车要离开时，由于停车场是狭长的通道，在它之后开入的车辆必须先退出车场为它让路，待该辆车开出大门后，为它让路的车辆再按原次序进入车场。在这里假设汽车不能从便道上开走。

2．基本要求

按照从终端输入数据序列进行模拟管理。

① 栈用顺序结构实现，队列用链式结构实现。

② 每一组输入数据包括 3 个数据项：汽车"到达"或"离去"的信息、汽车牌照号码、汽车到达或离去的时刻。

③ 对每一组输入数据进行操作后的输出信息为：若是车辆到达，则输出车辆在停车场内或便道上的停车位置；若是车辆离去，则输出车辆在停车场内停留的时间和应缴纳的费用（假设在便道上等候的时间不收费）。

3．提示与分析

① 根据问题描述可知，使用栈来模拟停车场，使用队列来模拟车场外的便道；还需另设一个辅助栈，临时停放为给要离去的汽车让路而从停车场退出来的汽车；输入数据时必须保证按到达或离去的时间有序。

② 基本功能分析

- 主控功能：介绍程序的基本功能，并给出程序功能所对应的键盘操作的提示，如车到来或离去的表示方法，停车场或者便道的状态的查询方法提示等。
- 汽车到来：首先要查询当前停车场的状态，当停车场非满时，将其驶入停车场（入栈），开始计费；当停车场满时，让其进入便道等候（入队）。
- 汽车离开停车场：当某辆车要离开停车场的时候，比它后进停车场的车要为它让路，（即将这些车依次"压入"辅助栈），开走请求离开的车，再将辅助栈中的车依次出栈，"压入"停车场；同时根据离开的车在停车场停留的时间进行收费；最后查询是否有车在便道等候，若有，将便道上的第一辆车驶入停车场（先出队，再入栈），开始交费。
- 状态查询：用来在屏幕上显示停车位和便道上各位置的状态。

附录 B 树形结构

题目1 哈夫曼编码/译码器

1. 问题描述

哈夫曼编码是一种应用广泛而有效的数据压缩技术。利用哈夫曼编码进行通信可以大大提高信道利用率，加快信息传输速度，降低传输成本。数据压缩的过程称为编码，解压缩的过程称为译码。进行信息传递时，发送端通过一个编码系统对待传数据（明文）预先编码，而接收端将传来的数据（密文）进行译码。要求设计这样的一个简单的哈夫曼编码/译码系统。

2. 基本要求

系统应具备如下几项功能：

① 构造哈夫曼树及哈夫曼编码：从终端读入字符集大小 n、n 个字符以及 n 个对应的权值，建立哈夫曼树；利用已经建好的哈夫曼树求每个叶结点的哈夫曼编码，并保存。

② 编码：利用已构造的哈夫曼编码对"明文"文件中的正文进行编码，然后将结果存入"密文"文件中。

③ 译码：将"密文"文件中的 0、1 代码序列进行译码。

④ 打印"密文"文件：将文件以紧凑格式显示在终端上，每行 30 个代码；同时，将此字符形式的编码文件保存。

⑤ 打印哈夫曼树及哈夫曼编码：将已在内存中的哈夫曼树以凹入表形式显示在终端上，同时将每个字符的哈夫曼编码显示出来；并保存到文件。

3. 提示与分析

① 采用静态链表作为哈夫曼树的存储结构。

在构造哈夫曼树时，采用结构体数组 HNode 保存哈夫曼树中各结点的信息。根据二叉树的性质可知，具有 N 个叶子结点的哈夫曼树共有 $2N-1$ 个结点。所以，数组 HuffNode 的大小设置为 $2N-1$。

② 求哈夫曼编码时使用一维结构数组 HCode 作为哈夫曼编码信息的存储。

求哈夫曼编码，实质上就是在已建立的哈夫曼树中，从叶子结点开始，沿结点的双亲链域回退到根结点，每回退一步，就走过了哈夫曼树的一个分支，从而得到一位哈夫曼码值，由于一个字符的哈夫曼编码是从根结点到相应叶子结点所经过的路径上各分支所组成的 0、1 序列，因此先得到的分支代码为所求编码的低位码，后得到的分支代码为所求编码的高位码。

题目2 二叉树遍历

1. 问题描述

二叉树的很多操作都是基于遍历实现的。二叉树的遍历是采用某种策略使得采用树型结构组织的若干结点对应于一个线性序列。二叉树的遍历策略有 4 种：先序遍历、中序遍历、后序遍历和层次遍历。

2. 基本要求

① 从键盘接受输入数据（先序），以二叉链表作为存储结构，建立二叉树。

② 输出二叉树。

③ 对二叉树进行遍历（先序、中序、后序和层次遍历）。

④ 将二叉树的遍历结果打印输出。

3. 提示与分析

① 采用教材上类似于先序遍历的方法逐个输入结点，建立二叉链表存储的二叉树。

② 采用递归算法对二叉树分别进行先序、中序、后序遍历。

③ 以队列为辅助结构实现二叉树的层次遍历。

④ 结合先序遍历，以凹入表形式输出二叉树。

附录 C 图 形 结 构

题目1 校园导游程序

1. 问题描述

当到一个陌生的地方去旅游的时候，人们常常需要一个导游为自己在游玩的过程中提供很多服务，比如介绍参观景点的历史背景等相关信息，推荐到下一个景点的最佳路径，以及解答旅游者所提出的关于旅游景点的相关问询等。对于新生刚刚来到校园，对校园环境不熟悉的情况也如此，如果能够提供一个程序让新生或来访的客人自主地通过与机器的"对话"来获得相关的信息，将会节省大量的人力和时间，而且所提供的信息也能够做到尽可能的准确、详尽。本实验要求设计一个校园导游程序，为来访的客人提供各种信息查询服务。

2. 基本要求

本次实验需要开发一个简单的校园导游程序，程序的主体功能如下：

① 设计你的学校的校园平面图，所含景点不少于 10 个。以图中顶点表示校内各景点，存放景点名称、简介等信息；以边表示路径，存放路径长度等相关信息。

② 显示校园平面图，方便用户直观地看到校园的全景图，并确定自己当前所在

的位置。

③ 为用户提供对平面图中任意场所的相关信息的查询。

④ 为用户提供对平面图中任意场所的问路查询，即查询任意两个景点之间的一条最短的简单路径。

3. 提示与分析

① 主要数据结构：由于各个场所通过校园中的道路相连，各个场所和连接它们的道路构成了整个校园的地理环境，所以使用图这种数据结构对他们去进行描述。以图中的顶点表示校园内各个场所，应包含场所名称、代号、简介等信息；以边表示连接各个场所的道路，应包含道路的代号、路径的长度等信息。一般情况下，校园的道路是双向通行的。因此，校园平面图可以看作一个无向网。

图的顶点和边均使用结构体类型，整个图的数据结构可以采用教材中介绍的各种表示方法，例如带权的邻接矩阵。

② 基本功能分析：

- 显示校园平面图：平面图中应醒目地标识出场所的准确名称以备用户查询。
- 查询任意场所的相关信息查询：接收用户所输入的场所名称，并将场所的简介信息反馈给用户。
- 求单源点到其他各点的最短路径的功能模块：计算并记录从校园门口到各个场所的最短路径。
- 任意场所的问路查询的功能模块：接收用户所输入的场所名称，并在计算的最短路径集合中找到相关项的信息反馈给用户。

题目 2　教学计划编排

1. 问题描述

大学中的每个专业都有几十门基础课程、专业课程及选修课程，学生必须分几个学期完成这些课程才能毕业。教学计划的制订就是合理地编排这些课程，使得学生能够顺利地进行学习。这些课程中，有些课程是独立于其他课程的基础课，有些课程却需要其他先行课程；一般四年制本科教学前 7 个学期（三年半）进行理论课程的学习，第 8 个学期实习；教学计划的编排必须充分考虑这些因素。

2. 基本要求

假定学习年限是固定的，每学年包含两个学期，各专业开设的课程是确定的，每门课程是否有先修课、有几门先修课也是确定的。要求制订教学计划，合理地安排各学期开授的课程。要求各学期课程门数、学分的分布较均匀。

3. 提示与分析

① 这是一个拓扑排序的问题。首先要确定该专业开设的所有课程，课程之间的先修关系，每门课程的学分。构造 AOV 网，以顶点表示课程，以有向边表示先修关系，若课程 a 是课程 b 的先修课，则必存在有向边<a, b>。在排课时，必须保证在学习某课程之前，已经学习了这门课程所有的选修课。

② AOV 网的存储方式。采用邻接表存储邻接表，为拓扑排序算法的实现，在邻接表的顶点结点中增加一个入度域。

③ 请参照教材 8.6.2 节中介绍的拓扑排序算法，构造拓扑序列。考虑到要求各学期的课程的门数、学分分布较均匀，采用某种策略将课程分布到各学期：如可以计算出所有课程的总学分，由此得到每学期的平均学分；计算出所有课程的门数，得到每学期的平均门数；以每学期的平均学分和平均门数为参照，排各学期的课程时，使得每学期的课程学分及门数接近平均学分和平均门数。

④ 教学计划的输出。可以将教学计划输出到用户制订的文件中，同时，也可制订合适的表格，在屏幕显示。

附录 D　查找和排序

题目1　职工信息检索系统

1．问题描述

若某单位职工有 n 名，试以职工的姓名为关键码，设计散列表，使得平均查找长度不超过 L。请完成相应的建表和查询功能。

2．基本要求

① 假设每名职工的姓名以汉语拼音形式表示。待填入散列表的人名共有 n 个，取平均查找长度的上限为 n=3。请构造合适的散列函数，选择恰当的处理冲突的方法来构造散列表。

② 输入职工的姓名，实现在散列表中的检索职工的信息，显示检索的过程。

3．提示与分析

① 散列函数的构造：散列函数的选取原则是形式简单而分布均匀。一般情况下，人的姓名包含 2~4 个汉字，因此拼音的长度不超过 24 个字符。一个字拼音一般由声母和韵母构成，汉语拼音中的声母和韵母是有限的，因此可以考虑对声母和韵母进行编号，那么一个姓名的编号就是一串数字，以此数字为关键码，根据职工人数 n 确定散列表的长度 m，采用除留余数法：$H(key)=key \% p$　（p 选择不超过 m 的最大素数）。

② 处理冲突的方法：好的散列函数使得散列地址在散列表中分布较均匀，发生冲突的机会较小，但冲突是不可避免的，发生冲突时，采用开发定址法处理冲突，可采用二次探测法形成探测序列。

③ 查找过程：输入要查找的职工的姓名，根据其姓名的编号 key 计算散列地址 H(key)，判断此地址单元存放的元素的关键码是否等于 key，若等于，查找成功；否则，根据探测序列，计算下一散列地址，判断此地址单元存放的元素的关键码是否等于 key，若等于查找成功；否则继续计算下一地址，直至查找成功或失败。

题目2　各种内部排序的性能比较

1．问题描述

通过排序过程中关键字比较次数和关键字移动次数，分析排序算法的性能。

2．基本要求

① 对常用的内部排序算进行比较：直接插入排序、起泡排序、简单选择排序、

快速排序、希尔排序、堆排序等。

② 排序表的表长不小于 200；其中的数据要用伪随机数产生；至少要用 6 组不同的输入数据（包含正序、逆序和随机次序的情况）作比较；以关键码的比较次数和移动次数（关键码的交换计为 3 次移动）作为衡量的指标。

③ 最后要对结果做出简单的分析。

3．提示与分析

① 主要工作是设法在已知算法中的适当位置插入对关键字的比较次数和移动次数的计数操作。

② 考虑输入数据的典型性，如正序、逆序和不同程度的乱序。

参 考 文 献

[1] WEISS M A. 数据结构与算法分析[M]. 冯舜玺，译.北京：机械工业出版社，2004.

[2] 严蔚敏，吴伟民. 数据结构[M].北京：清华大学出版社，2001.

[3] 许卓群. 数据结构[M].北京：高等教育出版社，1995.

[4] 耿国华. 数据结构[M].北京：高等教育出版社，2005.

[5] 徐孝凯，贺桂英. 数据结构：C 语言描述[M]. 北京：清华大学出版社，2004.

[6] 朱站立，刘天时. 数据结构：使用 C 语言[M]. 西安：西安交通大学出版社，2000.

[7] 赵文静. 数据结构：C++语言描述[M]. 西安：西安交通大学出版社，1999.

[8] 张绍民，李淑华. 数据结构教程：C 语言版[M]. 北京：中国电力出版社，1999.

[9] HOROWITZ E, SAHNI S， RAJASEKARAN S.计算机算法[M]. 冯博琴，叶茂，高海昌，等，译. 北京：机械工业出版社，2006.

[10] SHAFFER C A. 数据结构与算法分析[M]. 张铭，刘晓丹，译. 北京：电子工业出版社，1998.

[11] 殷人昆，陶永雷，谢若阳，等. 数据结构：用面向对象方法与 C++描述[M]. 2 版. 北京：清华大学出版社，2007.

[12] 张铭，王腾较，赵海燕. 数据结构与算法[M]. 北京：高等教育出版社，2008.

[13] 杨秀金. 数据结构：C 语言版[M]. 北京：人民邮电出版社. 2009.

[14] 唐宁九，游洪跃，朱宏，等. 数据结构与算法：C++语言版[M]. 北京：清华大学出版社. 2009.